Meeting, Incentive, Convention, Exhibition

최신 MICE산업론

김성혁·황수영 공저

ⓑ (주)백산출판사

서문

　세월은 빠르게 흘러가고 세상은 참으로 많이 변하였다. 국제회의산업이 컨벤션 산업으로 그리고 MICE산업으로 그 영역을 확대하였고 이제 세계화의 최첨병 역할을 하게 되었다. 본서에서 다루는 MICE는 회의(Meeting), 인센티브(Incentive), 컨벤션(Convention), 전시(Exhibition)의 약자이다.

　MICE산업은 2019년 코로나19 팬데믹 이전까지는 주로 대면접촉인 서비스산업으로 인식되었는데, 팬데믹 기간 동안 국제회의나 전시·컨벤션은 대면접촉이 금지되거나 개최 자체가 무산되어 관련 산업계가 상당한 어려움에 부딪히게 되었다. 그러나 이러한 현상을 극복하기 위해 디지털 전환의 시대를 앞당기는 계기가 되었다.

　현재 포스트 코로나 시대에는 인적 서비스에 더해서 디지털 기술 및 AI 로봇, 최첨단 정보통신을 활용한 하이브리드 시대를 맞이하면서 컨벤션 시장의 변화, 전시컨벤션 장비의 변화, AI혁명 등으로 더욱 진보된 형태의 MICE산업으로 거듭나고 있다.

　본서의 기본체계는 1995년에 출간된 "국제회의산업론"에서 출발해 2002년 "컨벤션산업론", 2010년 "MICE산업론", 2016년 "개정판 MICE산업론"을 근간으로 하며 이번에 디지털 전환시대에 부응하고자 최신자료를 추가해 전면 개편하였다.

　최근 급격히 발전하고 있는 디지털 전환시대에 부응해 추가한 본서의 가장 큰 특징은 제8장과 11장에 있다. 제8장 MICE산업의 마케팅 6절 디지털 전환과 새로운 마케팅 수단의 이해에서는, 현재 주로 사용되는 소셜미디어, 언택트, 콘텐츠, 빅데이터, AR·VR, 인공지능, 옴니채널, 메타버스와 가상여행 관련 마케팅 수단이 전시·컨벤션에서 실제로 활용되고 있는 내용을 짚어보았다. 그리고 11장 디지털 전환과 MICE산업에서는 4차 산업혁명과 디지털 전환 그리고 기술혁신과 서비스의 발전에 관해 서술하였고 디지털 전환으로 인한 컨벤션산업의 변화를 다루었다.

본서는 MICE학과는 물론이고 국제회의학과, 컨벤션학과, 관광경영학과, 호텔경영학과, 관광통역학과, 비서학과, 국제관련학과, 언어관련학과, 교양강좌 등에서 교재로 활용할 수 있도록 기획하였고, 실제적인 사례를 들어 MICE산업의 이해를 돕고자 하였다. 또한 컨벤션기획사 시험을 준비하는 수험생들은 이 분야의 지식을 정리한 교재로 활용할 수 있을 것이다.

본서가 후학들에게 MICE산업의 지식을 체득하기 좋은 지침서가 되기를 바라는 마음 가득하다. 특히 미래의 경영자가 되는 젊은 학도들이 비전을 품은 창의적인 변화의 주도자가 되기를 기원한다.

지금까지 격려와 후원을 아끼지 않은 학회 및 대학의 선후배와 동료 교수들에게 심심한 사의를 표하며 본서가 출간될 수 있도록 흔쾌히 승락해 주신 백산출판사 진욱상 회장님과 더 좋은 교재를 만들기 위해 노력해 주신 편집부 여러분에게도 감사의 마음을 전한다.

공저자 씀

차례

3
Chapter

**인센티브
투어**

4
Chapter

컨벤션산업

MICE산업

1   MICE산업

제1절 ▶ MICE산업의 개요와 정의

오늘날에는 각종 산업이 급속도로 발전하여 새로운 지식과 경험을 교환하고 새로운 상품을 홍보하기 위해 많은 회의 또는 컨벤션이 개최되고 있는데, 선진국들은 이미 컨벤션산업을 MICE(마이스)산업으로 확대하여 그 중요성을 인식하여 막대한 부를 창출하고 있다.

오늘날의 컨벤션은 단순히 국제회의의 개념을 넘어서 각종 전시회, 스포츠 행사, 문화예술행사, Incentive Tour(인센티브 투어)와 함께 다양한 형태로 개최되고 있으며 그로 인한 부가가치의 산출은 그 규모가 상당하다. 이러한 중요성으로 미국, 유럽, 호주 등의 선진국은 물론 일본, 홍콩, 싱가포르 등의 아시아 국가들도 국가 차원의 MICE산업을 육성·발전시키기 위한 각종의 지원책과 국가차원의 정책들을 제시하는 추세이다. MICE[1]는 주로 홍콩과 싱가포르 등 동남아 지역에서 많이

---

1) MICE라는 용어가 가장 널리 사용되고 있으나 국제적으로 완전히 통용되는 명칭이라 할 수 없다. 그 대표적인 이유는 UNWTO가 'MICE Industry'라는 용어보다는 'Meetings Industry(회의산업)' 또는 'International Meetings Industry(국제회의산업)'라는 용어를 주로 사용하기 때문이다. 그러나 편의상 본서에서는 MICE(마이스)산업으로 용어를 통일하기로 한다.

쓰는 용어인데 Meeting(회의), Incentive(포상여행), Convention(컨벤션) 및 Exhibition (전시회)의 머리글자를 합쳐 놓은 용어이다.

MICE산업은 좁은 의미에서 국제회의와 전시회를, 넓은 의미에서는 포상관광과 박람회, 대규모 이벤트 등을 포함한 융·복합 산업을 의미하는 등 MICE산업의 관련 범위에 대한 새로운 논의가 현재에도 진행되고 있다.

UNWTO(2008)에서는 아래와 같이 기업회의(Meeting), 총회 및 협의회의(Convention, Congresses and Conferences), 전시회(Exhibition), 인센티브(Incentive)로 분류하고 있다. (UNWTO(2008), Global Meeting Initiative, 1. 2-3)

1. Meeting － 기업이 주최하는 비즈니스 목적의 회의로, 참가자는 동일 기업 내 회의, 기업의 그룹사 내 회의, 고객사·사업제공자 등의 관계 간에 개최되는 회의를 의미함

2. 총회 및 협의회의(Convention, Congresses and Conferences) － 비즈니스 외 목적으로 개최되는 회의를 총칭하며, 참가자를 소집하기 위하여 별도의 장소 섭외 및 시간 선정 등의 요인이 결정되어야 함. 이 같은 행사에는 다음과 같은 유형이 포함됨

    ① 공공컨퍼런스 및 강의(Public conferences or lecture): 기본적으로 큰 방향성이 없는 회의로, 청중에게 요구되는 과거 경험이나 특별 지식이 없는 회의

    ② 정부회의(Government conferences): 전문적·정치적 회의로 정부기관 또는 정부기관 대 민간담당자 간에 개최되는 회의

    ③ 일반소집회의(General assembly): 조직내 구성원 또는 내부관계자에게만 한정하여 소집되는 회의

    ④ 컨벤션(Convention): 입법기관, 사회적 또는 경제적 그룹 간에 개최되는 일반적, 공식적인 회의로 참가자들에게는 정보제공, 의견·정책의 합의 도출을 목적으로 하는 회의

    ⑤ 과학적 총회(Scientific congress): 여러 가지 사안에 대한 심도 있는 연구를

수행하기 위하여 전문적, 학술적 목적으로 개최되는 회의로, 참가자들 간
에 상호적인 담론이 요구되는 회의

* 예: 포럼(forum), 콜로키움(colloquium), 세미나(seminar), 심포지엄(symposium) 등

3. 전시회(Exhibition) – 무역전시회(trade show) 관련활동만을 포괄함
4. 인센티브(Incentive) – 인센티브활동(Incentive activities)과 관련한 행사를 의미함

2000년대 이후 회의, 인센티브 투어, 컨벤션, 국제회의, 전시회, 박람회, 이벤트
그리고 축제 등 소위 MICE산업은 관광산업에서 막대한 고객 흡수력을 발휘하고
있다. MICE산업은 대규모 회의장이나 전시장 등 전문시설을 갖추고 국제회의, 전
시회, 인센티브 투어와 이벤트를 유치하여 회의 진행 관련 각종 서비스 제공을
통해 경제적 이익을 실현하는 산업으로 숙박, 교통, 관광, 유통 등 각종 관련 산업
과 유기적으로 결합되어 있는 고부가가치 산업이다.

오늘날 세계 각국에서는 관광자원으로서 MICE산업의 부가가치를 인식하여
MICE산업을 국가전략산업으로 육성하기 위하여 대규모 컨벤션시설과 전시장을
건립하거나 국가 차원의 유치활동 지원에 앞장서고 있다.

우리나라는 '86 아시안게임과 '88 서울올림픽 등을 유치하면서 점차 MICE산업에
대한 관심이 고조되기 시작하여 1996년 12월 30일에 「국제회의산업 육성에 관한
법률」이 제정되었고, 1998년에는 '국제회의산업 육성 및 진흥을 위한 기본계획'이
수립되면서 본격으로 MICE산업의 육성을 위해 노력하였다.

우리나라의 전문 컨벤션센터(국제회의 시설)는 서울 코엑스(COEX)컨벤션센터(1988.9.
개관)를 비롯하여 부산전시컨벤션센터(BEXCO, 2001.9. 개관), 대구 전시컨벤션센터(EXCO,
2001.4. 개관), 제주국제컨벤션센터(ICC JEJU, 2003.3. 개관), 경기도 고양특례시에 한국국제
전시장(KINTEX, 2005.4. 개관), 창원에 창원컨벤션센터(CECO, 2005.9. 개관), 광주에 김대중
컨벤션센터(KTJ Center, 2005.9. 개관), 대전에 대전컨벤션센터(DCC, 2008.4. 개관), 인천에
송도컨벤시아(Songdo Convensia, 2008.10. 개관), 경주에 화백컨벤션센터(HICO, 2015.3.2. 개관)

등이 문을 열었다. 그리고 고양 KINTEX(2011.9.), 대구 EXCO(2011.5.), 부산 BEXCO(2012.6.) 가 확장 공사를 완료하였다. 이외에도 몇몇 지방자치단체가 컨벤션시설을 설립했거나 설립하기 위한 타당성 검토가 진행되고 있으며, 기타 호텔 신축이 추진되는 등 시설 관련 수용태세는 점차 개선되고 있다.

2000년대 초반까지만 해도 우리나라는 국제회의 시설과 기본 인프라가 부족하여 대규모 회의를 유치하는 데 실패한 경험도 가지고 있다. 그러나 이제는 국제회의 기반시설이 어느 정도 확충되었으므로 국제회의를 유치하기 위한 국제회의 전문인력을 양성하기 위한 지속적인 노력과 적극적인 마케팅 활동이 필요한 시기이다.

국제회의를 유치하기 위해서는 우선 전 세계의 국제기구 및 그에 가입한 국내의 협회나 단체현황을 파악하고 우리나라에서 개최된 적이 없거나 개최된 지 오래된 회의 등 유치 가능성이 큰 국제회의를 선정한 후 선정된 국제기구의 국내협회나 단체에 국제회의 유치의향과 개최능력 여부를 확인해야 한다. 확인 후 해당 국제기구로부터 유치에 관련된 제반 사항을 입수하여 분석한 후 그 절차에 맞춰 유치계획을 수립하고 해당 국제기구에 유치의향서 또는 유치계획서 등의 제안서를 제출한다.

그리고 국제회의 개최지 선정에 영향력을 행사할 수 있는 이사국 및 회원국에 협조 요청을 해야 하며, 국제기구 소재 우리나라 대사관 및 영사관, 민간단체 등을 통하여 국제기구에서 개최지가 확정될 때까지 로비활동을 전개하는 등의 치밀하고도 조직적인 유치 활동에 최선의 노력을 기울여야 한다.

우리나라는 문화체육관광부 관광정책국과 한국관광공사 코리아컨벤션뷰로에서 국제회의 유치활동 및 국내 개최 국제회의 운영지원 등을 지원해 주고 있다. 국제회의를 준비하는 개최국의 조직위원회는 국제회의 개최 준비 시 긴밀한 협조하에 최대한 이를 활용하여야 할 것이다.

MICE

Meeting   Incentive   Convention   Exhibition

제2절 ▶ MICE산업의 구성요소

　MICE산업(마이스산업)의 정의에서 살펴본 것처럼 MICE의 범위는 매우 넓다. MICE 산업의 중요성이 더해가고 파급효과가 더욱 커짐에 따라 이와 연관된 시장의 규모도 날로 커지고 있다. 일반적 의미에서 시장이란 공급자와 수요자가 존재하며 공급자는 수요자의 욕구를 파악하고 이에 부응하기 위하여 수요자, 즉 고객이 필요로 하는 재화와 서비스를 제공하는 역할을 한다.

　MICE산업도 이러한 맥락에서 MICE시장의 수요자와 그들의 필요와 욕구를 만족시켜 주기 위한 재화와 서비스의 제공자 시장과 소비자 시장의 두 부류로 나눌 수 있다. MICE산업은 산업구조의 측면에서 관광산업과 아주 유사하다고 할 수 있다. 관광산업의 구조는 다양한 관광시장에 존재하는 다양한 수요자인 관광객에게 관광 체험을 위한 다양한 서비스와 재화를 제공하는 것이다. 관광산업은 교통, 숙박, 식음료산업 등과 같은 다양한 공급산업으로 구성된다. 이러한 다양한 역할은 MICE산업의 경우에도 마찬가지다.

　MICE산업에는 관광공급자인 여행사, 숙박, 식음료, 오락, 관광상품 등과 MICE 고유의 공급산업인 회의시설과 장소, 서비스 제공자, 전시자, 스폰서, 참가자, 컨벤션뷰로(Convention & Visitors Bureau : CVB), MICE기획자 등이 있다. MICE산업은 MICE의 공급자와 MICE구매자로 나눌 수 있다. 즉 일반산업의 구조와 유사한 구조를 지니고 있다. 그러나 MICE산업은 그 특성상 구매자를 중간구매자와 최종구매자로 구분할 수 있다.

　MICE산업은 MICE공급자와 중간구매자 그리고 최종구매자와 이들을 산업적 · 시장적으로 연결해 주는 중개인으로 구분될 수 있다. MICE공급자는 MICE를 개최하는 데 필요한 시설과 서비스를 제공하는 산업으로 그 역할에 따라 시설산업(facility industries), 운영산업(composition industries), 지원산업(support industries)으로 나눌 수 있다. 중간구매자는 MICE공급자로부터 시설이나 서비스를 구매하여 MICE상품을 기획하는 자로서 MICE주최자나 컨벤션기획자를 들 수 있다. 마지막으로 이렇게 기획된 상품을 최종적으로 구매하는 소비자가 있는데, 회의나 전시 혹은 박람회의 참가자들이 이에 해당한다. 오늘날 많은 종류의 전시회나 박람회가 개최되고 있으며 참가자의 계층도 점차 다양해지고 있다.

◪ **MICE산업의 구성요소**

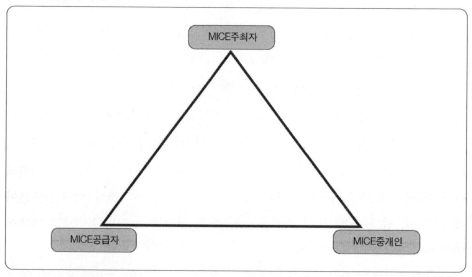

1. MICE공급자

MICE산업을 구성하는 3요소는 첫째, 공급자, 둘째, 주최자, 셋째, 수요자이다. 여기서 공급자는 MICE산업을 주최하고 기획하고 운영하고 지원하는 산업이다. 공급자는 MICE산업이 개최되는 데 꼭 필요한 기본 시설이나 운영에 관한 프로그램의 제공, MICE산업 참가자를 위한 편의와 서비스를 제공하는 지원산업이다. 시설산업은 MICE를 개최하는 데 필요한 장소나 시설을 제공하는 산업이다. 시설산업은 회의를 개최하는 데 있어 필수적이고 기본적인 부분이다. 요즈음은 장소와 시설이 점차 다양화·고급화되고 있다.

MICE의 장소는 MICE의 목적과 특성에 적합한 곳이 우선 선택되며 최근에는 좀 더 색다른 추억과 경험을 주고 접근성이 쉬운 곳을 선택하고 있다. 운영산업은 MICE를 운영하는 부분으로서 회의나 전시회의 프로그램 기획 부분이다. 프로그램은 참가자를 위해 기획된 모든 행위를 포함한다. 회의나 전시의 내용, 오락, 식사, 리셉션과 파티, 여행, 배우자나 가족을 위한 프로그램 등을 포함한다. 따라서 이러한 프로그램을 설계하고 실행하는 데 필요한 역할을 수행할 다양한 산업이 요구되고 있다. 주요 관련 산업은 식사와 음료를 제공하는 식음료산업, 배우자나 가족을 위해 오락 프로그램을 제공하는 오락산업, 그리고 참가자나 참가자 가족의 회의 전후 관광을 위한 관광상품을 제공하는 산업이 있다. 아무리 좋은 장소에서 MICE가 개최된다고 하더라도 전반적인 운영이 부실하면 성공적인 MICE를 완성할 수가 없다.

다음으로 지원산업은 직접으로 MICE를 개최하는 데 필요한 시설과 서비스를 제공하지는 않지만, MICE가 개최되고 진행되는 데 필요한 간접적 지원산업이라고 볼 수 있다. 여기에는 교통산업이 대표적인 것으로 MICE산업의 참가자는 물론이고 전시 물품과 시설의 수송에도 중요한 역할을 한다. 따라서 공항이나 호텔에서 참가자들이 MICE 개최지로 편리하고 신속하게 이동할 수 있는가? MICE산업 개최에 필요한 지원설비들을 얼마나 효율적으로 제공할 수 있는가? 하는 문제가 신중히 검토되어야 한다.

이렇게 MICE의 공급자는 MICE가 원활하게 진행될 수 있도록 여러 부분에 신경을 써야 한다. 특히 MICE산업처럼 타 산업과의 구조적 연관성이 많은 산업의 경우에는 공급의 역할이 제대로 이루어져야 수요를 촉진하고 그 산업의 발전을 도모할 수 있는 것이다.

2. MICE주최자

MICE주최자는 MICE를 실제로 기획하고 주관하는 정부나 기업, 협회, 비영리단체 등이 될 수 있다. 요즈음에는 MICE의 주최자도 점차 다양화되고 있음을 알 수 있다. MICE공급자가 판매자라면 MICE주최자들은 구매자 즉 1차 고객이라고 볼수 있다. 이들은 MICE공급자를 활용하여 MICE를 개최하고 여기에 참가하는 참가자들로부터 수익을 창출한다. 여기 참가하는 참가자들이 결국은 2차 고객 즉 최종소비자인 셈이다. MICE주최자들은 다양한 그들의 주최목적을 가지고 있다. 기업은 기업대로 협회는 협회대로 정부나 지방자치단체, 기타 비영리기관들은 기관들대로의 주최목적과 특징을 가지고 MICE를 주최하게 된다. 따라서 MICE공급자들은 MICE산업의 1, 2차 고객들의 욕구와 특성을 잘 파악하는 것이 무엇보다 중요하다.

MICE를 주최하는 가장 대표적인 기업과 협회의 경우에는 MICE주최의 목적을 더욱더 명확히 하고 있다. 기업의 경우에는 이윤의 창출, 정보의 배분이나 문제의 해결, 기업의 상품홍보, 종사원의 교육, 미래의 계획 등의 이유로 MICE를 주최하고 협회의 경우에는 인적 교류, 회원의 교류, 문제의 해결, 이윤 창출 등과 같은 협회 차원의 목적을 가지고 MICE를 주최하게 된다. 정부기관이나 지방자치단체의 경우에는 좀 더 공익적인 목적을 갖지만 분명한 목적과 목표를 가지고 MICE를 기획·주최하고 있다.

오늘날 기업들은 회의를 기업활동의 중요한 부분으로 간주하고 있다. 다수의 기업은 크고 작은 규모의 각종 회의를 개최한다. 이러한 회의를 통하여 기업 내에서의 의사소통을 원활히 하며 기업구성원 상호 간에도 커뮤니케이션의 기능을 확대하여 이해와 협조를 통한 생산성 최대화에 노력한다. 기업 상호 간의 경쟁 심화는 회의의 필요성을 더욱 부각시킨다.

기업들은 회의의 중요성을 인식하여 회의참가에 따른 교통비, 숙박비, 식사, 여흥에 사용되는 비용을 회사에서 부담하고 종사원들의 적극적인 회의 참여기회를 확대해 나가고 있다. 이들이 선택하는 MICE 개최지역은 주로 휴양지나 리조트의 성격을 띤 관광지가 대부분이다.

최근 MICE주최자로서의 기업의 역할은 점차 커지고 있다. 우리나라에서 MICE 주최자로서 기업 다음으로 큰 역할을 담당하는 조직이 바로 협회이다.

협회가 회의를 개최하는 이유는 다양하다. 먼저 협회 회원의 공동목적과 이해를 충족시켜 주기 위해서 개최할 수도 있고, 정보의 통합과 통합된 정보를 회원에게 배분하거나, 교육과 훈련의 목적으로 회의를 개최할 수도 있고, 회원 간의 개인적 혹은 전문적 성장의 기회를 제공하기 위하여 회의를 개최하는 경우도 있으며, 단순히 회원 간에 교류의 기회를 제공하기 위하여 회의를 개최하기도 한다. 이러한 회의를 개최하는 이유도 다양하다.

협회도 기업들과 마찬가지로 협회의 공동목적을 위하여 회의를 주최하게 된다. 협회의 형태로 구분될 수 없지만, 회의 분야의 후원자 혹은 개최자로서의 역할을 하는 단체가 있다. 이들은 협회와 같은 형태의 조직은 아니지만 노동조합이나 종교단체, 사회단체 등은 일종의 단체로서 다양한 회의나 전시회 주최자로서의 역할을 한다. 현재 우리나라에도 다양한 협회가 많이 설립되어 있으며 그 협회들의 목적도 다양하다. 협회의 경우 정기적인 모임을 개최하고 협회 소속 회원들의 수시회의도 진행된다. 협회에서 주최되는 회의의 경우 특별한 목적과 목표를 주제로 진행이 되므로 MICE공급자들은 이들 주최자의 의도에 부합되는 상품을 공급, 판매하는 것이 무엇보다 필요하다.

요즈음 들어 정부의 다양한 부서들도 MICE산업의 후원자로 인식될 수 있다. 정부의 정책이 일방적일 수 없으며 정책의 수혜자들을 위한 배려와 의견이 반영되어 정책이 입안되고 실행되어야 한다. 정부기관이 주최가 되는 MICE의 경우에는 주로 정책의 설명에 관한 것이 대부분이다.

이들이 주최하는 MICE의 경우는 주로 정부기관과 연관이 있는 시설에서 개최되지만, 때로는 참여자들의 편리성을 감안하여 주변의 체육관이나 호텔 등의 장소가 선택되기도 한다. 특히 주택과 관련된 문제, 주거환경에 관한 문제, 환경 개발에 관한 문제 등이 자주 다루어진다. 이들 모임의 경우에는 개최일정이 대부분 단기적인 경우가 많으며 프로그램의 구성도 비슷한 구조를 가지고 있다.

3. MICE중개인 : CVB

여기에서 말하는 MICE중개인이라 함은 MICE공급자와 MICE주최자를 연결해 주는 역할을 하는 컨벤션뷰로(Convention & Visitors Bureau : CVB)와 여행사를 말한다. 컨벤션뷰로는 컨벤션 개최를 희망하는 지역과 컨벤션 주최자의 중간에서 서로에 대한 정보 제공과 기획, 관리에 관한 전문적인 지식을 제공하여 컨벤션이 성공적으로 개최될 수 있도록 중요한 역할을 담당하고 있다.

우리나라도 이미 대도시 중심으로 컨벤션뷰로가 설립되어 중간자의 역할을 하고 있다. 컨벤션을 주최하고 기획하는 주최자 측면에서 개최지 선택의 폭을 넓혀주고 개최예정지에 대한 정확하고 신속한 정보를 제공해 줌으로써 성공적인 컨벤션이 이루어지도록 기능한다.

또 컨벤션 개최를 원하는 공급자 측면의 각 지자체에 컨벤션의 성격이나 특성, 기간 등에 관한 정보를 제공해 줌으로써 컨벤션 개최를 위한 유익한 정보와 기획이 가능하도록 하고 있다. 즉 컨벤션뷰로는 자신이 대표하는 지역에 분포하고 있는 다양한 회의 공급자와 산업의 현황을 파악하여 이를 필요로 하는 회의 개최자나 기획자에게 이들의 정보를 제공하는 역할을 한다. 이를 통해 자신의 도시에 보다 많은 회의나 전시회가 개최될 수 있도록 노력하는 것이다.

MICE중개자로서 중요한 역할을 하는 또 다른 것이 여행사이다. 여행사는 관광산업에서와 마찬가지로 MICE산업에서도 공급자와 수요자인 참가자 등을 연결해 주는 역할을 한다. 즉 컨벤션기획자나 개최자가 기획한 회의나 전시회 같은 상품을 참가자에게 연결해 주는 역할을 한다. 동시에 컨벤션뷰로가 접근하기 어려운 단체나 여행사 단체고객의 요청으로 공급자와 중간구매자를 연결시키는 역할을 하기도 한다. 이처럼 MICE산업에 있어 주최자와 공급자를 연결해 주고 성공적인 개최를 위해서는 중개인의 역할이 매우 크다고 볼 수 있다. 요즈음처럼 다양한 수요층과 공급처가 존재하는 시기에 중개자의 역할은 더욱 중요성을 갖는다.

제3절 ▶ MICE산업의 유형별 구분

현재 우리나라는 「국제회의산업 육성에 관한 법률」 등 국제회의 관련 법률에 의거해 관련 정책을 MICE 범위로 확대하여 MICE 유형에 따라 정책을 추진하고 있다. 이에 따라 한국관광공사에서 매년 MICE산업통계조사를 다음 유형별로 실시하고 있다.

- 회의(Meeting, 미팅)는 전체 참가자가 10명 이상인 정부, 공공, 협회, 학회, 기업회의로 전문회의시설, 준회의시설, 중소규모 회의시설, 호텔, 휴양콘도미니엄 등에서 4시간 이상 개최되는 회의를 직간접적으로 유치 · 기획 · 운영 · 진행 · 지원하는 사업

- 인센티브 투어(Incentive Tour)는 외국에서 국내로 오는(Inbound) 외국인이 10명 이상 참가하며, 국내 숙박시설에서 2박 이상 체류하는 포상관광을 직간접적으로 유치 · 기획 · 운영 · 진행 · 지원하는 사업

- 컨벤션(Convention)은 외국인 참가자가 10명 이상이며 동시에 전체 참가자가 250명 이상인 정부, 공공, 협회, 학회, 기업회의로 전문회의시설, 준회의시설, 중소규모 회의시설, 호텔, 휴양콘도미니엄 등에서 4시간 이상 개최되는 회의를 직간접적으로 유치 · 기획 · 운영 · 진행 · 지원하는 사업

- 전시(Exhibition)는 전문 전시시설에서 유통업자, 업자, 관련 종사자, 소비자를 대상으로 관련 기업 및 기관들이 정보를 교환하거나 거래, 마케팅 활동을 하는 1일 이상의 각종 전시를 의미함

제4절 ▶ MICE산업과 국제회의산업의 관계

국제회의산업과 관련된 정책 범위는 MICE영역 가운데 회의(미팅), 컨벤션, 인센티브는 「국제회의산업 육성에 관한 법률」과 「관광진흥법」의 문화체육관광부의 정책영역에 속하며, 전시는 「전시산업발전법」에 따라 산업통상자원부의 정책영역에 속한다. 그리고 이벤트는 문화체육관광부가 관련 대응과 사업을 진행하고 있지만 관련 법률이 현재 존재하지 않는다는 한계점을 지니고 있다.

▣ 국제회의 정책범위영역

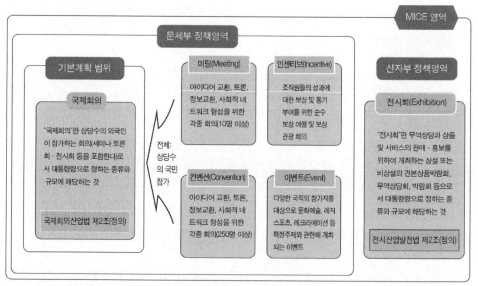

자료: 문화체육관광부(2019), 제4차 국제회의산업육성계획

국제회의산업은 정부 및 관련기관, 간접공급자, 보완공급자를 포함하는 넓은 개념으로 볼 수 있다. 정부 및 관련기관은 문화체육관광부, 한국관광공사, 한국MICE(마이스)협회, 한국PCO협회, 지역CVB 등으로 구성된다. 지역관광공사 및 컨벤션뷰로는 각 지역에 국제회의를 유치하기 위해 주최자를 대상으로 개최비 지원, 홍보마케팅 등 다양한 개최지원서비스를 제공하고 있으며 한국MICE협회 및 PCO협회

등은 신입 및 경력직을 대상으로 교육을 실시하고, 업계에 정보를 제공하는 등 다양한 방면으로 업계를 지원하고 있다(정광민, 2017).

▶ 국제회의산업 생태계

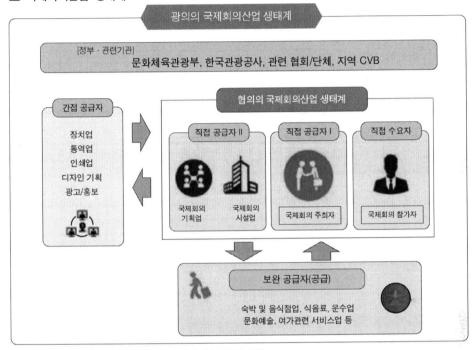

자료: 문화체육관광부(2019), 제4차 국제회의산업육성계획

우리나라는 국제회의산업 육성 기본계획 수립을 통해 국내외 국제회의산업의 동향과 문제점 기반을 분석으로 우리나라 국제회의산업의 지속적 발전을 위한 중장기 정책 방향 및 과제를 제시하고 있다. 구체적으로 ① 국제회의의 유치 촉진, ② 원활한 개최, ③ 인력 양성, ④ 국제회의 시설의 설치와 확충, ⑤ 그 밖에 국제회의산업의 육성·진흥에 관한 중요 사항으로 구성되어 있으며 연도별 국제회의산업육성시행계획을 수립·시행하고 있다. 그리고 국제회의산업육성 기본계획의 수립 등에는 기본계획·시행계획의 수립 및 추진실적 평가의 방법·내용 등을 구체적으로 정하여 명시하고 있다.

☑ 국제회의산업육성 기본계획 주요 내용

제1차 기본계획(1998~2005)
산업 발전 기틀 마련

- 목표
  - UIA 국제회의 200건 개최
  - 외화획득 1.5억 달러 달성
  - 대형 전문회의시설 3개소 건립
- 주요 정책과제
  - 대형전문국제회의 시설 건립
  - 지자체 차원의 전담조직 설립
  - 국제회의도시 지정 및 지원강화
  - 전문 교육과정 확대 및 전문자격증제도
    도입
  - 국제회의용역업 지원 및 육성

제2차 기본계획(2006~2010)
양적 성장 기반 구축

- 목표
  - UIA 국제회의 220건 개최
  - 외화획득 2.5억 달러 달성
  - 국내총생산(GDP) 비중 0.04%로 확대
- 주요 정책과제
  - 컨벤션센터 등 주요 인프라 확장
  - CVB, PCO, 협회 및 공사 등 핵심 주체
    역할 정립
  - 국제회의도시 지정 확대, 홍보사이트 구축
  - 조직과 제도의 정착, 인력 육성
  - 수요 및 시장의 확대 추진
  - 정부·공공부문의 재정지원 확대 및 전략
    육성

제3차 기본계획(2014~2018)
고부가가치화 및 시장확대

- 목표
  - UIA 국제회의 790건 개최
  - 외화획득 14.5억 달러 달성
  - 국제회의 외국인 참가자 수 40만 명 달성

- 주요 정책과제
  - 융·복합화, 고부가가치화 추진
  - 건강한 국제회의산업 생태계 조성
  - 국제회의 기업의 수익성 향상 및 수익구조
    다변화
  - 지역별 특성에 따른 대표 국제회의 발굴
  - 업계의 글로벌 경쟁력 강화, 전문인력 양성

제4차 기본계획(2019~2023)
지속가능한 산업생태계 구축

- 목표
  - 국제회의업 매출액 3조 원 달성
  - 국제회의업 인력 2만 명 고용창출
  - 외화획득 27억 달러 달성
  - ICCA 국제회의 참가자 수 18만 명 달성(건수)
- 주요 정책과제
  - 국제회의산업 경쟁력 강화
  - 국제회의 수요 창출 및 지원체계 개선
  - 국제회의 목적지 매력도 제고
  - 국제회의산업 정책기반 정비

사례	굴뚝 없는 노다지 'MICE'산업의 힘!

〈앵커 멘트〉

국제회의나 전시회를 유치해 외국인들을 상대로 큰 돈을 버는 이른바 굴뚝 없는 노다지 산업이 국내에서 뜨고 있습니다.

황진우 기자가 현장으로 안내합니다.

〈리포터〉

태국에서, 말레이시아에서, 이렇게 아시아 12개 나라에서 온 2만 명으로 국제행사장이 꽉 찼습니다.

〈인터뷰〉

짱신팡(대만 참가자) : "1년에 한 번씩 열리는 우리 회사의 큰 행사에 참석하기 위해서 한국에 왔습니다."

행사장으로 도시락 수천 개가 배달되고 구내상점의 빵은 오전에 동났습니다.

행사가 가져온 반짝 특수입니다.

〈인터뷰〉

지경화(상인) : "이분들 오셔서 물도 드셔야 하고 식사도 하셔야 하니까 일단 매출이나 경제적인 면 고려했을 때 도움이 되는 것 같습니다."

불황과 신종플루의 영향으로 손님이 크게 줄었던 숙박업체들도 숨통이 트였습니다. 행사 장에서 2시간 넘게 걸리는 수원과 경기 광주, 이천의 호텔까지도 객실이 꽉 찼습니다. 주변 상권도 덩달아 반짝 호황입니다.

〈인터뷰〉

조동주(숙박업소 책임자) : "주변에 쇼핑을 많이 나가거든요. 쇼핑 나가서 백화점이나 할인 점에 가서 구매하는 물건이 많이 있습니다."

이처럼 기업회의나 포상관광, 국제회의, 전시회를 찾는 외국인들은 한 사람이 하루 평균 일반 관광객의 2배인 47만 원을 쓰고 있습니다.

이 계산법을 적용하면 이번 행사에 참가한 2만 명이 나흘간 한국에서 쓰는 돈은 380억 원에 이릅니다. 소나타 2천 대를 수출한 것과 맞먹는 경제 효과입니다. 바로 이 점이 MICE산 업을 굴뚝 없는 노다지라고 하는 이유입니다.

KBS 뉴스 황진우입니다.

이동기(코엑스 사장)

"마이스산업 리딩기업의 대표로서 우리나라 마이스산업을 글로벌화시키고 임직원들이 더욱 성장하고 행복하게 일할 수 있도록 토대를 닦아 나갈 계획입니다." 이동기 코엑스 사장은 포스트 코로나의 시대로 접어들 무렵인 지난 3월 취임해 마이스산업 전반의 혁신과 비전을 만들어나가는 데 노력을 기울이고 있다. 그는 급변하는 디지털·환경 등 새로운 변화의 요구에 부응하는 전시산업의 본질과 비즈니스모델을 다시 제시했다.

이 사장은 마이스산업의 발전 가능성에 대해 "마이스산업의 경제적 효과는 크게 산업적 측면과 지역경제 측면으로 구분할 수 있다"고 운을 뗐다. 이어 "독일 등 유럽에서 전시회나 박람회가 시작된 계기는 생산한 제품을 전시하고 판매·수출하는 게 목적이었다"며 "19세기의 엑스포들은 당시 최신의 기술과 제품을 전시하고 홍보한 대표적인 사례"라고 설명했다.

그는 마이스산업이 지역이나 국가경제 전반에 혁신을 촉진하는 효과가 있다고 강조했다. 이 사장은 "다양한 주체들이 각자의 기술·제품·정보를 공유함으로써 오픈 이노베이션, 즉 개방적 혁신이 활성화되는 것"이라며 "국가 측면에서 산업·수출 진흥, 혁신 촉진, 지역 활성화와 일자리 창출, 국가 이미지 제고에 기여하는 국가전략산업이라고 할 수 있다"고 말했다. 국제전시연맹에 따르면 전 세계 전시산업은 연간 글로벌 국내총생산(GDP) 2,000억 달러와 450만 개의 일자리를 창출한다. 올해 CES(미국 라스베이거스에서 개최)와 MWC(스페인 바르셀로나에서 개최)로 인한 경제적 효과는 각각 약 2억 달러, 3억 5,000만 유로 정도로 알려졌다.

이 사장은 "한국전시산업진흥회의 조사를 보면 국내 전시산업은 2020년부터 2024년까지 약 52조 4,000억 원의 경제적 파급효과와 15만 4,000개의 일자리를 창출할 것으로 전망하고 있다"며, 마이스를 신성장 동력 산업으로 육성 발전시켜 나가야 한다고 했다.

이 사장은 "디지털 전환을 위해 오픈 이노베이션으로 스타트업들과 기술검증(PoC)을 활발하게 진행하고 있다"며 "메타버스, 실내 위치확인 시스템, 유동인구 분석 플랫폼 등이 그 사례"라고 소개했다. 또 "요즘 ESG(환경·사회·지배구조) 경영의 필요성이 제기되고 있는데, 마이스 업계도 예외는 아니다"며 "전시회나 국제회의 과정에서 탄소배출을 줄여야 하는 과제가 있어 코엑스도 친환경 자재 사용 등에 많은 관심을 갖고 각종 시스템을 정비해 나가고 있다"고 밝혔다.

[디지털타임스, 2023.8.1]

[발표와 토론할 주제]

1-1. MICE산업은 어떻게 그리고 왜 발달하게 되었는가?

1-2. MICE산업의 구성요소는 어떤 것인가? 3가지 구성요소 가운데 한 곳을 찾아보고 각자(또는 조별) 발표와 토론을 하시오.

1-3. MICE산업의 유형별로 구분해서 예를 들면서 발표하시오.

1-4. 국제회의산업의 정책범위영역에 대해 설명하시오.

1-5. 국제회의산업의 생태계에 대해 설명하시오.

1-6. 국제회의산업의 육성계획에 대해 설명하시오.

CHAPTER **2**

회의산업 일반론

Chapter

회의산업 일반론

회의(meeting)를 국어사전에서 찾아보면 명사로서 "여럿이 모여서 의논함"이라는 의미이다. 오늘날 회의의 종류도 상당히 다양해졌으며 회의를 개최하는 목적도 다양해졌다. "회의산업"이라는 용어를 사용할 정도로 회의산업 분야는 그 비중이 날로 커지고 있다. 21세기 들어 미팅, 컨벤션, 교역전시회는 관광공급자의 중요한 수입원이 되고 있다.

1. 우리나라 국제회의 현황

우리나라는 각 분야에 걸친 국제화 추진에 힘입어 국제회의의 개최국으로 점차 부상하고 있으며, 특히 1979년 PATA총회, 1983년 ASTA총회, 1985년 IBRD/IMF 총회, 1986년 아시안게임, 1988년 서울올림픽대회, 1990년 EATA 마케팅위원회, 1994년 PATA총회, 2000년 ASEM 개최, 2001년 세계관광기구(UNWTO)총회, 2002년 한일월드컵축구대회 및 부산아시안게임 등 대규모 국제대회를 성공적으로 개최함으로써 그 능력을 국제사회에서 인정받게 되었다.

또 2003년 세계지방자치단체연합회(IULA) 총회, 2004년 PATA제주총회 등 대형 국제회의와 국제행사가 연이어 개최되었고, 2007년 ASTA총회가 개최되었다. 2008년에는 84건의 국제회의를 유치하여 세계 9위의 국제회의 개최국이 되었는데, 2008년 미국발 금융위기 이후 유로존 경기침체와 더불어 세계 금융위기가 장기화되면서 2012년까지 감소세를, 그 후부터 2015년까지 성장세를 보이다가 또다시 최근까지 등락을 보이고 있다.

▣ 세계 국제회의 개최건수

구분	2009	2010	2011	2012	2013	2014	2015	2016	2017	2018
개최건수	11,503	11,513	10,743	10,498	11,135	12,212	12,350	11,000	10,786	11,240
증감률	3.8%	0.1%	-7.2%	-2.3%	6%	9.7%	1.2%	-11%	-1.9%	4.2%

주: 2022년에 개최된 UIA 기준에 부합한 개최건수는 8,264개임
자료: UIA(2019), International Meetings Statistics Report, 60th Edition

▣ 국가별 국제회의 개최현황 및 순위(2022년 UIA기준)

2021년			2022년		
순위	국가	개최건수	순위	국가	개최건수
1	미국	499	1	벨기에	646
2	한국	463	2	미국	573
3	일본	402	3	스페인	457
4	벨기에	384	4	일본	396
5	프랑스	266	5	프랑스	345
6	영국	230	6	영국	327
7	오스트리아	226	7	한국	320
8	독일	220	8	오스트리아	310
9	스페인	172	9	독일	263
10	이탈리아	172	10	이탈리아	261

주: UIA국제회의 기준: UIA에 등록되어 있는 국제협회 주최 회의, 비정부 간 국제기구 및 정부 간 기구 주최 회의, 회의 개최 빈도와는 무관, 회의개최지와는 무관하지만 매번 같은 곳에서 개최되거나 정기적으로 개최지가 바뀌는 회의, 회의 참가자 수와 무관

◪ 도시별 국제회의 개최현황(2022년 UIA기준)

2021년			2022년		
순위	도시	건수	순위	도시	건수
1	브뤼셀	319	1	브뤼셀	570
2	서울	263	2	비엔나	252
3	도쿄	256	3	싱가포르	203
4	비엔나	195	4	도쿄	201
5	파리	149	5	리스본	167
6	싱가포르	115	6	마드리드	153
7	런던	101	7	런던	148
8	리스본	94	8	바르셀로나	147
9	제네바	87	9	서울	135
10	몬트리올	65	10	파리	130

주: UIA국제회의 기준: UIA에 등록되어 있는 국제협회 주최 회의, 비정부 간 국제기구 및 정부 간 기구 주최회의, 회의 개최 빈도와는 무관, 회의개최지와는 무관하지만 매번 같은 곳에서 개최되거나 정기적으로 개최지가 바뀌는 회의, 회의 참가자 수와 무관

국제회의업은 대규모 관광수요를 유발하는 국제회의의 계획·준비·진행 등에 필요한 업무를, 행사를 주관하는 자로부터 위탁받아 대행하는 업을 말한다. 국제회의는 참가자들이 일반관광객에 비해 장기간 체재하면서 회의기간 중 또는 그 전후에 국내관광과 쇼핑 등을 하므로 대량 관광객 유치 효과를 가져오며 교통, 항공, 숙박, 유흥업, 여행 등 관련산업의 발전을 유도함으로써 경제발전 창출효과에 크게 기여한다.

또 참가자 대부분이 각국의 정치·경제·과학·기술·문화 등 관련 분야의 전문가로서 지도적인 위치에 있으므로 국가홍보 효과를 가져옴은 물론, 국제회의는 계절적 변수가 적어 관광 비수기 타개책으로 활용되기도 한다.

2. 회의의 정의

회의는 넓은 의미의 모임을 일컫는다. 회의는 둘 이상의 사람들이 하는 모임을 말한다. 우선 회의는 미리 정해진 목적이나 의도를 성취하고자 하는 비슷한 관심을

가진 사람들의 집단이 한곳에 모이는 것으로 정의할 수 있다. 회의에 관한 정의는 매우 다양하다.

백과사전에서는 회의란 2명 이상이 모여서 어떤 안건을 의논 교섭하는 행위라고 정의하고 있으며, 국어사전에서는 회의는 여럿이 모여 의논함, 또는 그런 모임을 말하거나, 어떤 사항을 여럿이 모여 의견을 교환하여 의논하는 과정으로 정의하고 있다. 게츠(Getz)는 회의를 다양한 목적을 위한 사람들의 모임을 의미하는 것으로 정의하고 있다. 피기에라(Fighiera)는 국제회의 및 컨벤션 등의 용어와 구분하여 사용하는 경우에는 회의를 협의로 하여 정보와 지식을 교환할 목적으로 상호의견을 주고받거나 단체의 정책을 결정할 목적으로 사전에 계획된 일정에 따라 공통적인 관심사를 나누기 위한 모임으로 정의하고 있다. 케리(Carey)는 컨벤션주최, 개최유형을 협회, 기업, 정부, 종교단체로 구분하여 학회, 협회회의, 기업회의, 정부회의, 종교회의로 구분하고 여기에 상업적 회의를 추가하고 있다. 보소(Voso)는 회의를 광의적으로 해석하여 수천 명의 참가자를 유발하는 대형회의를 컨벤션이라고 보고 있다. 국제회의컨벤션협회(ICCA)에서는 다수의 사람이 특정의 활동을 수행하거나 협의하기 위해 한 장소에 모이는 것을 회의라고 보고 있다. 국제협회연합(UIA)에서는 회의라는 용어를 콘퍼런스 또는 유사한 협의의 회의만으로 규정하고 있다. 결론적으로 회의는 둘 이상의 모임이라고 볼 수 있으며 회의의 규모나 특성에 따라 약간의 성격을 달리한다고 볼 수 있다.

3. 회의산업의 성장 역사

회의의 시초를 살펴보면 오래전부터 사냥 계획이나 농사일, 수렵 활동 등에 관한 논의나 부족 간의 문제를 해결하기 위한 것이었는데, 현대적 의미의 회의는 불과 70년 전부터 제도화된 산업이 되었다. 1950년대까지 대부분의 회의는 지역적이었다. 원거리 여행이 매우 불편하고 고통스러웠기 때문에 전국적 미팅은 드물었다. 1950년대에 소수의 항공사가 대륙 횡단을 시작하였으나 대부분의 원거리 여행은 여전히 기차나 버스에 의존하였다. 이런 상황에서 기업의 중역들이 전국적인 회의에 참석하기란 매우 어려운 일이었다. 1960년대까지는 기업이나 협회의 간부들이 회의를 소집했다. 단순한 프로그램을 종합하는 기술, 호텔예약, 그리고 오찬이나 만찬의 준비와 같은 일은 중역급 인사들을 보조하는 비서들의 소관 업무였다. 당시 회의는 지금처럼 빈번하거나 복잡하지 않았다. 참가자가 많은 것도 아니었고, 법적으로 매우 복잡한 세부 사항, 정교한 시청각 장비, 까다로운 세금문제, 막대한 예산지출을 해야 하는 콘퍼런스, 워크숍, 세미나, 컨벤션과 같은 회의는 흔치 않았다.

회의산업의 급성장은 교통산업의 발전과 더불어 일어났다. 특히 제트여객기의 등장은 인간의 이동을 더욱 빠르고 안락하게 그리고 저렴하게 만들었으며, 이것이 회의산업의 성장을 자극하였다. 국제적인 회의에서도 해외 목적지로의 이동이 한결 편리하고 안전하게 되었다. 최근에는 항공산업의 규제 완화로 인해 국제회의에의 참가가 한층 용이하게 되었다. 육상교통의 발달과 서비스의 개선 또한 회의시장의 확장에 기여하였다. 철도, 고속도로, 장거리 버스운송, 렌터카 등 다양한 육상교통수단이 회의산업 시장의 확장에 일익을 담당하고 있다. 컴퓨터 예약시스템 또한 1만 명 이상이 모이는 교역전(교역전시회), 국제무역박람회 등을 쉽게 만들고 있다. 회의장소 및 숙박시설의 현대화는 회의산업에 필수적인 요소가 되었다. 회의산업이 급성장함에 따라 회의의 전문적 기술에 대한 요구가 증대하여 회의기획자와 관광목적지 마케팅의 필요성이 크게 부각되었다.

2000년대 이후 미팅, 인센티브, 컨벤션, 전시회 등 MICE산업은 관광업에서 중요한 수입원이 되고 있다. 과거 수십여 년 동안 회의산업은 크게 주목받지 못했지만, 이제는 연간 수조억 원을 벌어들이는 산업으로 성장하였다.

4. 회의 진행방식

회의 진행 시 의사전달방법으로서, 회칙 또는 의사 진행 규정에 따라 일방적으로 회의를 진행하는 일방 의사전달(one-way communication)방법과 비교적 소수 인원이 상호 의견교환이나 토론을 벌이는 상호 의사전달(two-way communication) 방법이 있다.

일방 의사전달방법은 개회식 또는 폐회식 때 모인 다수의 회의참가자를 대상으로 행사 진행 주최측이 의도하는 방향으로 유도하기 좋으나, 상호 의견교환의 결여로 정확한 의사전달이 쉽지 않다.

반면에 상호 의사전달방법은 소규모 토론회, 세미나 등 소수 인원이 참가하는 회의에서 상호 의견교환을 통해 의사전달을 기할 수 있으나, 진행시간이 오래 걸리는 것이 단점이다.

사례 / 회의 진행방식 10가지

첫째, 회의의 목적에 충실해야 한다.

회의를 편하게 한다고 농담을 주고받거나 상대의 발표에 귀 기울이지 않거나, 의견 개진에 적극적이지 못하거나, 혹은 자신의 얘기만 일방적으로 퍼붓고 오는 것이라면 곤란하다. 조직원들의 새로운 견해와 새로운 정보를 주고받는 정보교환의 기능도 충족시켜야 한다.

둘째, 회의는 즐거워야 한다.

일방적인 회의, 꾸중이나 잔소리하는 듯한 회의라면 곤란하다. 설득과 정보교환은 쌍방향이어야 한다. 엄숙하거나 보수적인 혹은 강압적인 분위기에서의 회의는 쌍방향성을 침해한다.

셋째, 회의 시작 시간은 반드시 준수해야 한다.

회의참가자 개개인의 시간을 모두 허용해서는 안 된다. 정해진 회의시간에는 회의참석자 중에 일부가 아직 참가하지 않았다 하더라도 회의는 시작되어야 한다.

넷째, 회의정보는 회의 전에 미리 공유해야 한다.

회의시간에 처음 보는 자료가 많다면 곤란하다. 회의는 새로운 의견이나 자료를 듣거나 읽어보는 자리가 아니다. 회의에 필요한 자료는 회의 전에 미리 공유·검토된 상태에서 회의에 참여해야 한다.

다섯째, 회의는 짧고 명확해야 한다.

회의는 일을 잘하기 위한 하나의 수단이지 그것이 목적이 아니다. 자칫 회의가 중심이 된 듯한 인상을 주는 경우가 생기는데, 대개가 길고 지루한 회의 때문이다.

여섯째, 회의의 끝은 합의와 결론 도출이어야 한다.

회의를 하는 목적은 정보교환에 그치지 않는다. 늘 합의와 결론을 도출하는 회의습관을 가지도록 해야 한다.

일곱째, '다음에'라는 말은 가급적 지양해야 한다.

'그럼 자세한 것은 다음에…', '다음에 다시 준비해서…'라는 발상은 상당히 위험하다. 회의는 그날그날 단위로 이뤄져야 한다.

여덟째, 회의는 입으로만 하는 게 아니다.

회의는 기록이 중요하다. 회의에서 주고받은 내용, 특히 의사결정과 합의와 관련한 내용에 대해서는 기록이 필수적이다.

아홉째, 회의 참석자는 동등하다.

직급의 위계질서를 회의시간만큼은 잊어도 된다. 위계질서에 의해 보수적으로 회의가 운용된다면 원활한 커뮤니케이션이란 것이 불가능해진다.

열째, 회의에도 에티켓이 있다.

회의 도중 핸드폰이 울린다거나, 담배를 피운다거나, 상대의 의견이나 발표에 집중하지 않는다거나, 졸고 있다거나, 딴짓(뭔가 만지작거리거나 낙서하거나 등등)을 하는 등 회의 매너에 어긋나는 행동은 금물이다. 회의는 조직 간 중요한 커뮤니케이션이고, 커뮤니케이션에서의 에티켓은 상당히 중요한 외부 요소로 작용한다.

1. 회의의 형태별 분류

회의의 모든 유형에 대해 일반적으로 미팅이라는 용어가 사용된다. 이미 언급한 바와 같이 회의는 모든 종류의 모임을 통칭하는 가장 포괄적인 용어이다. 회의는 컨벤션, 콘퍼런스, 포럼, 세미나, 워크숍, 전시회(교역전시회), 무역쇼 등으로 다시 분류할 수 있다. 이러한 분류는 참가자의 수, 프레젠테이션의 유형, 참가 청중의 수, 회의의 형식(형식적 또는 비형식적)에 의한 것이다.

1) 회의(meeting)

회의는 모든 종류의 모임을 총칭하는 가장 포괄적인 용어이다. 회의는 미리 정해진 목적이나 의도를 성취하고자 하는 비슷한 관심을 가진 사람들의 집단이 한곳에 모이는 것으로 정의할 수 있다.

여기서 사람들의 집단(a group of people)이란 한 기업의 직원들, 동일 협회의 회원들, 비슷한 사업에 종사하는 사람들을 말한다. 비슷한 관심이란 다양한 집단의 사람들을 특정한 회의에 참가하게 만드는 공통적인 요소가 반드시 존재한다는 것을 말한다. 미리 정한 목적이나 의도를 성취하고자 모인다는 것은 다양한 각 개인들이 공통관심사에 대해 좀 더 배우기 위해 특정한 회의에 참가한다는 것을 의미한다.

2) 컨벤션(convention)

컨벤션은 회의 분야에서 가장 일반적으로 사용되는 용어로서, 흔히 大회의장에서 개최되는 일반 단체 회의를 말하며, 그 뒤에 소형의 브레이크아웃 룸에서는 위원회를 열기도 한다. 브레이크아웃(breakout)이란 대형단체가 몇 개의 작은 그룹으로 나누어질 때 사용되는 용어이다. 기업의 시장조사보고, 신상품 소개, 세부전략 수립 등 정보전달을 주목적으로 하는 정기집회에 많이 사용되며 교역전시회를 수반하는 경우가 많다.

과거에는 각 기구나 단체에서 개최하는 연차총회(annual meeting)의 의미로 쓰였으나, 요즈음에는 총회, 휴회기간 중 개최되는 각종 소규모 회의, 위원회 회의 등을 포괄적으로 의미하는 용어로 사용되고 있다.

컨벤션은 대부분 정기적으로, 보통은 연례적으로 개최되며 최소한 3일간 열린다. 참가자는 100명에서 3,000명 이상 참가한다.

컨벤션은 다음에 언급하는 콘퍼런스에 비해 다수의 주제를 다루는 경우가 많다.

3) 콘퍼런스(conference)

콘퍼런스는 공식적인 상호 의견교환 및 공통적인 관심사를 토의하기 위해 두 명 이상의 사람들이 모이는 회의이다. 콘퍼런스는 컨벤션과 유사하다. 그러나 콘퍼런스는 일반적 성격의 문제보다는 좀 더 특별한 문제를 다룬다. 즉 컨벤션은 다수 주제를 다루는 업계의 정기회의에 자주 사용되는 반면에 콘퍼런스는 주로 과학, 기술, 학문 분야의 새로운 지식습득 및 특정 문제점 연구를 위한 회의에 사용되고 있다.

콘퍼런스는 통상적으로 컨벤션에 비교해 회의 진행상 토론회가 많이 열리고 회의참가자들에게 토론 참여기회도 많이 주어진다. 참가자는 비록 컨벤션만큼 많지는 않지만 다양한 사람들이 참가한다. 따라서 사람들이 토의할 수 있는 콘퍼런스 테이블, 작업용 테이블을 갖춘다.

4) 콩그레스(congress)

콩그레스는 콘퍼런스와 유사하며 종종 과학자집단, 의사집단에서 사용한다. 이 용어는 유럽에서 국제회의를 지칭하는 것으로서 일반적으로 사용되고 있다. 미국에서는 입법부를 지칭하는 말로 쓰인다.

5) 포럼(forum)

포럼은 제시된 한 주제에 대해 상반된 견해를 가진 동일 분야의 전문가들이 사회자의 주도하에 청중 앞에서 벌이는 공개토론회로서 청중이 자유롭게 질의에 참여할 수 있으며 사회자가 의견을 종합한다.

6) 심포지엄(symposium)

심포지엄은 포럼과 유사하나, 제시된 안건에 대해 전문가들이 청중 앞에서 벌이는 공개토론회로서 포럼에 비교해 다소의 형식을 갖추며 청중의 질의기회도 적다.

7) 렉처(lecture)

렉처는 강연회라고도 하며, 어떤 회의 프로그램의 일부이거나 또는 그 자체가 하나의 회의이다. 심포지엄보다 더욱 형식적이며 한 연사가 강단에서 청중에게 연설한다. 가끔 질의응답 시간이 주어지기도 한다.

8) 세미나(seminar)

세미나는 대면토의로 진행되는 소규모의 비형식적 모임이다. 주로 교육 목적을 가진 회의로서 30명 이하의 참가자가 어느 1인의 지도하에 특정 분야에 대한 각자의 경험과 지식을 발표·토론한다. 세미나는 대부분 매우 특정한 주제를 다루며 그 분야에서 인정받는 전문가에 의해 진행된다.

9) 워크숍(workshop)

워크숍이란 최대 35명 그리고 보통은 30명 정도의 인원이 참가하는 훈련목적의 소규모 회의로서 특정 문제나 과제에 관한 아이디어, 지식, 기술, 통찰방법 등을 서로 교환한다. 따라서 워크숍은 특정 분야에 종사하는 비교적 소규모 집단의 사람들을 위한 간단하고 집중적인 교육프로그램으로서 문제해결을 위한 노력에 참여할 것을 강조한다.

10) 클리닉(clinic)

클리닉은 소그룹을 위해 특별한 기술을 훈련하고 교육하는 모임이다. 즉 구체적인 문제점들을 분석·해결하거나 어느 특정 분야의 기술이나 지식을 습득하기 위한 집단회의이다. 항공예약 담당자를 예로 든다면 CRS를 어떻게 운용할 것인가를 여기에서 배운다. 많은 사람이 골프나 테니스와 같은 스포츠를 배우려 할 때 클리닉에 참가하게 된다. 워크숍과 클리닉은 여러 날 계속되기도 한다.

11) 패널 토의(panel discussion)

패널 토의는 똑같은 주제에 대하여 다양한 의견을 가진 일단의 전문가들이 사회자의 주도하에 서로 다른 분야에서의 전문가적 견해를 발표하는 공개토론회로서 청중도 자신의 의견을 발표할 수 있다. 대략 2~8명의 연사가 토의에 참여한다.

12) 전시회(exhibition)

전시회는 벤더(Vendor : 판매자)에 의해 제공된 상품과 서비스의 전시모임을 말한다. 무역, 산업, 교육 분야 또는 상품 및 서비스 판매업자들의 대규모 교역전시회로서 회의를 수반하는 경우도 있다. 전시회는 컨벤션이나 콘퍼런스의 한 부분에 설치되기도 한다. 엑스포지션(exposition)은 주로 유럽에서 전시회를 말할 때 사용되는 용어이다.

13) 교역전(trade show 또는 trade fair)

교역전은 부스(booth)를 이용하여 여러 판매자가 자사 상품을 전시하는 형태이다. 전시회와 매우 유사하나, 다른 점은 컨벤션의 일부로 열리지는 않는다는 것이다. 교역전(무역쇼)은 전형적인 가장 큰 회의이다. 여러 날 진행되는 대형 교역전에는 참가자의 수가 최고 50만 명을 넘는 때도 있다. 때때로 교역전(trade show)은 전시회(exhibition 또는 exhibit)라고도 불리며 혼합해서 사용되기도 한다.

14) 화상회의(teleconferencing)

화상회의(또는 원격회의)는 화면을 통하여 다른 몇 개의 장소에서 동시에 회의를 할 수 있는 미팅방법이다. 참가자들이 각기 다른 장소에서 화상화면을 통해 상대방을 보면서 의견을 교환하는 것으로 고도의 커뮤니케이션기술을 이용한다.

화상회의는 원거리 여행의 비용과 시간 등을 소비하지 않고 회의하는 방법이다. 오늘날에는 각종의 오디오, 비디오, 그래픽스 및 컴퓨터 장비를 갖추고 고도의 통신기술을 활용하여 회의를 개최할 수 있다.

일부의 호텔 체인, 컨벤션센터, 콘퍼런스센터는 이러한 커뮤니케이션 수단의 증가요구에 대응하여 화상회의 장비를 갖추고 있다.

15) 어셈블리(assembly)

어셈블리는 협의, 법률제정 혹은 오락을 위하여 모인 사람들의 회합을 말한다. 이 용어는 주의회(州議會) 대표들의 모임을 의미하지만, 또한 학교 학생들의 모임, 특히 고등학생들의 학생회를 지칭하기도 한다.

16) 비밀회의(private meeting 또는 secret assembly)

비밀회의는 매우 사적이고 비밀을 지키는 모든 회의를 지칭하는 용어이다. 로마교황 선출을 위한 추기경들의 모임이나, 회사 인수합병 기도로 인한 위기를 논의하기 위해 모이는 기업의 비밀이사회 등을 예로 들 수 있다.

17) 수련회(retreat)

수련회는 관리자 한 사람의 지도하에 기도, 명상, 연구 및 교육을 위해 집단적으로 칩거하는 모임을 말하며, 종교적인 기도회의, 기업, 협회 또는 교육 분야에서의 매우 독특한 유형의 회의를 지칭하기도 한다.

18) 학급(class)

학급은 동일 과제를 공부하기 위해 정기적으로 만나는 학생들의 조직체를 말하며, 이것도 회의의 일종이다.

19) 기자회견(press conference)

기자회견은 매체(신문, 잡지, TV, 라디오)의 관계자들이 초대되어 새로운 사건이나 이벤트에 관한 정보를 얻는 모임이다. 기업들은 신상품, 새 임원, 기타 뉴스로 간주할 수 있는 다른 행사에 관해서 보도기관에 알리기 위해 기자회견을 요청하기도 한다.

2. 회의의 성격별 분류

회의를 성격상으로 분류하면 기업회의, 협회회의, 비영리단체회의, 정부주관회의 등으로 나눌 수 있다.

1) 기업회의(corporate meeting)

많은 기업이 여러 가지 형태의 회의를 한다. 주주총회, 사원연수 및 지역총회는 그 대표적인 형태이다. 그 예로는 국내 유수 그룹들의 기업회의 또는 한국 IBM이 주관하는 IBM 아시아 지역총회를 들 수 있다.

2) 협회회의(association meeting)

협회에 관련된 주제와 관심을 다루는 회의이다. 모든 산업이 세계적 또는 전국적인 협회뿐만 아니라 지역적인 협회를 갖고 있다. 협회회의의 예로는 세계국제법협회 서울총회, 아시아 리스협회 총회, 국제경상학생협회 아시아총회 등이 있다.

3) 비영리단체회의(non-profit meeting)

비영리단체가 주최하는 회의를 말한다. 한국스카우트연맹의 세계잼버리대회, 로터리 지구 주최의 로터리클럽 세계대회 등 그 예는 많다.

4) 정부주관회의(government agency meeting)

정부가 주관하거나 정부산하조직이 주관하는 세계적 또는 전국적 회의를 말한다. 노동부 주관의 아태지역 노동부장관회의, 재경부 주관의 관세협력이사회 연례회의, 국회사무처 주관의 아태지역 국회의원 연맹 총회 등이 그 예이다.

3. 회의의 진행상 분류

회의를 진행하는 형태에 따라 분류하면 다음과 같다.

1) 개회식(opening session)

본회의가 시작되기 전에 공식적으로 개최되며 개회사를 비롯하여 일정한 형식과 의례가 따른다. 교향악, 전통무용 등의 연예 행사가 준비되기도 한다.

정식회원은 모두 초청되며 그들의 수행원이나 정부 유관인사, 지방유지 등 본회의와 관련이 없는 사람이라도 초청될 수 있다.

2) 총회(general assembly)

모든 회원이 참가할 수 있는 회의로서, 제출된 의제에 대해 발표·표결할 권한을 갖는다. 이러한 사항 중에는 정관 수정, 방침 결정 또는 집행위원의 지명 및 해임 등 모든 사항이 포함된다.

개최빈도는 정관에 의하고 참가 범위는 모든 회원이 공고에 의해 소집된다. 후속조치로는 회의록을 작성하여 모든 회원에게 송부한다.

3) 위원회(commission)

어떠한 특정연구를 위해 본회의 참가자 중에서 지명된 사람들로 구성되어 본회의 진행 기간 또는 다른 시기 및 장소에서 개최된다.

의제는 단일 논제를 다루며 참가 범위로는 10~15명 정도의 동일한 직종을 가진 사람들로 구성된다. 회의 개최 수개월 전부터 준비가 진행되며 초청장과 더불어

의제가 사전에 참가자에게 송부된다. 후속조치로는 경과를 보고하고 건의사항을
제출한다.

4) 위원회(council)

본회의기간 중에 구성되며 특정 문제에 관하여 어느 정도의 결정권을 갖는다.
위원회의 결정사항은 본회의에서 비준되어야 한다. 위원회에서는 특별히 부여된
결정권을 가지고 토론할 수 있는 주제를 택한다.

참가 범위는 20명 내외로 본회의에서 선출된 사람들로 구성된다. 후속조치는
회의록에 기록되며 요청이 있을 경우 본회의 참가자들에게 전달된다.

5) 위원회(committee)

본회의기간 중 또는 휴회 중에 소집되며, 의제가 정확하게 지정되고 특정사항에
관하여 어느 정도 결정권을 갖는다. 참가 범위는 10~15명의 본회의 참가자들로
구성된다.

6) 집행위원회(executive committee)

집행부서라고 할 수 있으며 본회의에서 선정된다. 어느 정도 결정권을 갖고 있
으나, 때로는 본회의에서 비준을 요한다. 의제는 집행을 요하는 사항을 다룬다.
참가 범위는 위원회 또는 본회의에서 선출된 10명 이내의 인원으로 구성된다. 후속
조치는 위원회 또는 본회의에 제출하기 위해 상세한 보고서가 작성된다.

7) 실무단(working group)

위원회에서 임명된 특정 전문가들로만 구성되며 단시일 내에 지극히 상세한
연구를 하기 위해 구성된다. 의제는 단일주제를 다루며 참석 범위는 특정 전문가
들로 보통 10명 이내로 국한된다. 후속조치는 전문적이고 기술적인 보고서를 작
성한다.

8) 소위원회(buzz group)

어떤 문제에 관해 총체적으로 자문하도록 구성된 협의체로서, 한 회의기간 내에 여러 번 개최되기도 한다. 이때 본회의 진행은 중단되고 여러 소위원회로 나눠진다. 각 소위원회는 위원장을 선임하여 제기된 문제를 논의한 뒤 각 위원장은 소위원회의 의견에 관하여 본회의에 보고한다.

9) 폐회식(closing session)

회의를 종결하는 최종회의로서 회의성과 및 채택된 사항을 요약·보고한다. 이때 폐회사가 있고 회의 주최자에 대하여 감사의 표시를 한다.

4. 회의의 목적별 분류

회의를 목적별로 분류하면 다음 4가지로 나눌 수 있다.

1) 토론의 목적

광범위한 문제 또는 특정 문제에 대한 일반 토론을 위한 토론장으로써의 역할을 하는 회의이다. 그 예로는 국제기구의 총회 또는 이사회를 들 수 있다.

2) 조약의 채택

조약문 또는 기타 정식 국제문서 작성, 채택을 위한 회의이다. 그 예로는 유엔 해양법 회의를 들 수 있다.

3) 국제정보의 교환

국제적 정보교환을 목적으로 하는 회의이다. 그 예로는 원자력의 평화적 이용에 관한 유엔회의를 들 수 있다.

4) 서약회의

국제적 사업에 대한 자발적 분담금 서약회의다. 그 예로는 UNDP, WFP 등 기여금 서약회의를 들 수 있다.

July 15, 2024 - July 17, 2024
The Institute of Internal Auditors
International Conference 2024
Walter E. Washington Convention Center

제3절 ▶ 회의의 개최장소

회의의 장소도 오늘날에는 많은 변화가 있다. 단순히 회의 기능만을 갖춘 곳보다는 회의와 함께 수반되는 볼거리, 먹을거리, 즐길거리 등이 함께 제공되고 접근성도 편한 곳으로 선택되고 있다. 회의 즉 오프사이트 미팅(off-site meeting : 주최회사가 전제되지 않는 회의)은 다음의 6가지 주요 장소에서 개최되고 있다.

1. 호텔(hotel)

호텔은 다양한 서비스와 품격 있는 시설을 다양하게 갖추고 접근성도 탁월하여 많은 회의장소로 선택되고 있다. 호텔 입장에서도 회의산업의 유치로 인하여 회의장소의 임대료 외에도 객실과 식음료의 수입에도 승수효과를 일으키고 있다. 오늘날 미국에서는 회의가 호텔 총수익의 약 20%를 차지한다고 한다. 일부 개인소유 호텔은 총수익의 40%가량을 회의와 컨벤션에서 끌어내고 있다.

이전에는 소수의 호텔만이 미팅 비즈니스를 유치하였다. 많은 호텔들이 컨벤션 단체에게 문호를 개방하는 것을 꺼렸으며, 오히려 개인여행자 및 휴가자에게 의존하였다. 당시 호텔 미팅룸이란 대개 소규모였고 결혼식이라든가 무도회, 기타 사회적 모임에 치중하였다.

그러나 미국의 호텔경영자들은 증가하는 미팅 비즈니스가 특히 비수기의 수익 증대에 중대한 원천을 제공한다는 사실을 깨닫기 시작하였다. 하얏트리젠시와 같은 자이언트 쇼케이스 호텔(Giant Showcase Hotel)이 회의시장을 주목적으로 하여 애틀랜타 중심가에 건설되었다. 실내에 넓은 어셈블리 룸과 전시공간, 다양한 시청각 시스템을 갖추게 되었다.

또 컨벤션호텔이 공항 주변과 교외지역에 세워졌다. 그리하여 거의 모든 신축 호텔들은 회의시설을 갖추게 되었다.

오늘날 호텔들은 호텔의 영업이익 이외에도 컨벤션기능을 상품화함으로써 호텔영업을 보완할 수 있는 이점이 있다. 우리나라의 호텔 내 회의장은 대부분 준회의시설에 해당된다. 이러한 컨벤션시설을 갖추고 있는 호텔의 유형은 다양한데, 컨벤션 개최를 위해 모든 시설과 서비스를 제공하는 full-service convention hotel은 넓은 회의장 시설과 완벽한 회의장 서비스를 제공하기 위한 시설을 갖추고 있다. 호텔의 회의장은 기업이나 협회의 신제품 발표회나 전시회, 시상식 그리고 학계의 학회개최, 모임, 패션쇼, 디너쇼, 기자회견, 설명회 등의 공간으로도 활용된다.

2. 리조트(resort)

회의참가자의 욕구 다변화에 따라 리조트는 최근 들어 회의장소로 매우 호평을 받고 있다. 도심과 떨어져 있고 경치가 아름다운 리조트의 위치는 회의기획자(meeting planner)가 주최 회의의 레크리에이션 시설로서 가장 적합한 매력지로 뽑고 있는 점이다. 회의장소로서 리조트는 다른 전문적인 시설이 갖는 매력 이상의 색다른 경험을 안겨준다. 또 리조트는 공간적인 쾌적성과 입체성으로 참여자들의 관심을 받는다. 회의장소로서 리조트의 역사는 호텔의 역사와 동등하게 평가된다.

초기에 리조트 소유주들은 사업단체 유치에 커다란 관심을 두지 않았다. 그때까지 컨벤션 참가자들은 리조트 고객층을 이루는 부유한 상류계층의 사람들이라기보다는 2류 시민으로 간주되곤 했었다. 그러나 제2차 세계대전 후 사회 가치의 변화로 그들은 정책을 재고하기에 이르렀다.

이윽고 다수의 오래된 리조트가 증가하는 회의시장을 대처하기 위해 숙박시설을 개장하였고, 일부 신축 리조트호텔은 처음부터 연중 회의장소로서 건설되게 되었다.

3. 콘퍼런스센터(conference center)

콘퍼런스센터는 특히 기업체 회의를 비롯하여 대부분의 회의에 사용된다. 콘퍼런스센터는 20명에서 50명 정도의 인원이 참석하는 중소규모의 회의를 개최하기에 적합한 공간이다.

콘퍼런스센터는 6가지 유형으로 나누어볼 수 있다.

① 콘퍼런스센터 전용시설(executive conference center) : 회의장, 숙박시설, 세미나 공간, 우수한 음향, 영상시설의 지원

② 리조트 콘퍼런스센터(resort conference center) : 콘퍼런스시설 + 각종 레크리에 이션 시설

③ 회사소속의 콘퍼런스센터(corporate-owned conference center) : 회사 연수 또는 회사의 행사에 사용되는 시설

④ 비영리 또는 교육기관 내의 콘퍼런스(non-for-profit/educational conference center) : 비용부담이 적다. 임대기간을 조정하기 어려움

⑤ 객실이 없는 콘퍼런스센터(non-residential conference center) : 숙박시설이 없는 콘퍼런스센터

⑥ 부수적인 콘퍼런스센터(ancillary conference center) : 회의시설은 있지만 다른 주요시설은 갖추지 않음. 다른 시설과 연계 역할

회의기획자들은 이곳을 이상적인 회의장소로 삼고 있다. 이곳의 중요성은 외부로부터의 방해를 적게 받는다는 작업환경에 있다.

이곳의 콘퍼런스 룸은 특히 회의를 위해 설계되어 있다. 많은 호텔에서 콘퍼런스 공간은 흔히 방켓 룸(banquet room)이나 대연회장(ballroom)의 두 배 정도가 된다. 객실에는 조명이 잘된 작업지역이 있어 언제나 회의를 할 수 있게 되어 있다. 호텔 측의 전문적인 회의담당 직원이 가까이 있어서 회의참가자나 회의기획자의 욕구에 즉시 대처할 수 있게 되어 있다.

최근에는 회의참가자의 업무에 대한 긴장을 풀기 위해 일부에서는 헬스클럽과 골프코스, 테니스장, 사우나시설 등 여러 리조트형 시설을 갖추고 있다. 이러한 콘퍼런스센터는 회의시설을 갖춘 리조트호텔과 그다지 많은 차이점을 보이지는 않는다.

4. 컨벤션센터

호텔, 리조트, 콘퍼런스센터에서는 천 명 이상의 단체를 숙박시킬 수가 없다. 그보다 큰 회의나 교역전시회는 컨벤션센터에서 이루어진다. 다른 시설보다 크다는 점 이외에 컨벤션센터는 콘퍼런스센터와 몇 가지 차이점이 있다. 컨벤션센터는 도심에 위치하며 객실을 갖고 있지 않다는 것을 전제로 한다.

컨벤션센터의 유형은 건립장소와 지역의 개발계획에 따라 국제업무 지역형, 텔레포트형, 테크노파크형, 리조트형으로 구분할 수 있다.

사례 ／ 컨벤션센터의 예

1. **부산전시컨벤션센터(BEXCO)** - 2001년 9월 개관한 벡스코는 2008년에는 개장 이래 처음으로 행사개최건수 600건을 돌파하였고, 대한민국 1등 국제회의 개최지로 등극하였다. 각종 국제회의의 성공개최를 통해 부산이 동북아 최고의 전시컨벤션 도시로 자리매김하는 데 기여하였다. 지난 2012년에는 국제라이온스협회 제95차 국제회의, 2013년 10월 세계교회협의회(WCC) 제10차 총회, 2014년 12월 한·아세안 특별정상회의, 2015년 3월 미주개발은행(IDB) 및 미주투자공사(IIC) 연차총회, 2015 NAVER LoL KeSPA컵 4강~결승, 2016 LoL KeSPA컵 4강~결승, 2017년 9월 2017 ITU 등을 개최한 바 있다. (http://www.bexco.co.kr/)

2. **창원컨벤션센터(CECO)** - 경남 창원에 위치한 창원컨벤션센터는 2005년 9월에 개관하여 수많은 산업전시회, 국제회의를 성공적으로 개최하였다. 대표적으로 2008년 10월 제10차 람사르당사국 총회를 개최하였고, 2011년 11월 유엔사막화방지협약 제10차 총회 개최, 2018년 10월 제23차 세계한인경제인대회 개최, 2019년 8월 FIRA 세계로보월드컵 컨퍼런스 개최, 2023년 4월 아태마이스비즈니스페스티벌 등을 개최하였다. (http://www.ceco.co.kr/)

3. **김대중컨벤션센터** - 광주광역시에 위치한 김대중컨벤션센터는 2005년 9월에 개관하였으며 호남권에 위치한 유일의 전시컨벤션센터이다. 2010년 4월 한국민영방송협회 정기총회를 비롯해 한국화학공학회 등이 열렸고, 2013년 7월 세계 렘넌트대회, 10월 세계한상대회, 2021년 7월 제3회 대한민국 사회적경제박람회 등이 개최되었다. (http://www.kdjcenter.or.kr/)

5. 씨빅센터

씨빅센터(Civic Center)는 컨벤션센터와 유사한 기능이 있다. 씨빅센터는 대형 지역 컨벤션 및 전국컨벤션, 교역전시회, 무역쇼 등에 이용된다. 보통 도심 상업지구에 위치하며 이 씨빅센터에 있어서 회의는 주된 수입원이 아니라고 말할 수 있다. 문화적 이벤트, 스포츠 이벤트가 여기서 개최되기도 한다.

사례	씨빅센터

1. **서울시청 씨빅센터** - 서울시청 본관이 82년의 질곡의 역사를 마감하고 리모델링을 거쳐 2011년 2월 도서관과 도시 홍보관이 어우러진 씨빅센터(Civic Center)로 탈바꿈 하였다. 신축 서울시청사는 행정서비스 기관에 머물렀던 과거 이미지를 벗고 공간의 30% 이상을 시민 문화공간으로 채우는 시민의 전당으로 거듭났다.(http://www.cbs.co.kr/)

2. **뉴욕 씨빅센터** - 뉴욕 시청, 연방 청사, 뉴욕 대법원, 지방 법원, 형사 법원 등 관청이 모여 있는 곳을 '씨빅센터(Civic Center)'라 부른다. 브루클린 브리지 인근 시티홀 파크 중앙에 자리해 있다. 1803년부터 10년에 걸쳐 지어졌다. 1812년 공식 개관했으며 미국 내 시청 건물로는 가장 오래된 것으로 꼽힌다. 세인트 패트릭 구 성당을 설계한 프랑스 건축가 조셉 프랑스와 만진과 배터리파크의 캐슬 클린턴을 설계한 존 맥콤의 아들 맥콤 주니어가 만들었다. 프랑스 르네상스 양식의 건물이며 우아하고 고풍스러운 느낌을 자아낸다.

   개관 당시 뉴욕에서 가장 높은 빌딩으로 꼽혔다. 입법부, 행정부, 사법부, 교회, 와인 창고, 감옥 등으로 이루어져 있었다. 1966년에 뉴욕시 랜드마크로, 1976년에는 뉴욕 시청 로비가 인테리어 랜드마크로 지정됐다. 1993년에는 뉴욕 시청 건물 일대가 미국 사적 지구로 선정되었다. 입구로 들어가면 메인 로비에 서 있는 동상이 가장 먼저 눈에 띈다. 미국 초대 대통령이었던 조지 워싱턴의 동상이다. 프랑스 조각가 장 앙투안 우동이 만들었다.[뉴욕 시청(New York City Hall), 저스트고(Just go) 관광지]

3. **샌프란시스코 씨빅센터**(Civic Center, San Francisco) - 미국 캘리포니아주(州)에서 네 번째로 큰 도시인 샌프란시스코(San Francisco)의 행정중심 구역. 1906년 대지진이 발생해 큰 피해를 본 이후 재건 목적으로 이 일대를 행정중심 구역으로 개발했다. 건축가

아서 브라운 주니어(Arthur Brown Jr.)가 미켈란젤로(Michelangelo)의 산 피에트로 대성당(San Pietro Basilica)을 본떠 지은 고전적 건축양식의 시청을 비롯해 연방 행정기관 사무실, 각종 컨벤션센터, 공공도서관, 박물관, 시민회관, 미술관, 극장 등이 밀집해 있는 정치·문화의 중심지이다. 씨빅센터 히스토릭가에는 7,500석 규모를 자랑하는 샌프란시스코 전쟁기념 공연예술센터가 있다. 샌프란시스코 오페라단과 발레단의 주공연장이며, 음악회 연극 강연 특별시사회 등 각종 문화행사가 연중 끊이지 않는 미국에서도 손꼽히는 유명 공연장 중 하나이다. 이 밖에 한국인의 기부금으로 세워진 아시안 예술박물관(Asian Art Museum)과 빌 그레이엄 씨빅 오디토리엄(Bill Graham Civic Auditorium)도 씨빅센터의 명물이다.

6. 유람선(cruise)

더욱 이국적인 장소를 찾고 있던 회의기획자들은 1960년대 말부터 회의장소로 유람선을 이용하기 시작하였다. 미국적 유람선보다 세금혜택이 더욱 많았던 관계로 외국적 유람선 이용이 1976년까지 인기가 있었다. 그러나 1976년 이후 미연방 정부가 세제법을 개정하여 이전에 외국적 선박에 제공하던 세제 혜택을 철폐하였다. 이에 따라 미국적 유람선이 이 시장에 재빨리 뛰어들어 현재는 여러 유람선 회사가 소형·중형 회의를 수행할 수 있는 완벽한 시설을 갖추게 되었다. 유람선은 인센티브 관광에도 사용되고 있다.

사례	유람선

1. 한강공연유람선

유람선은 길이 80m, 폭 14m의 중형급 선박으로 공연장과 최대 400석 수준의 관람석을 갖추고 있다. 웬만한 중형급 극장 규모로 이동이 가능한 관람석을 제거하면 연회장으로도 활용할 수 있다. 공연유람선으로 인하여 그동안 호텔이나 연수원 등에서 이루어지던 기업들의 각종 회의나 세미나가 열린 공간에서 자유롭고 창의적인 아이디어를 찾기 위한 선상 회의장으로 활용될 것으로 기대된다. 또 어떤 장르든 고급 연회도 충분히 이루어질 수 있어 기대하고 있다.(http://www.cn-hangangland.co.kr)

예를 들어 2008년 11월 LIG손해보험 경동대리점 사원들은 한강유람선에서 회의를 개최하였다.(http://blog.daum.net/bslee3351/) 최근에 서울시는 한강르네상스를 내세워 대규모 유람선 및 해상교통시설, 관광객 유치를 위한 시설들을 세우려 하고 있다.

2. **크루즈 여행** – 크루즈 여행은 단순한 이동 수단을 넘어 하나의 움직이는 테마파크라고 할 수 있다. 거대한 배 위에는 다양한 즐길 거리와 맛있는 음식, 그리고 최고급 호텔 수준의 숙박시설까지 마치 다른 세계에 온 듯한 느낌을 선사한다.

크루즈 내부에는 어린이부터 어른까지 모두가 즐길 수 있는 다양한 놀이시설과 엔터테인먼트 시설이 마련되어 있다. 웅장한 워터파크와 극장 외에도 롤러코스터 같은 스릴 넘치는 놀이기구도 갖췄다. 또 밤이 되면 다양한 라이브 공연과 쇼가 펼쳐져 즐거움이 끝이 없다. 크루즈 여행의 또 다른 매력은 바로 미식의 세계에 빠져볼 수 있다는 점이다. 세계 각국의 요리를 맛볼 수 있는 레스토랑과 카페가 줄지어 있어 매끼 새로운 맛이 기다리고 있다. 여행과 휴식을 동시에 누릴 수 있다는 것도 크루즈 여행의 장점이다. 최고급 수준의 객실은 물론이고 스파, 피트니스센터, 도서관까지 휴식을 취하며 혼자만의 시간을 가질 수 있는 공간이 마련되어 있다. (https://www.theden.co.kr)

▶ Unsplash의 Fernando Jorge

회의시장은 협회시장과 기업시장으로 구분된다. 각 시장은 서로 다른 성격과 동기, 욕구, 기대를 갖고 있다.

1. 협회시장

협회시장(association market)은 보다 잘 알려져 있고 더욱 가시적인 마켓 세그먼트 (부분시장)이다. 모든 주제와 관심은 협회에 관한 것이다.

협회시장이 발달된 미국에는 2만 개의 협회 중 약 5천 개가 전국적·세계적 규모이다. 나머지 1만 5천 개는 지역적 또는 州단위 협회이다. 미국 협회의 80% 이상이 매년 컨벤션을 개최하며 많은 협회가 1년에 여러 번 회의를 개최한다. 예를 들어 캘리포니아 의학협회는 연 400회의 회의를 개최한다. 컨벤션 개최와 더불어 각 협회는 수천 개의 교육적 세미나와 워크숍을 후원한다. 이렇게 다양한 형태의 협회는 미국의 회의산업 성장에 커다란 역할을 하고 있다. 우리나라도 계속 협회의 시장이 성장하고 있으며 각종 협회의 사회적 기능과 역할도 점차 크게 요구되고 있다.

협회의 종류는 다양하지만, 본서에서는 9가지의 큰 형태로 분류하여 살펴보기로 한다.

1) 협회의 종류

(1) 산업협회(Trade Association)

거의 모든 산업이 적어도 하나의 전국적 협회를 가지고 있을 뿐 아니라 시·도 단위의 여러 협회를 갖고 있다. 단일의 산업 내에서도 제조업자, 도매업자, 유통업자, 소매업자 등으로 산하에 작은 협회가 결정되어 있다.

전국적인 산업컨벤션은 많은 인원이 참가하게 되는데, 예를 들어 시카고 전국레스토랑협회의 연례모임에는 5일간에 8만 명 이상을 유치하고 있다. 산업컨벤션은 종종 교역전시회와 곁들여 개최된다.

미국에서도 주요 산업협회들의 움직임이 활발하다. 예를 들어 현직 대통령에게 통상정책과 관련한 요구를 전달하기 위한 각종의 협회회의가 진행되고 있다. 미국의 전국레스토랑협회(NRA)는 자신들의 권익보호와 이익을 위해서 많은 종류의 회의를 호텔의 레스토랑에서 개최하고 있다.

(2) 전문협회(Professional Association)

전문협회의 회원은 일반적으로 비슷한 사업 욕구를 갖고 있는 개인, 기업 및 조직이다. 그 예로는 한국의료협회, 한국관광협회, 한국변호사협회, 한국의약협회, 한국은행협회, 한국건축협회 등이다. 이들 모두가 연간 연차 전국회의 및 지역모임을 개최한다. 이들은 앞의 산업협회만큼 교역전시회를 개최하지는 않는다.

(3) 과학기술협회(Scientific and Technical Association)

동 협회와 같은 조직은 회의산업의 또 하나의 수지맞는 원천이 된다. 예컨대 석유기술자협회와 같은 조직이다. 이러한 조직은 정기적 연례회의 이외에도 새로운 발견을 토론할 필요가 생길 때마다 특별회의를 개최한다. 이러한 회의는 매우 기술적이고 때로는 첨단 프레젠테이션 장비를 필요로 한다. 이러한 회의에서는 참가자들의 회합에 방해가 되지 않도록 주변의 사회적 행사는 최소한으로 피해야 한다.

(4) 교육협회(Educational Association)

교육협회는 가장 지명도가 높은 협회조직이다. 이를테면 전국교사협회는 이 단체가 비록 다른 분야의 광범위한 전문교사들이 포함되어 있지만, 미국에서 가장 지명도 있는 조직이다. 관광산업에 있어서 예를 들면 관광교육자연합(Society of Travel and Tourism Educators), 호텔·레스토랑교육협회(Council on Hotel, Restaurant and

Institutional Education) 등이 유명한 협회이다.

교육적 미팅은 보통 학교가 쉬는 여름방학 기간에 열리게 된다. 바로 이 기간이 호텔점유율이 가장 최하인 시기이기 때문에 이러한 기관을 유치하는 것은 시티호텔에게 매력적이다. 교육적 컨벤션은 다른 회의보다 더 장기간으로 보통 5일간의 회의프로그램을 갖는 경향이 있다.

(5) 예비역군인협회(Veterans and Military Association)

퇴역군인단체는 연례적으로 만남의 장소를 마련하게 된다. 전국단위의 컨벤션은 수많은 참가자를 유치하고 그 목적은 주로 사교적인 데 있다. 공군협회와 같은 군사조직은 활동적인 인재들을 위해 컨벤션을 개최한다. 우리나라는 자체의 회관을 갖고 있는 곳이 많다.

(6) 우애조합(Fraternal Association)

우애조합은 대형의 친목단체를 말한다. 우리나라뿐만 아니라 미국에서도 다른 유형의 협회보다 우애조합(친목단체)이 더 많은 편이다.

이 단체는 다음 3가지로 분류할 수 있다.

① 학생우애회, 여학생클럽
② 공통적 관심, 목적 및 상호부조를 위한 단체
③ 사회이익단체

이들 모두가 정기적인 컨벤션을 개최한다. 국제로터리클럽과 같은 둘째 부류의 전국적 컨벤션은 특히 대규모 집회를 한다. 이러한 단체는 기술적 · 사업적 · 전문적인 일보다는 사회적 이벤트, 레크리에이션, 오락에 주안점을 둔다. 셋째 부류는 미국 스포츠카 클럽과 같은 이익을 위한 단체이다.

(7) 윤리 · 종교협회(Ethnic and Religious Association)

윤리단체는 전술한 우애조합의 둘째 친목단체와 일반적 철학 및 목적이 유사하다. 이런 협회는 우애와 친목에 역점을 둔다는 점에서 친목단체의 성격과 유사하다.

종교단체의 집회는 직업적 성직자들과 여러 종파의 여자 평신도를 위해 개최되는데, 가톨릭 콘퍼런스는 전자의 예가 될 것이다.

(8) 자선협회(Charitable Association)

자선협회는 적십자사와 NMSS(National Multiple Sclerosis Society)와 같은 자선단체의 모임이다. 이들은 자선을 위한 모금 때문에 존재한다.

(9) 정치단체와 노동조합(Political Associations and Labor Unions)

가장 가시적인 정치적 컨벤션은 몇 년마다 열리는 대통령선거 때 각 정당에서 대통령 후보를 지명하는 정당모임이다. 많은 다른 정치적 모임은 도(시)나 지방단체에서 개최된다.

AFL-CIO, 철강노동조합과 같은 미국 노동조합은 전국적·지방적 단계에서 모임을 개최한다. 전국적 미팅은 대형 컨벤션센터에서 열리고 수천의 참가자를 유치하게 된다.

2) 협회시장의 특징

협회시장의 특징은 아래와 같이 요약할 수 있다.

① 많은 수의 참가자들, 전국적인 컨벤션의 경우에 특히 그렇다.
② 자원참가자들, 이러한 참가자들은 보통 여행과 숙박에 관한 비용을 자비로 부담한다.
③ 목적지로 관광지나 리조트를 주로 선택한다.
④ 매년 목적지를 바꾼다.
⑤ 집회는 반년 또는 1년이라는 식으로 정기적으로 개최한다.
⑥ 연례회의는 2년에서 5년 전에 계획한다.
⑦ 보통의 체류기간은 3일에서 5일이다.
⑧ 주요 컨벤션은 교역전시회를 동반한다.

3) 협회시장의 동기 · 욕구 · 기대

목적지는 협회회의에 참가자를 끌어들이는 데 가장 중요한 동기 조건이다. 참가자들이 자원자이기 때문에 미팅 오거나이저는 인원이 최대한 많이 참가하도록 소구할 수 있는 목적지를 선택해야 한다.

협회 대의원은 흔히 휴가와 비즈니스 여행을 겸하기 때문에 선정 대상 목적지는 적절한 오락시설과 관광 및 유흥시설에 근접해야 한다. 배우자들은 그들의 남편(또는 아내)이 회의하는 동안에 그들을 위한 동반자 프로그램이 있다면 동반 가능성이 더 높아진다. 이러한 이유로 인해 리조트는 협회회의에 있어서 인기 있는 장소가 된다.

어떤 목적지는 협회와 특정의 관계 때문에 선정되는데, 예를 들면 美스포츠카클럽(The Sports Car of America)은 오토레이싱 트랙이 가까이에 있는 컨벤션에서 협회 모임을 갖는다.

매년 정기적인 모임에 참가하는 협회 대의원은 해마다 동일 목적지에 가는 것을 원치 않는다. 그 때문에 이러한 단체들은 매년 회의장소를 바꾼다. 그러나 너무 먼 거리의 장소라면 선택을 꺼리게 된다. 왜냐하면 협회회원은 자기 경비를 자신이 부담하기 때문이다.

특히 지역회의에서는 접근의 편리함이 장소 결정에 중요한 사항이 된다. 그러므로 선정 대상 목적지는 흔히 회원 대다수가 참여할 수 있는 근거리에서 결정된다.

협회의 의사결정자들은 특정 회의장소의 결정에 가장 중요한 요소로서 적정한 회의실의 이용 가능성을 고려한다. 회의의 규모와 범위에 따라 대강당과 워크숍 및 위원회의 모임장소가 필요할 것이다. 또한 전시공간, 회의지원서비스, 시청각장비 등의 입수 가능성이 중요한 고려사항이 될 것이다.

거의 모든 국제컨벤션은 숙박시설이 필요하다. 예비로 선정된 호텔은 협회 대의원의 예산 범위 내에서 요금을 설정하는 것이 유리하다.

이상적으로 말하면 협회는 단일 호텔에 전 회원을 투숙시키고자 한다. 그러나 협회회의의 규모가 크면 이것이 언제나 가능한 일은 아니다. 이러한 경우에 근접한 많은 호텔이 협력하여 협회 회원을 분산해서 투숙시키게 된다.

객실의 질도 호텔 선택의 중요한 요인이다. 호텔 선택의 다른 요인으로는 식사의 질과 체크인, 체크아웃 과정의 효율성 등이 될 것이다.

2. 기업시장

기업시장은 컨벤션시장의 세그먼트 중 가장 급속히 성장하고 있는 분야이다. 커뮤니케이션이 비즈니스세계에서 점차 더욱 필요해짐에 따라 교육적 의견교환수단으로서 회의가 더욱 중요해지게 되었다.

기업시장은 협회시장보다 더 많은 양의 회의사업을 발생시키고 있으나, 아직 크게 가시화되지 못하고 있다. 이것은 기업들이 보통 오프 사이트 미팅을 공포할 필요가 없기 때문이다. 반면에 대의원들은 반드시 참가할 필요가 있다.

1) 기업시장의 종류

기업시장은 상당하다. 기업회의는 각 산업과 각 거래의 모든 단계에서 개최되고 있다. 이러한 기업시장은 크게 6단계로 구분된다.

(1) 세일즈미팅(sales meeting)

세일즈미팅은 기업회의 중 가장 잘 알려진 미팅이다. 지역적·전국적으로 개최되며, 이것은 사원의 사기 고취, 신제품 및 새로운 회사정책 도입, 판매기술 제안에 주로 이용된다.

세일즈미팅 장소는 매우 다양하다. 어떤 경우에는 회사의 제조공장 가까이에 있는 호텔에서 개최된다. 이러한 경우에 세일즈맨은 자사의 제조단계에 있는 상품을 볼 수 있다. 어떤 경우에는 주요 시장지역에서 열린다. 평균 참가자 수를 보면 지역미팅이 60명, 전국미팅이 175명이다.

(2) 딜러미팅(dealer meeting)

딜러미팅에는 회사판매직원, 딜러, 소매점을 대표하는 유통업자가 참여한다. 딜러미팅은 세일즈미팅과 유사하게, 딜러의 판매를 독려하기 위해 이루어진다. 딜러미팅은 보통 신상품 소개와 세일 및 광고 캠페인 착수를 위해 개최된다. 참가자는 기업의 규모와 거래 소매점 수에 따라 20명에서 수천 명으로 다양하다.

(3) 기술미팅(technical meeting)

기술미팅은 주로 첨단기술자, 최신 기술개발과 혁신에 관련된 기술자를 대상으로 한다. 보통 세미나와 워크숍이 기술미팅에서 널리 이용되고 있다.

(4) 경영자미팅(executive/management meeting)

경영자미팅에는 회사 간부회의와 경영개발세미나 양측을 포함한다. 전자는 회의참가자가 많으며 후자는 보통 소규모이다. 참가자들이 대부분 유명회사의 간부이기 때문에 최고의 숙박과 서비스를 기대한다.

특히 도심에서 떨어진 리조트에 있는 딜럭스 호텔과 콘퍼런스센터가 적당한 장소이다.

(5) 트레이닝미팅(training meeting)

트레이닝미팅은 가장 크고 빠른 성장을 보이는 기업회의시장의 세그먼트이다. 트레이닝미팅은 기업 모든 계층의 사람들로 구성되며 최고경영자도 여기에 참가한다.

워크숍과 클리닉의 경우 참가자 수는 보통 50명 이하이며 가장 적을 때는 10명 이하일 수도 있다. 교외의 소규모 리조트가 적당하며 특히 비수기에는 더욱 좋다.

짧은 트레이닝 일정의 경우에는 회사근무지에서 접근하기 편리한 장소가 주로 선택된다.

(6) 퍼블릭미팅(public meeting)

퍼블릭미팅은 非종업원에게 오픈된 미팅이다. 주주 미팅은 가장 전형적인 형태이다. 하루 이상 초과하지 않으므로 숙박시설이 필요 없다.

기업에서 이루어지는 기업회의는 영리를 추구하는 조직에서 특별한 욕구를 가지고 개최하는 모든 회의를 말한다.

※ 기업에서 개최하는 다양한 회의의 종류

- 판매회의(sales meeting) : 기업이 주최하는 가장 잘 알려진 회의
- 경영자회의(management meeting) : 최고의 서비스를 요하는 특징이 있음
- 교육훈련회의(training meeting) : 기업회의 시장 중 가장 큰 시장으로 부각
- 주주회의(stockholders meeting) : 경제흐름에 민감함
- 신상품 설명회(new products introduction) : 신상품 출시 때 딜러나 유통업자, 자사 직원을 상대로 상품회를 개최하는 것
- 인센티브회의(incentive meeting or trip) : 보상에 관한 회의

---

2) 기업시장의 특성

기업시장은 여러 면에서 협회시장과 다르다. 그 주요한 몇 가지를 보기로 하자.

① 미팅의 참가자 수가 적다.

② 강제적 참가로, 회사의 명령을 받고 참가하므로 여행 및 숙박비용은 회사가 지급한다.

③ 회사의 사무실이나 공장의 위치가 목적지 선정의 열쇠이다.

④ 가능한 동일 목적지에서 매년 개최된다.

⑤ 미팅은 필요할 때마다 개최된다.

⑥ 플래닝과 부팅기간이 현저하게 짧다. 1년 미만이다.

⑦ 다른 미팅보다 기간이 짧다. 보통 3일이다.

⑧ 전시실 이용이 거의 없다.

3) 기업시장의 동기 · 욕구 · 기대

기업시장에서 매력적인 목적지의 선택은 협회시장보다 중요하지는 않다. 기업회의의 참가자는 강제적이다. 따라서 목적지의 선택은 참가자의 수에 영향을 미치지 않는다.

기업회의기획자들은 목적지를 판매할 필요가 없고 참가자를 끌어들이기 위해 미팅 장소를 다양화할 필요도 없다. 사실상 많은 기업이 매년 동일 호텔, 특히 트레이닝미팅에서는 같은 장소를 이용하고 있다. 좋은 서비스기록을 갖고 있는 호텔은 거의 반복사업이 보장된다. 이것이 기업시장과 협회시장의 근본적인 차이점이다.

위치는 목적지 선정에 중요한 요소이다. 기업시설에 근접한 장소가 주로 선택된다. 보다 원거리에 있거나 접근하기 어려운 위치에 있다면 그것은 곧 회사의 여행경비를 증가시키기 때문이다. 또한 시간을 소비하는 여행은 기업종사원들이 미팅에 참가하기 위해 들여야 하는 시간 동안 업무로부터 떨어져 있는 시간을 의미한다.

기업회의가 강조하는 것은 일(업무)이다. 기업회의는 협회회의보다 훨씬 적은 자유시간과 사회 활동시간을 갖는다. 프라이버시, 방해받지 않는 환경은 유람, 쇼핑시설, 접근의 용이성, 위락시설의 이용성 등보다 더욱 중요하다.

기업 의사결정자들은 미팅을 위한 특별한 호텔 또는 다른 기타 장소를 선택하는데 있어서 협회 의사결정자들과 유사하다. 그들은 적절한 미팅 공간, 충분한 객실, 양질의 서비스 등이 갖추어진 호텔을 찾는다.

기업미팅의 참가자 수는 적고 흔히 소규모, 중규모 호텔에서 미팅을 갖는다. 모든 기업미팅에 숙박시설이 필요한 것은 아니다. 많은 기업미팅이 1박 또는 당일로 이루어진다.

제5절 ▶ 회의기획자의 역할

1. 회의기획자의 중요성

기술상의 끊임없는 변화가 기업 상호 간의 경쟁력을 향상하고 급속한 기술적 진보가 모임 및 회의산업의 성장을 촉진해 왔다. 현재의 기업풍토는 새로운 정보의 획득과 전달에 우선권을 두고 있다. 회의는 그러한 목표를 달성하는 데 매우 효과적인 방법이라 여겨지고 있다.

그리하여 회의시장은 점차 확대되고 더욱 세련되고 전문화되었다. 그 결과 오늘날 회의의 준비와 연출의 모든 단계를 책임지는 전문적인 의사결정자가 필요하게 되었다.

최근까지 회의기획자(meeting planner, 미팅 플래너)는 협회간부와 기업 중역들에 의해 실행되는 몇 가지의 기능 중 하나로 생각되어 왔다. 그러나 이제 그것은 고유의 권한을 가지는 전문직업으로 부상하게 되었다. 미국에서 회의를 기획하는 사람들은 대략 10만 명에 달한다고 한다.

회의기획자는 회의를 위한 교통, 식사, 숙박과 같은 모든 편의시설 준비에 책임을 진다. 그들은 회의를 위한 가장 좋은 내용구성과 장소를 결정하며 가용예산과 참가인원 수를 고려한다. 그리고 회의 및 상품진열장소, 교통편, 부차적 여행, 식사, 숙박 등에 대해서 시설공급자와 협의한다. 또 회의 일정을 잡고 컴퓨터나 시청각 장치와 같은 기술적 지원을 필요한 곳에 공급한다.

이처럼 회의기획자는 회의의 계획에서부터 진행 그리고 마무리까지의 모든 과정에 관여하며 회의를 성공적으로 마칠 수 있도록 노력해야 한다.

| 사례 | 신현대 제10대 한국MICE협회장 |

(사)한국MICE협회 제10대 회장 엑스포럼 대표이사 신현대 대표는 충청북도 제천 출신으로 서울MICE얼라이언스 총괄대표와 서울 국제교류복합지구 잠실 스포츠 MICE 복합공간 조성 민간투자사업 협상위원을 지내고 있으며, 한국전시주최자협회 회장(2014-2017)과 한국MICE 협회 이사를 역임한 바 있다.(https://www.newsroad.co.kr/news/articleView.html?idxno=22485)

2. 회의기획자의 유형

1) 협회간부(association executives)

협회의 회의기획자는 여러 협회에서 고용된 전문적인 정식 간부직원이다. 이들은 연례적 컨벤션과 소규모 협회회의의 기획설계 및 코디네이팅, 실행 그리고 촉진활동에 책임을 진다.

협회간부는 회의장소 선택에 있어서 중요한 의사결정자이다. 협회간부 5,000명 이상이 미국협회간부회(ASAE : American Society of Association Executive)의 회원이다.

한 사람의 협회간부가 단일 협회를 대표한다. 그러나 많은 소규모 협회는 직원으로 회의기획자를 고용할 만한 여력을 갖고 있지 못하다. 그러한 곳은 여러 협회에 대해 회의기획자로서 기능을 담당하는 복수협회경영조직을 이용한다.

2) 기업회의기획자(corporate meeting planners)

기업회의기획자는 비교적 새롭고 빠르게 성장하는 직업이다. 예전에 회의 및 콘퍼런스를 계획하는 업무는 마케팅 부사장이나 판매부장이 맡아왔다. 하지만 최근에는 대부분의 대기업이 모든 회의 수배를 조정할 수 있는 직원으로서 회의기획자를 채용하고 있다. 대기업은 또한 단체 트레이닝 조직화에 책임지는 기업 트레이닝 간부를 지정하기도 한다. 만약 기업에 회의를 담당하는 부서가 없는 경우에는 기업 단체여행과 회의 수배업무는 인하우스 사업여행 담당부서를 통해 수배한다.

회의기획자들 간의 아이디어 교환과 지속적인 교육프로그램 공급을 용이하게 하기 위해 많은 조직이 결성되었다. 1972년에 설립된 국제회의기획자협회(MPI : Meeting Planners International)는 그 좋은 예이다. 8,000명에 달하는 MPI의 회원은 연간 수십만 건의 회의를 해결하는 책임을 맡고 있다. MPI에는 기업회의기획자, 협회간부, 개인 컨설턴트, 여행과 회의공급자 등이 모두 회원으로 가입되어 있다.

1980년에 설립된 국제콘퍼런스 간부협회(ACED-I : Association of Conference and Events Directors-International)는 전문대학, 대학, 협회의 조직체이다. 이는 대학 캠퍼스에서 콘퍼런스와 관련회의를 관장·수행한다.

3) 독립적 회의기획자

인하우스 회의부서를 따로 두고 있지 못한 협회나 기업은 흔히 자유 계약제로 독립적인 컨설턴트를 고용한다. 이러한 서비스를 제공하는 개인사업체나 회사가 급속한 속도로 증가하고 있다. 이들을 독립 회의기획자라고 부르며 일개 기업에 구속받지 않는 프리랜서이다.

AIMP(Association of Independent Meeting Planners)는 이러한 회의 분야에서 회의기획자들 간의 교육과 커뮤니케이션의 활성화를 기하기 위해 설립되었다.

3. 회의기획자의 임무

회의기획자의 임무는 그가 협회나 기업 또는 사설 컨설팅회사 등 어디에서 근무하건 간에 그들의 기본적인 목적은 회의를 성공적으로 치르는 것이다. 회의기획자의 기초적인 임무는 다음과 같다.

① 회의목적을 설정한다.
② 회의장소를 결정한다.
③ 회의 협의사항을 계획한다.
④ 공급자와 요금을 결정한다.
⑤ 예산설정과 비용을 통제한다.
⑥ 항공·육송 교통망을 수배한다.
⑦ 시청각 및 기술적 세부사항을 계획한다.

이상에서 보아 알 수 있듯이 회의기획자는 단순한 관광숙박업의 오거나이저보다 업무가 더 포괄적이다. 그들은 초기의 기획단계에서부터 회의 종료 후까지 모든 업무를 맡게 된다. 회의의 성공여부는 위에 열거한 사항들을 얼마만큼 요령 있게 실행하는가에 달려 있다.

4. 회의기획자의 동기·욕구·기대

회의기획자는 목적지 선정, 호텔의 선택, 여정 수배를 할 때 명심할 것이 있다. 공급자들과 섭외를 할 때 회의기획자는 후원조직이 가능한 최고의 거래와 돈에 걸맞은 최고의 가치를 추구한다는 것을 확신시키는 것이다. 회의기획자는 강력한 섭외기술이 우선적인 요구조건이다.

회의장소를 선정하는 데 있어 우선으로 중요한 것은 미팅룸 시설 수용 능력과 서비스의 질이다. 회의기획자는 미팅 장소 공간은 충분한지, 총회나 분과회의에 적합한지, 조명 및 방음장치는 적절한지 등을 확인하여야 한다.

모든 회의에 있어서 필요한 사항은 매번 분위기를 조금씩 다르게 구사해야 한다는 점이다. 그다음 중요한 사항으로는 장소의 접근 용이성과 객실의 양호 여부, 객실 가격, 식음료의 질이다. 레크리에이션 시설과 지리적인 위치는 차후의 문제이다.

5. 회의기획자와 컨벤션매니저의 관계

회의 기획의 성패는 회의기획자와 호텔직원 간의 협력 정도에 달려 있다. 호텔 측의 컨벤션매니저는 회의기획자와 자주 접촉하게 된다. 이 양자의 상호관계가 회의의 성공 여부에 상당히 중요한 부분을 차지한다.

양자는 회의참가자의 욕구를 명심해야 한다. 회의기획자는 가능한 최소의 요금으로 최상의 서비스를 받고 싶어 한다. 반면에 호텔 측의 컨벤션매니저는 고객에게 만족을 줌으로써 다음의 회의를 따내기를 원한다. 그러나 또한 호텔 측이 이익이 되도록 만들지 않으면 안 된다.

특정 호텔만을 계속해서 이용하는 회의기획자는 차기 협상에서 유리한 요금과 다른 조건을 확보할 수 있다. 예를 들면 자유 기능 객실(free function room)에 대해 협상하는 경우이다. 특히 대규모이거나 더욱 중요한 회의일 경우 호텔 측은 회의 대의원을 위한 칵테일 파티나 무료 커피 및 조식을 제공할지도 모른다.

| 사례 | 대한민국 MICE(마이스) 컨벤션을 빛낸 사람들 |

'오투미트'는 하이브리드 행사운영 자동화 솔루션이다. MICE 행사에 필요한 200여 기능을 모듈화하여, 사용자 스스로 기능을 블록처럼 조립해 사용하도록 이즈피엠피가 만들었다. 지난달 열린 '애드아시아 2023'에도 활용됐다. 수작업으로 이뤄졌던 행사 기획자의 업무를 줄이고 데이터 기반의 행사를 수행하는 데 크게 기여했다는 평가를 받는다. 비즈매칭 솔루션은 자체 개발한 미팅 예약 시스템과 빅데이터 기반 AI 기업추천 서비스로 효과적인 비즈니스 기회를 제공하고 있다.

한국관광공사는 16~17일, 인천 송도컨 벤시아에서 '2023 코리아 마이스 엑스 포(KOREA MICE EXPO 2023, 이하 KME 2023)'에 참가해, MICE(이하 마이스, 기 업회의 · 포상관광 · 컨벤션 · 전시) 대 상 시상식을 개최하고 한국 홍보관을 운영하고 있다. 오투미트를 만든 이즈 피엠피는 이번 시상식에서 한국MICE 협회장상을 받았다.

김장실 한국관광공사 사장은 "이번 KME 2023에서 업계 성과를 공유함과 동시에 새로운 미팅 테크놀로지를 선보이며 마이스 업계 변화 추세와 관심사를 한국 홍보관에 반영해 알리고 있다"며, "공사는 엔데믹이라는 새로운 환경에서 한국 마이스 산업이 재도약할 수 있도록 업계 지원에 최선을 다하겠다"라고 말했다.

미팅 테크놀로지는 마이스 전반에 활용되는 인공지능, 가상현실, 사물인터넷 등의 정보통 신기술을 말한다.

문화체육관광부 장관상은 ▷단체(유치) 부문에는 제21차 ISA 세계사회학대회('27년도) 광 주 유치에 기여한 '주식회사 닷플래너', ▷단체(운영) 부문에는 올해 2023 관상동맥중재시 술 국제학술회의(TCTAP 2023)를 성공적으로 개최한 '심장혈관연구재단', ▷우수 MICE 얼 라이언스 부문에는 '(재)수원컨벤션센터' 등 총 4개 부문, 4개 팀이 수상했다.

KME는 국내 유일의 마이스 전문 박람회로, 올해 23회째를 맞았다. 이 박람회는 2000년부 터 2022년까지 한국관광공사가 주관해 개최했으나, 올해부터는 박람회의 저변 확대와 마 이스 업계 자생력 강화를 위해 민간으로 이관되었다.

한국 홍보관에서는 2030 부산세계박람회 유치 및 2023~2024년 한국방문의 해 홍보와 더불 어, AI를 활용한 실시간 현장 통역이 가능한 새로운 미팅 테크놀로지를 선보여 참가자들의 이목을 끌었다.

이외에도 국내 이색 회의시설인 코리아 유니크 베뉴(Korea Unique Venue) 및 해외 바이어 와의 비즈니스 상담도 활발히 진행되고 있다.

[헤럴드경제, abc@heraldcorp.com]

제6절 ▶ 회의상품의 판매회사

이미 언급한 바와 같이 회의를 개최하는 두 가지 주요한 조직형태는 협회와 기업이다. 협회와 기업은 단체여행, 단체 숙박시설, 회의서비스의 구매자들이다. 회의 관련 상품의 판매자는 호텔, 리조트, 콘퍼런스, 컨벤션, 씨빅센터 그리고 회의를 주최하는 크루즈선박이다.

회의참가자를 수송하는 항공사와 육상운송업자들 또한 판매자들이다. 관광상품 구매자들은 여행상품이나 서비스를 그 판매자들로부터 직접 구입하지는 않는다. 그것은 회의산업에서도 마찬가지이다. 판매업자는 유통채널로서 중개인을 이용해서 구매자에게 상품을 판매한다.

회의산업 분야에 있어서 중개업자는 투어 오퍼레이터, 일반여행사, 회의기획자, 보상전문 여행사가 있다.

그 밖에도 공급자와 소비자 사이를 중개하는 회사로는 목적지 선정회사, 현지회의 운영회사, 컨벤션 서비스 및 설비회사, 컨벤션·방문객사무국 등이 있다.

1. 투어 오퍼레이터(tour operators)

회의산업과 관련된 컨벤션상품은 휴가자들이 구입하는 휴일여행패키지(holiday tour package)상품과 여러 측면에서 유사하다. 회의 관련 상품으로는 교통수단, 숙박시설, 오락활동, 이벤트 등이 있다.

일개 여행사의 패키지상품을 구매하는 것이 개별 공급자들로부터 나온 부분상품을 각각 구매하는 것보다 값싸고 편리하다는 것은 이미 잘 알려진 사실이다.

투어 오퍼레이터는 단체여행 수배에 많은 경험이 있다. 일부 투어 오퍼레이터는 회의와 컨벤션, 특히 협회시장에 관한 패키지를 수배하고 있다. 하나의 예로써 치과의사협회는 同협회의 연례 컨벤션을 제주도 서귀포에서 개최하려고 계획한다. 그 치과의사협회의 책임자는 수배를 위해 로컬 투어 오퍼레이터(local tour operator)와 접촉한다.

그렇게 되면 이 투어 오퍼레이터는 서귀포에서 가까운 호텔에 객실을 예약하고 차량 교통과 항공기 등을 예약·수배한다.

또 그들은 단체회원들의 사용을 위해 렌터카를 예약하기도 하며, 오락과 관광 등의 활동을 스케줄에 넣기도 한다. 이렇게 협회는 투어 오퍼레이터가 전체적으로 수배해 놓은 패키지를 구매하면 개별적으로 각 여행공급업자로부터 구매하는 것보다 비용 측면에서 훨씬 경제적이다.

투어 오퍼레이터는 상품을 오로지 소비자들에게 직접 판매하는 데 그치지는 않는다. 일부 투어 오퍼레이터는 인기 있는 대형 관광교역전시회에 패키지상품을 전시하여 관광소매업자나 기업의 사업여행부문을 통해서 재판매 증대기회를 꾀하고 있다.

이렇게 함으로써 회의상품을 취급하는 투어 오퍼레이터는 위험부담을 줄이려 노력하고 있다.

2. 여행사

기업체와 지속적인 관계를 유지하는 여행사는 종종 그 기업에서 필요로 하는 회의를 위한 여행을 수배하게 된다. 그들은 또한 포상 여행 프로그램에도 깊이 관여하게 된다. 그들이 주로 거래하는 기업은 사내(社內)회의기획자를 정식직원으로 고용하기 어려운 중소규모의 업체들이다. 그래서 여행사가 담당하게 되는 회의 및 포상 여행 프로그램의 인원은 통상 100명 내외이다.

회의와 포상 여행을 수배하는 일은 단체여행의 수배보다 훨씬 복잡하다. 여행사는 이 기업시장을 서비스하기 위해 컨벤션 부서와 포상 여행부서를 할당하게 된다. 게다가 예약 재확인과 불평·불만을 해결하기 위해 컨벤션 장소에 서비스 부스 (booth)를 설치하기도 한다.

3. 회의기획여행사 · 포상전문여행사

회의기획여행사와 포상전문여행사는 요금을 받고 기업과 협회를 위한 풀 서비스(full service)를 제공하는 회사나 개인컨설턴트이다.

이들은 여행 및 숙박 수배뿐만 아니라 회의나 포상 여행의 판촉 활동과 마케팅을 담당하기도 한다. 회의기획여행사와 포상전문여행사는 일반적으로 여행사나 투어 오퍼레이터를 통하지 않고 교통운송업자, 호텔, 기타 공급업자를 직접 수배한다.

4. 항공사 · 호텔 · 렌터카회사

항공사는 회의나 컨벤션 투어에서 흔히 공식운송사(official carrier)로 지정된다. 예를 든다면 영국항공(British Airways)은 어느 해 런던의 MPI(국제회의기획자협회 : Meeting Planners International)의 심포지엄에서 공식운송항공사로 지정되었다. 항공사는 회의나 심포지엄의 프로모션과 마케팅 노력에 조력하며 참가자들에게 할인요금을 제공하기도 한다.

그와 마찬가지로 호텔도 공식호텔(official hotel)로 지명될 수 있으며 렌터카사 역시 공식렌터카社(official car rental agency)가 될 수 있다. 이러한 현상은 기업시장보다 협회시장에서 현저하게 볼 수 있다.

공식항공사는 예약센터 내에 임시부서를 설치하거나 고객의 체크인이나 도착을 돕기 위해 판매 담당을 단체에 동행시키거나 컨벤션 데스크에 배치하기도 한다. 주요 운송사는 회의 수배를 전담하는 자사 직원을 배치하기도 한다. 예를 들면 아메리칸 항공(American Airline)은 전속회의전문가를 직원으로 채용하고 있다. 전속회의전문가는 고객을 위해 최적의 회의장소를 선정하고 특별할인요금으로 렌터카를 확보하고 육상교통, 호텔 등을 수배한다.

그 밖에도 전속회의전문가는 시청각 장비를 제공하도록 회의 공급자에게 요청하고 멀티미디어 프레젠테이션(multimedia presentation)을 사용하도록 추천하기도 한다.

5. 목적지 선정회사

목적지 선정회사(Site Destination Selection Companies)는 기업시장과 협회시장의 욕구를 근거로 해서 가능한 최적의 회의장소를 제안한다.

회의기획자와 포상여행기획자는 회의나 포상여행 프로그램이 기획되기 몇 년 전부터 목적지 선정회사와 상담을 한다. 목적지 선정회사는 회의 후보 장소로서 회의기획자에게 호텔과 회의시설 등을 시찰하는 기회를 제공하기 위해 시찰초대여행(Familiarization Tour 줄여서 Fam Tour)을 실시하기도 한다. 시찰초대여행은 호텔, 유람선, 항공사, 관광목적지, 관광기관 등 관광공급자가 여행업자, 보도 관계자 등을 초청해서 루트나 관광지, 관광시설, 관광대상 등을 시찰시키는 여행이다.

시찰초대여행은 관광상품에 대한 직접적인 체험지식을 얻는 데 매우 유용한 수단이다. 시찰초대여행은 여행지의 관광기업, 항공사, 리조트, 유람선, 관광음식점, 기타 관광상품 공급자나 이들 간의 연합으로 후원된다. 여행 동안 여행사직원 및 대리점업자는 호텔, 식당을 이용하며 그 고장의 관광 매력물을 구경하고 지역문화에 대해서 직접 피부로 느끼게 된다.

시찰초대여행은 일반인이 생각하는 것보다 넓은 범위에 걸쳐 기획되기도 하는데, 예를 들면 항공사가 최근 멕시코의 푸에르타 발라타(Puerta Vallarta)에 항공로를 개설했다면 그 항공사는 이곳까지의 초대여행을 기획한다. 푸에르타 발라타까지 비행한 후 여행업자는 그링고스 걸치(Gringo's Gulch)를 방문하여 그 지역의 호텔, 식당 수를 조사하고 영화 '이구아나의 밤(The Night of the Iguana)'이 촬영된 곳을 구경하며 하루 관광을 즐긴다.

한마디로 관광공급자는 시찰초대여행에 소요되는 경비 일체 또는 일부를 부담한다. 반면에 거기에 참가한 여행사직원은 공급자에 의해서 기획된 곳을 시찰하고 행사에 참가하고 여행지에 대한 기록을 작성하고 동료들과 함께 새롭게 느낀 점에 관해 의견을 나누도록 요청받는다.

6. 현지 회의운영회사

현지 회의운영회사(Destination Management Companies)는 타 지역의 기업이나 협회를 위해 출신 지역에서 회의 운영에 조력하는 회사이다. 예를 들면 마이애미 소재의 회사가 뉴욕에서 회의를 기획할 경우, 그곳 사정에 어두워서 세부적이고 자세한 내용까지 처리하기가 곤란하므로 뉴욕의 현지 회의 운영회사를 일시적으로 고용한다는 것이다.

따라서 현지 운영회사는 육상교통과 식당, 숙박, 지역연설자의 초청 등을 수배하고 그 밖에 유람여행 등 다른 유용한 서비스의 제공을 책임지게 된다.

7. 컨벤션서비스 및 설비회사

컨벤션서비스 및 설비회사(Convention Services and Facilities Companies)는 컨벤션단지에서 갑자기 회의가 어려울 때 회의를 가능하게 만드는 것을 주로 담당하며 여타의 추가적 공급재료를 제공하는 개별회사로서 이러한 유형의 회사는 매우 다양하게 구성되어 있다.

이러한 회사를 예로 들면 무대, 부스, 모듈 전시시스템 등을 디자인하고 설치하는 회사, 오디오 시청각 전문업자, 음향·조명 전문업자, 일시 고용을 위한 인재파견업, 교역전에 연기자나 연예인을 소개하는 연예인 소개소, 경비보장회사 등이 있다.

8. 컨벤션뷰로(컨벤션·방문객사무국)

미국에는 300개 이상의 컨벤션·방문객사무국(Convention and Visitors Bureaus : CVB)이 있으며 그 숫자는 꾸준히 증가하고 있다. 컨벤션·방문객사무국은 市상무성 의원실의 일개 부서일 수도 있고 지방정부의 일개 부서 혹은 개별적인 독립조직체일 수도 있다.

컨벤션뷰로는 두 가지 주요한 기능이 있다. 첫째는 즐거움, 사업, 회의 가운데 그들이 지니는 자랑거리를 보러 오게 그 도시로의 여행을 촉진하는 것이고, 둘째는 그 도시 내에서 개최되는 컨벤션과 교역전의 진행에 조력하는 것이다. 즉 컨벤션센터와 회의장소뿐만 아니라 호텔, 레스토랑, 지역소매점, 교통운수회사 그리고 다른 관광공급자들을 판매하는 것이다.

컨벤션뷰로는 컨벤션을 개최함으로써 이익을 얻게 되는 해당 도시의 공급업자, 즉 회원들이 자금을 대어 설립한 비영리조직이다. 이 사무국의 담당자는 기업과 협회의 회의기획자와의 접촉에 지대한 노력을 한다.

국제컨벤션비지터뷰로협회(IACVB : The International Association of Convention and Visitors Bureaus)는 세계적으로 대표적인 주요 컨벤션·방문객사무국이다. IACVB의 목적은 각 도시 및 각 지역의 대외 세일즈 촉진과 컨벤션 추진이고, 그 활동으로는 INET Program이라는 네트워크에 의해 과거의 회의자료 축적 및 회의 주체 단체나 기업에 정보를 무료로 제공하는 것이다.

제7절 ▶ 회의산업의 직업기회

최근 몇 년간 회의산업의 거대한 성장은 여러 분야에서 전문가의 필요성을 꾸준히 요구해 왔다. 회의산업에 있어 전문인력의 확보는 무엇보다 중요한 과제이다. 또 회의산업의 발달은 다양한 직업의 기회를 제공하고 있다.

1. 회의기획자(Meeting Planner)

회의기획자의 가장 큰 고용자는 정기적 컨벤션과 기타 회의를 주재하는 협회와 기업이다. 이 직업의 대부분은 사적 기업에 있지만, 정부기관에도 자리가 있다는 것을 알아둘 필요가 있다. 미국에서는 농산성과 상무성은 물론이고 많은 정부 부처에서 잦은 회의를 가지며 이러한 회의를 기획하기 위해 사람을 고용하고 있다.

회의를 주재하는 많은 협회와 기업들이 인센티브여행 프로그램에도 지원한다. 이 기업의 일부는 그들의 프로그램을 조정할 인하우스 인센티브 기획자를 고용하고 있다.

회의기획과 인센티브여행 기획은 소매여행업자에게 중요한 수입 원천이 된다. 많은 여행사가 회의나 인센티브여행을 위한 독립된 부서가 있다. 많은 주요 항공사 역시 마찬가지이다.

회의기획은 입문단계의 일이 아니다. 일반적으로 회의 및 회의기획자와 거래 경험을 쌓은 사람들이 회의산업에 뛰어들고 있다. 협회와 기업에서 이러한 직업을 구하려는 경쟁은 날로 심각해지고 있다. 만약 과거에 어떤 조직에서 비서나 서기와 같은 직위에서 일한 경험이 있다면 회의산업부문에서 일하기가 용이할 것이다. 여행사나 항공사 역시 마찬가지다.

회의기획자는 기업이나 협회의 한 부서장으로 승진할 수 있으며, 조직 내의 마케팅부서나 PR부문으로도 승진할 수 있다. 협회, 기업, 여행사, 항공사의 회의기획자라는 직무는 독립회의 기획자로의 경력에 하나씩 돌을 쌓아 가는 단계인 것이다.

회의기획자의 업무는 다음과 같이 크게 세 분류가 있다.

① 단체 이사 : 기업, 전문단체, 비영리단체에 의해 고용된 전문가
② 기업회의기획자 : 소속된 회사를 위해 중요한 모든 회의를 담당하는 사람
③ 자문회의기획자 : 사내에 기획자가 없는 기업 및 협회에 일정 기간 고용되어 보수를 받고 일하는 자유계약(프리랜서) 기획자들

2. 포상여행기획자

포상여행기획자(Incentive Travel Planners : 인센티브여행기획자)는 기업의 목적을 달성하거나 초과한 대가로써 기업이 종사원에게 제공하는 포상여행(보상여행)을 기획한다.

일부 선진국에서 포상여행이 대중화되었을 때 그 여행의 목적은 명백히 위락여행이 주였다. 예를 들어 판매 목적 달성에 대한 포상으로서 카리브해 관광지에서 일주일의 휴가를 즐겼다. 최근에 포상여행기획자는 사업과 즐거움을 혼합한 프로그램을 만들어내기 시작했다. 이국적인 장소에서 휴가의 한 부분으로 열리는 사업모임은 기업이 그들의 핵심 직원을 훈련하거나 전략을 기획할 수 있도록 하고 있다.

포상으로써 관광을 제공하는 일부 대기업들을 그 기업의 포상여행기획자를 고용한다. 그러나 그 포상여행기획자는 거의 전 시간을 포상여행에 투자하지는 못한다. 그들은 많은 시간을 회의 기획이나 섭외와 같은 다른 일에 소비할지도 모른다.

사내에 포상관광기획자를 고용하고 있지 않은 사업체들은 종종 전문적으로 포상여행 프로그램을 기획하는 회사를 이용한다. 그러나 그 회사의 대부분이 포상여행이나 단체여행에서 특별한 기술을 지닌 지방여행사를 이용한다.

포상여행상품은 기업종사원의 목표달성에 대한 대가로 이용되기 때문에 주로 최상급의 교통편과 호화롭고 다양한 숙박시설을 포함한 양질의 상품이다. 흔히

포상여행에서 기업종사원은 그들의 배우자와 동행하며 그들의 경비는 회사가 지급한다.

만약 회사 측이 여행 도중에 회의가 있을 것이라고 설명하면, 포상여행기획자는 적당한 모임 장소를 수배해야 한다. 때때로 포상여행기획자는 기업종사원들이 모임에 참가하는 동안 그들의 배우자를 위한 특별한 여가활동을 구상해야 한다.

3. 컨벤션매니저

컨벤션매니저(Convention Service Manager)는 호텔, 리조트, 콘퍼런스, 컨벤션센터, 씨빅센터, 유람선을 대상으로 업무를 보는데 그것은 곧 회의를 주관하는 위치가 된다. 그들은 회의기획자와 협력하여 회의의 모든 면을 조정한다.

회의사업에 관련된 거의 모든 호텔이 컨벤션매니저를 고용한다. 컨벤션매니저는 보통 내부에서 승진한다. 호텔의 다른 부서에서 경험을 쌓은 후에 컨벤션매니저로 승진하는 것이 일반적이다. 주로 식음료 부문 및 판매부서의 배경이 유리하다.

호텔근무 경험이 있는 컨벤션매니저는 때때로 콘퍼런스, 컨벤션, 씨빅센터의 지위로 승진하기도 한다. 컨벤션센터에서 매니저의 임무는 무척 중대하고 대단히 복잡한 성질을 지닌다. 그 매니저의 직위로 운송부장, 안전부장, PR부장, 이벤트 코디네이터를 들 수 있다. 또 하위직으로는 장비운반자, 전기공, 파이프 배관공, 목수, 안전요원 등과 같은 수많은 블루칼라의 업무가 있다.

4. 컨벤션기획사

1) 제도의 목적 및 종류

컨벤션기획사 국가기술자격제도의 도입목적은 첫째, 국제회의 전문인력의 양성으로 국제회의산업 부문에 관한 인적 자원을 개발하고 둘째, 지식기반산업·고부가가치산업인 국제회의산업 육성의 기반을 구축하고, 국제회의 전문가 확보로 국제회의산업의 국내유치 및 개최를 활성화하는 데 있다.

2) 컨벤션기획사의 자격시험

(1) 검정의 실시기관

한국산업인력공단은 주무부장관인 문화체육관광부장관의 권한을 위탁받아 필기시험문제 및 실기시험문제의 작성·출제 및 관리에 관한 업무를 담당한다.

(2) 응시자격

컨벤션기획사 1급의 응시자격은 다음 각 호의 1과 같다.

① 해당 종목의 2급 자격을 취득한 후 응시하고자 하는 종목이 속하는 동일 직무 분야에서 3년 이상 실무에 종사한 사람

② 응시하려는 종목이 속하는 동일 및 유사 직무 분야에서 4년 이상 실무에 종사한 사람

③ 외국에서 동일한 종목에 해당하는 자격을 취득한 사람

한편, 컨벤션기획사 2급은 아무 제한 없이 누구나 응시할 수 있다. 따라서 학력·경력도 필요 없을 뿐만 아니라 외국인등록증을 소지한 외국인도 응시할 수 있다.

(3) 검정의 기준

컨벤션기획사	1급	1. 컨벤션 유치·기획·운영에 관한 제반 업무를 수행할 수 있는 능력의 유무 2. 외국어 구사 및 컨벤션 경영·협상·마케팅능력의 유무
	2급	1. 컨벤션 기획·운영에 관한 기본적인 업무를 수행할 수 있는 능력의 유무 2. 컨벤션기획사 1급의 업무를 보조할 수 있는 능력의 유무

(4) 검정실시방법

직무분야	자격등급	검정방법	
		필기시험	실기시험
컨벤션기획사	1급	객관식	작업형실기시험
	2급	객관식	작업형실기시험

※ 작업형실기시험은 주관식 필기시험 또는 주관식 필기와 실기를 병합한 시험으로 갈음할 수 있다.

(5) 시험과목 등

① 자격시험과목

자격종목	검정방법	시험과목
컨벤션기획사 1급	필기시험	1. 컨벤션기획실무론 2. 재무회계론 3. 컨벤션마케팅
	실기시험	컨벤션실무(컨벤션기획 및 실무제안서 작성, 영어프레젠테이션)
컨벤션기획사 2급	필기시험	1. 컨벤션산업론 2. 호텔·관광실무론 3. 컨벤션영어
	실기시험	컨벤션실무(컨벤션기획 및 실무제안서 작성, 영어서신 작성)

② 합격결정기준

컨벤션기획사 1급·2급 다 같이 필기시험은 매 과목 100점 만점에 매 과목 40점 이상, 전 과목 평균 60점 이상이어야 하고, 실기시험은 100점 만점에 60점 이상이어야 한다.

5. 기업소유자

기업소유자(Entrepreneur)는 자기 사업을 소유하고 있거나 회의 분야에 독립적으로 종사하는 사람들이다. 컨벤션서비스 설비회사는 그 첫 번째 유형이다. 그들은 협회와 기업에 다양한 회의 참고자료를 제공한다.

회의산업에서 기업소유자가 고려할 만한 두 번째 유형으로는 교역전 운영, 목적지 선정 여행사 등이다.

세 번째 유형으로는 독립적 회의컨설턴트이다. 프리랜서 회의기획자(협회나 조직에 고용된 자유계약자)와 인센티브여행업자(단지 기업에 고용된 자)가 여기에 포함된다.

6. 관광지 선전업자

관광지 선전업자(Destination Promoter)나 관광지 마케터는 회의기획자, 투어 오퍼레이터, 여행업자들이 고객들에게 추천하는 특별한 지역에 관심이 있는 사람들을 자극하려고 한다. 또 어떤 특정한 것들을 지칭하여 선전하기보다는 호텔, 레스토랑, 박물관, 극장, 오락 장소 등 관광지의 모든 면을 선전하려고 한다. 그들은 대형쇼, 브로슈어, 특별한 촉진수단, 전람회를 이용하여 관광지를 판매한다. 때때로 선전업자는 고객을 관광지로 데려가서 고객 혼자 힘으로 찾을 수 있도록 한다. 잠재고객들의 욕망을 자극한 후에 선전업자는 조직에 속하는 개인적인 사업을 이끌어 나간다.

관광지 선전업자는 본래 지역방문자, 컨벤션기관(개인사업자가 대부분 자금을 대는 비영리조직), 관광촉진 대리점, 주(州)여행사무소를 위해서 일하는 사람이다. 관광의 경제상의 중요성이 크게 인식됨에 따라 대부분의 미국 대도시에서는 관광프로모션 대리점이 설립되었다. 즉 이것은 관광지 선전업자에 대한 필요성을 창출하였고 이로 인하여 관광지 선전업자는 판매와 마케팅에 있어서 가장 중요한 전문직의 하나가 되고 있다. 그래서 관광지 선전업자는 사무소 책임자로 승진하거나 대도시에서 다른 사무실로 전직하는 등의 발전을 하고 있다.

뉴욕에서는 9명 중 한 명이 시 경제발전의 주요 원동력 중 하나인 환대서비스산업에 종사하고 있는데 이에는 호텔, 식당, 박물관, 극장 등이 포함된다. 뉴욕 컨벤션 및 관광국을 위하여 일하는 관광지 선전업자는 뉴욕시의 음성적인 면을 배제하고 대신에 브로드웨이극장, 백화점, 센트럴파크, 월스트리트, 자유의 여신상, 엠파이어 빌딩과 같은 매혹적인 관광자원에 초점을 맞추고 있다.

▣ 회의산업에서 직업적 성공기회

직업	필요 교육수준	승진기회
• 회의기획 보조 • 협회 및 기업회의기획자, 기업인센티브 기획자	• 고졸, 전문대졸 • 고졸, 대졸자 유리 관광산업 경력자 우대	• 회의기획자, 회의디렉터 • 협회 및 기업의 회의기획자 판촉부장, 인센티브 투어 기획자
• 독자적인 회의 인센티브 컨설턴트 • 시청각 전문가 • 보안·안전감독자	• 고졸, 대졸 유리, 관광산업이나 여행업 경력자 유리 • 고졸, 관련학과 전공자 유리 • 고졸, 대졸 유리, 전문적인 법률관련 경력자 유리	• 회의사업부 부서장 • 음향이나 조명감독자 • 보안서비스 혹은 회사 소유자
• 컨벤션서비스 매니저 • 회의 디렉터	• 고졸, 대졸 유리, 호텔 및 레스토랑 경험자 • 대졸 경력자	• 회의·컨벤션 디렉터, 컨벤션 매니저 • 호텔 컨벤션 디렉터, 컨벤션센터 매니저

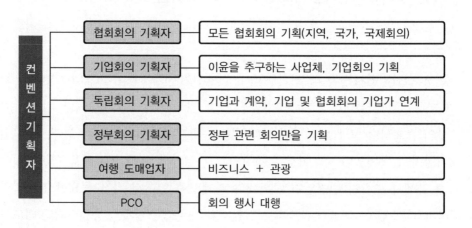

컨벤션기획자		
	협회회의 기획자	모든 협회회의 기획(지역, 국가, 국제회의)
	기업회의 기획자	이윤을 추구하는 사업체, 기업회의 기획
	독립회의 기획자	기업과 계약, 기업 및 협회회의 기업가 연계
	정부회의 기획자	정부 관련 회의만을 기획
	여행 도매업자	비즈니스 + 관광
	PCO	회의 행사 대행

사례 | **"年 8조 시장 이벤트는 마이스와 한몸 … 법으로 규정해 함께 육성해야"** [MICE]

"업(業)의 속성상 '이벤트'는 분명 '마이스'입니다."

김한석(사진) 한국마이스이벤트산업협동조합 이사장은 단호한 표정과 어조로 이렇게 말했다. 이벤트를 관광·마이스 산업의 퀀텀점프를 이끌 가장 확실한 '추진체'라고도 했다. 기업체 5,700여 개, 종사자 6만여 명, 시장규모 연 8조 원의 이벤트업이 관광·마이스 산업의 외연을 키우고, 다양성과 확장성 등 체질을 강화해 줄 것으로 그는 기대했다. 22대 국회 상임위원회 구성이 끝나는 대로 이벤트의 산업적 정의

김한석

와 범위를 명문화할 '문화행사·축제산업 발전법' 제정에 재도전하겠다는 구상도 밝혔다. 김 이사장은 이벤트업이 1980년대 초반부터 40년 넘게 대한민국의 경제와 산업 성장사를 함께 써내려 왔다는 점을 거듭 강조했다. 나라 전체를 들썩이게 하는 굵직한 국제행사가 열릴 때마다 현장에는 항상 이벤트 업계가 있었다는 것. 하지만 이러한 업의 역사와 역할 에 비해 산업을 정의하고 육성할 법적 토대와 근거는 40년 전이나 지금이나 전무한 상황이 라고 지적했다. 업종에 대한 불명확한 기준과 근거로 인한 여파는 코로나19 사태를 겪으면 서 고스란히 '회생 불가'의 업계 피해로 이어졌다는 게 김 이사장의 설명이다. 이벤트 업계 는 장기간 이어진 코로나19 팬데믹 사태로 한때 1만여 개에 달하던 사업체가 5,700여 개로 절반 가까이 줄어든 상태다. (중략)

마지막으로 이벤트업을 기존 행사나 프로그램의 생산성, 부가가치를 높이는 유용한 도구로 봐달라고 당부했다. 이벤트 업계의 아이디어, 기획·연출 능력이라면 행사 본연의 전문성 에 대중성을 가미하는 방식으로 흥행성을 높일 수 있다는 게 당부의 이유다. 대중의 관심 과 흥미를 자극하는 '이슈 메이킹' 역량만큼은 이벤트 업계가 최고라는 설명도 덧붙였다.

[이데일리, 2024.6.19]

[발표와 토론할 주제]

2-1. 우리나라 특급호텔의 최근 컨벤션 개최 사례를 찾아보고 토론하시오.

2-2. 우리나라 대표적인 리조트의 최근 컨벤션 개최 사례를 찾아보고 토론하시오.

2-3. 코엑스콘퍼런스센터 등 우리나라 대표적인 콘퍼런스센터의 최근 컨벤션 개최 사례를 찾아보고 토론하시오.

2-4. 씨빅센터나 크루즈의 최근 컨벤션이나 회의의 개최 사례를 찾아보고 토론하시오.

2-5. 우리나라 대표적인 협회시장에 대해 그 규모나 내용을 찾아보고 토론하시오.

2-6. 우리나라 대표적인 기업시장에 대해 그 규모나 내용을 찾아보고 토론하시오.

2-7. 회의기획자의 취업 성공 사례나 유명인들을 찾아보고 발표하시오.

2-8. 회의산업의 판매회사에 대해 설명하시오.

2-9. 회의산업의 직업기회에 대해 우리나라 또는 외국의 예를 찾아보고 발표하시오.

CHAPTER **3**

인센티브 투어

Chapter

인센티브 투어

제1절 ▶ 인센티브 투어의 의의

1. 인센티브 투어의 정의

인센티브(incentive)를 국어사전에서 살펴보면 "사람에게 어떤 행동을 취하도록 부추기는 것을 목적으로 하는 자극"이라고 정의하고 있다. 경영학적 관점에서 살펴보면 인센티브란 "보다 높은 생산량, 판매량 또는 실적을 달성하기 위한 수단"이다. 즉 항공사가 고객의 총비행거리에 따라 무료 티켓을 제공하는 것, 백화점에서 일정액 구매에 보너스상품을 지급하는 것, 경영실적에 따라 월급을 올려주는 것, 심지어 가정에서 자녀의 성적이 올라갔을 때 자전거를 사주는 것도 일종의 인센티브이다. 그러한 인센티브의 형태를 여행으로 제공하는 것이 인센티브 투어이며, 여행경험이므로 물건이나 돈처럼 없어지지 않고 영원히 기억될 수 있으며 여행자 가족들도 회사에 감사하게 만들어주는 장점이 있으므로 이를 달성하기 위해서는 가장 화려하고 치밀하게 준비되어야 한다.

인센티브 투어는 포상여행(또는 보상여행)으로 불리기도 한다. 포상여행은 일반적으로 우량기업의 종사원들에 대한 동기유발 보상으로 받아들여지고 있다. 즉 포상여행은 주로 기업 및 단체가 자사상품의 판매실적이 우수하거나 큰 공헌을 했을 때 해당 단체나 개인에게 크게 포상하여 여행을 보내주는 것을 말한다. 때로는 여행사에 자사상품의 판매촉진을 위한 수단으로 선전을 겸할 수도 있다.

MPI(Meeting Planners International)의 회장을 역임한 존스(James E. Jones)는 포상여행을 "사업상의 목적으로 성취한 자에 대한 동기를 유발하는 포상"이라 정의하고 있다. 여기에서 사업상의 목적이란 흔히 판매목표량을 말한다. 기업체는 판매원에게 특정의 할당량을 설정해 놓고 이 할당량을 달성한 판매원에게 여행할 수 있는 자격을 준다. 이 경우 판매량의 증가가 여행경비를 상회해야 함은 물론이다. 기업체는 판매목표의 달성뿐만 아니라 직원의 이직률을 낮추고 사기를 북돋우기 위해서 포상여행제도를 실시한다.

포상관광전문가협회(Society of Incentive Travel Executives: SITE)는 인센티브여행을 "목적이나 목표를 달성한 종사원(특히 판매직), 거래상, 고객들에게 여행이라는 형태로 보상을 함으로써 그 동기를 진작시키기 위한 경영도구"라고 정의하고 있다. 주요 선진국의 대기업이나 단체에서 영업실적 향상의 일환으로, 회사에서 제시한 일정기간의 영업목표량을 초과 달성한 직원이나 대리점을 선정하여 포상으로써 TV, 시계, 세탁기 따위의 물품을 수여하는 대신 회사비용으로 여행을 보내주는데, 이러한 형태의 여행을 인센티브여행(Incentive Travel)이라고 한다.

대체로 대기업 및 제조업체가 자사 제품의 판매증진과 경영목표 달성을 위한 방침으로 자사 고용원, 고객, 판매원 및 중간상인(대리점 운영자)에 대하여 수익 극대화와 판매액 제고를 위한 세일즈 인센티브의 일환으로 인센티브여행을 실시하며, 기업주가 이들을 대상으로 자사의 경영방침을 이해시키고 새로운 판매 이미지를 교환하며 신상품을 소개하고 최고경영진이 이들과 만남의 기회를 마련함으로써 소기의 목적을 달성하고자 자사 생산제품 또는 인센티브여행 등 여러 형태로 인센티브 프리미엄을 제공하고 있다.

포상여행 프로그램의 이유가 무엇이든 간에 이 모두가 동기화의 도구(motivation tool)라는 것이다. 판매원, 딜러, 유통업자들은 포상여행의 일반적인 대상이다. 근래 들어 포상여행은 엔지니어, 생산직 종사원, 중간관리자들을 비롯하여 여러 계층의 사원 및 그 가족들을 동기화하는 데 이용되고 있다. 포상여행은 장래성으로 볼 때 최고의 성장부문으로 예측되고 있다. 포상여행은 특히 보험회사, 전자회사, TV 수상기 제조업체 등에서 활성화되고 있다.

2. 인센티브 투어의 개요 및 발달과정

인센티브는 현대 경제구조와 밀접한 관계가 있다. 즉 노력을 많이 하고 기여도 가 큰 사람에게 더 많은 보상을 준다는 원칙에 따라 발전해 온 것이다. 인센티브는 그 자체가 최대의 상이므로 돈으로 결코 환산될 수 없을 정도로 귀중한 것이다.

높은 목표를 성취한 데 대해 여행으로 포상한다는 생각은 적어도 승리한 장군과 군사들을 시가행진으로 포상했던 로마제국시대를 연상케 한다. 유럽과 미국의 산 업혁명 동안에는 상당한 부문이 엘리트 계급이나 친인척에 한정되었지만, 생산성 이 높은 관리인이 휴가로 포상을 받은 예도 있다. 20세기에 들어 일반 노동자의 동기부여를 위해 인센티브 투어를 채택한 것은 미국에서 시작된 것 같다. 오하이오 주의 데이턴(Dayton)에 있는 국영 금전 등록기 회사는 1906년에 70명의 판매원에게 다이아몬드가 박힌 핀과 회사 본부로의 무료여행을 포상하여 인센티브 투어를 실 시한 첫 번째 현대기업으로 알려졌다.

실적이 뛰어난 사람에게 특혜를 제공하는 것은 상당히 오래전부터 시작된 전통 이다. 보너스 지급, 상품할인 등 각종 보상제도가 급진전으로 확대해 왔다. 인센티 브 투어는 항공여행의 상품화가 실현되기 시작한 1950년대에 이르러 효과적인 포 상수단으로 등장하였다. 1920년대 및 30년대에도 약간의 인센티브 투어가 실시되 었음은 부인할 수 없지만, 현재 인센티브 투어를 사용하는 미국기업의 86%는 1960년 대 이후가 되어서야 이를 처음으로 도입하였다.

1911년에는 포상자가 뉴욕행 무료여행권을 얻었다. 1930~1940년대의 세계적인 경기침체와 전쟁은 노동자를 자극했고, 이 기간에는 인센티브 투어의 제한적인 실시가 보도될 정도로 여행은 위축되었다.

인센티브 투어는 대량관광과 레크리에이션이 더욱 일상화된 1960년대에 증가하기 시작하였다. 1970년대에는 상당히 비싼 제트비행기 여행이 시작되어 장거리 여행이 보편화되었다. 1980년대에는 수천 개의 회사가 인센티브 투어를 위해 10억 달러 이상을 지출하기에 이르렀다.

2000년대에 들어서면서 인센티브 투어의 시장은 그 규모가 더욱 커졌다. 국내외 기업회의 및 인센티브 투어의 시장은 정확한 규모가 파악되지 않고 있으나, 세계화와 경기회복 등의 영향으로 기업들이 해외에서 기업회의 혹은 포상형태의 인센티브 회의를 개최하는 경향이 두드러지게 나타나고 있다. 이에 따라 각국이 세미나 개최, 팸투어 및 세일즈 콜 등 기업회의와 인센티브 단체를 유치하기 위한 일련의 활동을 강화하고 있다. 특히 가까운 거리라는 근접성 측면에서 이점을 가지고 있는 아시아지역 국가들의 움직임이 활발하다. 전통적인 인센티브 투어의 강국인 싱가포르, 홍콩, 일본, 중국 외에도 최근에는 태국과 말레이시아가 국가적으로 인센티브 투어 단체 모집에 앞장서고 있다. 각 국가 기업체의 지사 및 계열사를 적극적으로 유치할 필요성이 있다.

싱가포르가 6,000개 세계 기업체의 아시아 허브가 있는 곳으로 매년 1만 5,000건의 BT MICE가 발생하는 점을 고려한다면 한국 또한 IT 등의 강점을 살려 세계 각국의 업체들을 유치할 필요성이 있다. 각종 세미나 개최 등으로 방문객 증대가 가능하며, 각국의 지사 또는 계열사들의 인센티브 투어 유치에도 큰 효과를 얻을 수 있을 것이다. NTO는 기업회의 및 인센티브 투어에 대한 정책 수립과 함께 업계와 공동으로 인센티브 투어상품 전시박람회 개최, 주요 인센티브 투어 실시기업 대상 세일즈 콜 실시, 기업 인센티브 투어 담당자 초청 팸투어 실시 및 일정 규모 이상의 인센티브 단체 송객 시에는 예산지원제도를 시행하는 등 정책적 지원 및 마케팅 활동이 필요하다.

3. 인센티브 투어의 성격

인센티브 투어의 성격을 잘 이해할 필요가 있다. 여행사에서 제작·모집하는 값싼 단체여행이 아니라 기업이나 단체의 인센티브 투어 전담부서에서 별도로 기획·제작한 프로그램에 의한 호화판 단체여행이므로 여행업자(항공사, 여객선회사, 호텔 기타 여행업자) 측면에서 볼 때 다른 어떠한 형태의 단체여행보다도 수지가 맞는 부문임에도 불구하고 아직도 이에 대해서 잘못 이해하고 있는 여행업자가 상당히 많다.

매회 여행자 수는 적게는 2명에서 많게는 약 4,000명에 달하는데, 평균적으로 배우자를 포함하여 100~150명 정도 규모로 이루어지며 매년 다소 차이는 있다.

4. 인센티브 투어의 효과

경제적 여건이 변화된 시점에서 인센티브는 새로운 도전에 대한 해결책을 제시해 줄 수 있다. 즉 판매의 증가, 생산성 향상, 시장점유율 증가, 이직률 감소, 품질향상, 사기 앙양, 팀워크 강화, 작업습관 개선, 안전성 보장, 결근 감소 등의 효과를 가져올 수 있는 것이다. 인센티브는 모든 사람이 원하기 때문에 효과가 있는 것인데, 업무를 효과적으로 수행한 점에 대해 구체적인 포상을 줌으로써 회사의 경영목표 달성뿐만 아니라 사원들의 내적인 자기 인식 욕구와 조직의 일원임을 확인코자 하는 욕구를 충족시켜 준다.

여행의 즐거움, 새로운 경험 및 지식의 습득, 함께 여행하는 동료나 상관과의 상호 이해 등은 회사의 분위기 쇄신, 사기 앙양, 영업실적 향상 등에 여타의 포상방법(상여금지급 포함)보다도 효과가 높은 것으로 밝혀졌다.

세계 굴지의 기업이나 단체에 있어 인센티브 투어는 여행목적지가 전 세계에 걸쳐 워낙 다양하므로, 관계자 즉 여행당사자뿐만 아니라 가족들 그리고 프로그램을 기획하고 여행지를 선정하는 각 기업 고위층(사장, 부사장, 영업이사, 회의기획자)의 본 프로그램에 관한 관심은 해가 거듭될수록 더욱 높아지고 있으며, 미국 유수의 국제회의 전문가들(Meetings & Incentives 등)도 전 세계의 인센티브 투어 목적지 및 동향소개에 많은 지면을 할애하고 있다.

5. 인센티브 투어 회사의 종류

인센티브 투어는 회사가 기획하고 조직하며, 포상기회의 참가와 획득방법을 홍보하기 때문에 본질적인 동기로 행하는 개인 여행이나 레크리에이션과는 다르다. 인센티브 여행자는 자기 환경에서 높은 수준의 업무를 수행한 후 최소한의 계획과 비용으로 관광기회의 혜택을 받는다.

인센티브 투어가 다양한 상품과 특별한 세부 내용을 갖춘 주문용역이 필요함에 따라 인센티브 투어 프로그램 제작을 도와주는 특별한 사업이 생겨났다. 다음과 같은 5종류의 인센티브 회사가 있다.

① 판촉물, 행정, 관광 그리고 상품 포상 절차 등을 다루는 풀서비스 인센티브 마케팅회사

② 인센티브 마케팅회사와 비슷하지만 인센티브여행이 전문이고 상품 포상 절차를 취급하지 않는 풀서비스 인센티브 하우스

③ 약간의 인센티브 홍보서비스와 함께 주로 인센티브 투어를 취급하는 인센티브 투어 실시 하우스

④ 인센티브 부서를 갖추고 있으며 대리점이 인센티브 투어 프로그램을 제공하는데 전문이나 마케팅 서비스는 제공하지 않는 관광회사

⑤ 인센티브 투어를 보조할 수 있으며 전형적인 관광기획 서비스를 제공하는 소매 관광회사 등

6. 인센티브 투어 프로그램의 종류

1) 순수포상여행과 판매포상여행

(1) 순수포상여행(Pure Incentive Travel)

순수포상여행은 그 명칭이 의미하는 바와 같이 오로지 즐거움만을 위한 여행이

다. 이 경우에 포상여행 휴가기간에는 사업회의나 판매 교섭은 계획되어 있지 않다. 이는 필요과업을 달성한 직원이 업무를 성취한 대가로 기업으로부터 호화휴가와 상을 보상받는 것이다.

순수포상여행에서 여행목적지는 가장 중요한 동기부여요인이다. 매력적인 장소로의 여행은 종사원의 생산성을 향상하는 강력한 요인이 된다.

매력적인 여행 장소로는 동남아시아의 수도, 일본, 중국, 호주, 유럽 등의 대도시와 리조트, 자연 경관지나 이국적인 정감을 주는 곳으로서 하와이, 괌, 사이판, 런던, 파리, 라스베이거스, 홍콩 등이다. 순수포상이 차지하는 비율은 포상여행 프로그램의 약 3분의 1 정도이다.

(2) 판매포상여행(Sales Incentives Travel)

판매포상여행은 업무와 휴가를 겸한 여행으로, 여기에는 의무적인 회의가 포함되어 있다. 많은 시간을 회사업무의 목표를 달성하는 데 목적을 두고 업무와 관련된 활동을 하게 된다.

이러한 여행은 신상품의 소개, 신기술의 견학, 새로운 생산설비의 견학 등 일련의 회의에 참여하는 것 혹은 기업의 공장을 견학하는 것들이다.

그러나 업무견학보다는 즐거움에 할당하는 시간이 많아지는 경향을 보인다. 여기에서도 훌륭한 목적지가 중요한 요소가 된다. 그러나 그에 못지않게 적절한 회의시설과 능력도 반드시 고려되어야 할 사항이다. 판매포상여행은 전체 포상여행 프로그램의 약 3분의 2를 차지하고 있다.

순수포상이든 판매포상이든 여행의 질적인 측면이 더욱 중요시되고 있다. 일반적으로 보면 포상여행자는 다른 여행객보다 호화호텔의 숙박 및 최상서비스 등 고품질 수준의 여행을 기대한다. 포상여행자는 주로 부부동반으로 이루어지며 이때의 휴가경비도 거의 회사 측이 부담한다.

포상여행 프로그램은 일반적으로 5일에서 일주일 이상의 기간으로 이루어진다. 최근에는 주말 포상여행이 인기를 얻고 있다. 대부분의 포상여행은 단독여행보다는 단체여행으로 구성된다.

인원은 10,000명 정도의 규모로 이루어지기도 하지만, 50명에서 100명이 일반적이다. 최근의 추세는 10명에서 20명 정도의 소규모 시장이 크게 활성화되고 있다.

2) 시찰초대여행

매체관계자의 호의를 유발하는 데 가장 효과적인 방법은 관광상품을 직접 사용해 보도록 하는 것이다. 이러한 일부 보조금 지급 및 전액 지급 시찰초대여행(familiarization trips)은 후원자에게는 비싼 것이 될 수 있지만, 그러한 여행이 매체에 직접적인 영향을 미치는 기회 또한 증대하게 되므로 결국에는 거기에 든 비용을 보상받게 된다.

관광사업체, 새로운 도시에 신항로를 개설한 항공회사, 새로운 지역에서 체인을 건설한 호텔 등은 매체의 인기와 퍼블리시티를 유발하기 위해서 시찰초대여행을 자주 이용한다.

이러한 PR방법에 대한 투자 회수는 즉시성이 없거나 분명하지 않을 수 있다. 예를 들면, 강원도 북부에 있는 알프스 스키리조트에 시찰초대여행으로 참가한 신문기자들의 의견이 同리조트에 관한 호의적인 기사를 쓰기 원하는데 이는 직접적인 도움이 되는 것은 아니다. 그럼에도 불구하고 매체관계자들은 관광상품 평가방법의 하나로 이 초대여행을 이용한다. 그리고 그들은 독자나 청취자에게 이러한 평가결과를 전달하게 된다.

PR은 이중기능을 지니고 있다. 첫째로 매우 높은 정도의 PR노력은 대체로 잠재고객의 의견에 영향을 줄 수 있고, 관광기업에 대해 긍정적인 이미지를 창조할 수 있다. 이러한 첫째 기능이 성공적일 때, 둘째로 PR과 관련된 신문보도는 또한 광고의 효율성을 증대시킬 것이다.

3) 거래상 대상여행과 판매직원 대상여행

인센티브 투어 프로그램의 종류에 따라 거래상 대상여행(dealer trips)과 판매직원

대상여행(sales force trips)으로 구별할 수 있는데, 대체로 전자는 비교적 기간이 길고 원거리 여행을 하며 업무적 성격이 거의 가미되지 않고 위락 및 휴식기회를 제공키 위해 흥미 위주로 구성되며, 후자는 국내 유명지역으로 비교적 단기간에 걸쳐 업무적 성격의 프로그램이 다소 가미되는 경향이 있다. 그리고 판매직원 대상여행은 3/4이 단체여행형태로 제공된다.

4) 그룹여행과 개별여행

인센티브 투어는 그룹여행과 개별여행으로 구별할 수 있다. 단체여행에서는 참가자가 모두 왕복 여행을 하며 그들이 모든 시간을 단체와 동행해야 하는 조건이 요구되나, 개별여행은 여행 시기 및 행동을 자유롭게 선택할 수 있다. 여행자는 개별여행을 선호하나 사용자 측에서는 그룹여행을 대부분 선호하고 있다.

인센티브 투어는 이렇게 매우 강력한 동기 유발효과를 가지기 때문에 기업 대부분이 이를 최상의 보상으로서 실적이 가장 뛰어난 자에게 제공하며, 실적이 이보다 다소 낮은 자에게는 상품이나 상금을 지급하고 있다.

5) 딜러, 사원, 소비자 대상의 인센티브 투어

(1) 딜러 인센티브 투어

'판매점 인센티브 투어'로도 부르고 있다. 대상은 판매점, 대리점, 외판원 등의 딜러로서 매상고 증가, 자사 상품의 지분확대, 연대 제휴 강화 등을 목적으로 해서 실시되고 있다.

여행을 통해서 회사경영방침이나 신제품의 상품 지식 등을 이해하고 기업과 딜러와의 관계를 강화하여 '일할 의욕'을 높이는 것이다.

① 판매캠페인 초대여행
② 판매점 친목여행
③ 연수시찰 여행

④ 전국대회 초대여행

⑤ 세미나, 이벤트 초대여행

⑥ 주년·기념·사은 초대여행 등이 있다.

(2) 사원 인센티브 투어

사원 인센티브 투어는 '이너(inner) 인센티브 투어(사내 인센티브 투어)'라고도 불리고 있다. 사원육성, 동기부여, 사은, 보장, 위로, 정착화 등의 촉진과 함께 대외적인 기업 이미지 향상도 꾀한다. 일반적으로 성적우수자를 대상으로 행하는 여행이나, 전 사원 대상의 직장여행, 장기근속 여행, 재충전 휴가로도 활용되고 있다.

① 종사원 위안여행

② 영업성적 보장여행

③ 장기근속 표창여행

④ 업무정근 표창여행

⑤ 정년퇴직 기념여행

⑥ 단신부임 위로여행

⑦ 내조공로 표창여행

⑧ 우수기획입안 표창여행

⑨ 창업·주년여행 등이 있다.

(3) 소비자 인센티브 투어

이것은 유저(user) 인센티브 투어라고도 불린다. 상품 고지나 확대판매, 상표 이미지 향상, 고객 확보 등을 목적으로 한 것으로서 신상품발표에 따른 광고 선전에 대한 반응조사, 상품의 인지도 향상, 혹은 사은이나 판매캠페인, 경품 증정 등 매상 증대에의 직접적 동기부여, 고객관리 등 마지막 사용자에게 상품을 소구할 때 활용되고 있다. 이는 기업 이미지, 상표 이미지 향상으로도 이어지고 있다.

① 공모 현상여행

② 공동 현상여행

③ 소비자 초대여행

④ 소비자 우대여행 등

이상 세 가지는 인센티브 투어의 대표적인 형태인데, 이외에도 스폰서를 대상으로 한 '스폰서 인센티브 투어'라는 것도 있다.

7. 인센티브 투어 기획자

대기업의 경우에 포상여행의 프로그램은 자체적으로 사내 포상여행기획자(Inhouse Incentive Planner)에 의해 수립되고 있다. 이러한 대기업의 포상여행기획자의 업무는 포상여행에만 국한된 것은 아니다. 그들은 또한 회의 기획, 무역쇼, 전시회, PR(공중관계), 광고에 관련된 업무를 담당한다. 포상여행기획은 때때로 기업회의기획자의 책임인 경우도 있다.

미국에는 포상여행 프로그램만을 수배·기획하는 소규모 회사가 약 100개사 정도 있다. 대형 포상여행기획회사로는 E. F. MacDonald, Maritz Travel, TV Travel 등이 있다. 이 회사들은 투어 오퍼레이터의 업무와 유사한 방법으로 패키지상품을 창출해 내고 관광공급업자와 교섭을 한다. 포상여행사에는 보통 도매업자와 소매업자가 있다.

전문기획자들은 포상 프로그램의 여행 측면만을 고려하는 차원을 넘어 그 프로그램의 목적을 달성하도록 계획하여야 한다.

모든 기업이 대규모 포상여행 기획부를 설치할 수는 없으므로 많은 기업은 포상여행에 전문적인 노하우를 쌓고 포상여행업무를 수행하는 여행사에 자사의 포상여행을 의뢰하기도 한다. 대략 50% 정도의 포상여행이 이러한 여행사에 의해 수배되고 있다.

비록 많은 양의 업무를 수반하고 여행사가 포상여행 프로그램에 대한 마케팅 활동까지 담당해야 하지만, 포상여행기획은 단체여행기획과 매우 유사하다. 일반 여행사도 포상여행사와 유사하게 주최회사와 협의하여 포상여행 프로그램의 목표를 수립하기도 한다.

미국의 포상관광전문가협회(SITE : The Society of Incentive Travel Executives)는 2,300여 명의 회원을 보유하고 있는 포상여행기획자의 최대조직이다. SITE는 연중 상당수의 교역전이나 세미나를 개최하고 있다.

인센티브여행은 다른 모든 유형의 회의보다 두 배 정도의 체류기간을 기록하면서 기업회의의 중요한 부분을 차지할 것이다. 개별여행 및 단체여행 모두 평균 여행 횟수 및 체류기간이 증가하고 있다.

제2절 ▶ 인센티브 투어 프로그램

1. 인센티브 투어 유치의 필요성

인센티브 투어는 일반관광과는 다음과 같은 차이가 있다. 첫째, 여행목적지 선택자와 실제 여행자가 다르다는 점이다. 둘째, 최고급 상품이라는 점이다. 셋째, 대체로 100~200명 규모로 패키지상품보다 대규모라는 점이다.

여행목적지 선택자 즉 기업의 여행 담당 간부, 인센티브 하우스가 대상지 선정에 절대적인 영향력을 발휘하므로 우리나라와 같이 홍보 부족으로 좋은 관광자원을 가지고도 외국 관광객 유치에 어려움을 겪고 있는 나라가 접근하기 유리한 시장이라 말할 수 있다. 다시 말해 일반여행상품은 아무리 많은 한국 관계 상품이 개발되고 상품 내용이 좋더라도 한국에 대한 왜곡된 이미지를 가지고 있거나 아는 바가 없는 소비자에게는 판매되지 않는 반면, 인센티브 투어상품은 상품선택자에게만 충분한 정보 및 지식을 주고 한국을 답사시켜서 한국이 인센티브 대상지로 훌륭하다는 확신만 주면 대규모 인센티브 투어를 유치할 수 있다는 유리한 점이 있다. 그리고 인센티브 투어상품은 호화스럽고 최고급 상품이며 대체로 단체여행 형태로 이뤄지므로 외화획득 효과가 매우 높은 편이다.

여행사 측면에서 볼 때 인센티브 투어는 매우 치밀한 사전수배 및 철저한 서비스 등이 요구되므로 현지여행사의 선택 없이는 이뤄질 수 없으며, 현실적으로 여행사의 관광 수입에 대한 낮은 마진율을 극복할 수 있는 훌륭한 방법이 될 수 있다. 호텔 측면에서 볼 때 비수기를 극복하는 방안이 될 수 있으며, 인센티브 투어 일정 중 중요한 주제파티(theme party)를 개발하면 대규모 객실판매뿐만 아니라 식음료 (F&B) 부분에서도 수익을 크게 증진할 수 있다.

■ 인센티브 투어상품의 특성

상품의 고급성	대규모성	여행목적지 선택자와 실시자의 상이성
• 여행사의 마진율 제고 • 고도의 서비스 요구	• 대규모 객실 판매 • 비수기 타개에 도움 • 테마 파티 필요	• 접근하기 유리함 • 효율적인 관광진흥 • 홍보대상이 제한적임

2. 경제여건과 관련한 인센티브의 필요성

1) 경기후퇴

경기가 후퇴기에 들어서면 기업은 불경기에 대해 경각심을 불러일으키는 데 그치지 않고 상품판매와 업무수행, 마음가짐 등에 직접으로 영향을 줄 수 있는 고도의 목표지향적 활동을 위해서 인센티브가 필요하게 된다.

2) 높은 이직률

경제 중심이 제조업에서 서비스업으로 이동함에 따라 각 기업체는 직장을 더욱 재미있고 가치 있는 곳으로 만들려고 한다.

3) 경쟁의 증가

경쟁력을 유지하고 고객을 확보 · 유지하기 위한 새로운 방법을 모색해야 한다.

4) 비용의 증가

연구 · 개발 비용의 증가로 기업들은 이른 시일 내에 효과적으로 고객의 시선을 끌어당기는 방법이 필요하다.

5) 직업윤리의 변화

여가를 찾고 삶을 즐기려는 태도 변화로 기업은 고용자들의 의욕을 북돋아 생산성을 유지해야 할 필요성이 대두되었다.

3. 인센티브 투어 프로그램의 운영방법

효과적인 인센티브 프로그램은 거창한 차원의 문제에 있는 것이 아니라 사소한 일에서부터 시작해야 하며, 목표설정에서부터 9단계로 나누어 설명할 수 있다.

1) 1단계 : 목표 설정

① 회사가 직면한 문제들 가운데 가장 시급한 것을 몇 개만 선정하여 정밀하게 조사하며, 이 중 가장 기본적이고 중요한 것을 프로그램의 목표로 삼는다.

② 이때 목표는 거창하게 보이는 것보다는 실행 가능한 것으로 하며, 상·하계층 모두 접근이 가능하고 계량화할 수 있는 것이 좋다.

2) 2단계 : 전략 수립

① '목표를 어떻게 달성할 것인가'의 문제에 초점을 맞춘다.

② 규칙은 간단하고 공정한 것이어야 하며, 성취 가능한 범위 내에서 할당량을 정해야 한다.

③ 참가자들의 나이, 소득수준, 배우자의 유무 등과 예산을 고려하여 경품을 준비하며, 프로그램에 적당한 기간을 정한다.

3) 3단계 : 예산 수립

① 계획안을 검토하여 비용을 고려한 다음 자금원을 확보한다.

② 예산은 포상, 홍보, 프로그램 운영, 교육훈련과 조사연구 등을 기본카테고리로 하여 수립하는 것이 바람직하다.

4) 4단계 : 평가시스템 마련

① 개인이나 팀의 수행능력을 측정할 수 있는 공정하고 개량화된 척도를 마련해야 한다.

② 세일즈 인센티브의 경우는 고객 방문이나 신규고객의 수, 판매량 등을 측정한다.

③ 비세일즈 인센티브의 경우는 세일즈 인센티브보다 측정이 곤란하다.

이 경우 1단계는 동기를 부여코자 하는 인원에 의해 생산된 생산품이나 서비스를 확인하고, 2단계는 대상 목표를 명료하게 하며, 3단계는 목표측정을 위한 후보자를 선정한다.

5) 5단계 : 포상 선택

① 선택사항은 여행, 상품, 현금 등이다.

② 주의사항으로는 포상은 다양할수록 좋으며 값싼 것은 금물이다. 그리고 리더 자신의 취향만으로 선정해서는 안 되며, 당사자에게 직접 배달해 주는 것이 더 효과적이다.

6) 6단계 : 의사전달과 홍보

주제 설정 요령은 우선 활동적인 단어를 사용하며 간단명료한 문장이 좋다. 적당한 약자나 타당한 로고를 선택한다. 그리고 유머가 섞인 내용이 좋다.

7) 7단계 : 프로그램 운영

프로그램 운영의 기본요소로는 등록서비스, 참가자의 인적 사항 파악, 홍보우편물 발송, 포상 효과 추적, 수행능력 진술, 운영보고, 수입과 세금보고서 작성, 프로그램 실시 후의 평가 등이다.

8) 8단계 : 결과 분석

① 광고, 가격, 홍보, 신상품 및 서비스, 유통개선, 상품의 질, 경영 등의 측면에서 결과를 분석한다.

② 설문조사 등을 통해 참가자들의 반응을 조사한다.

9) 9단계 : 추가적 자문 요청

① 결과 분석 후 자문과 각종 정보를 관련업체에 요청한다.

② 관련업체로는 Incentive House, Sales Promotion Agency, Recognition Company 등이 있다.

4. 인센티브 투어 프로그램 기획법

성공적인 인센티브 기획을 위한 9개의 점검사항을 살펴보기로 한다.

1) 마케팅 목표 설정 및 마케팅계획 수립

판매증진이든 유통경로 확대든 우선 무엇을 달성하고자 하는가를 결정하여야 한다. 어떤 종류의 인센티브 프로그램도 마케팅 목표를 명확히 설정해야 한다.

적절한 목표 설정은 계량적 결과측정을 가능하게 하고 인센티브 프로그램에 사용되는 비용을 상쇄할 수 있는 결과를 유발하게 만든다. 예를 들어 판매증진이 목표일 경우 정해진 비율이 판매증진이 일어나 인센티브 프로그램에 사용되는 비용을 상쇄하였을 때만 인센티브 프로그램이 실행되므로 실시자에게 위험부담이 전혀 없다.

2) 마케팅 목표 달성에 필요한 할당량의 설정

설정한 할당량이 다소 높을 수는 있어도 반드시 달성 가능한 양이어야 한다. 과거의 성취도, 현재와 과거의 시장조건, 미래의 잠재성 등을 면밀하게 검토해야 할 것이다.

예기치 못한 시장변화에 대비한 보상방법도 대비해야 할 것이다. 그렇지 못한 경우 불합리하게 너무 많거나 적은 당선자를 내게 될 수도 있으며, 심지어 최악의 경우 당선자가 한 명도 없는 인센티브 프로그램이 될 수도 있기 때문이다.

3) 발생될 수입의 총증가량 산정

마케팅 목표와 할당량이 설정되었으면 최소한의 인센티브 투어를 보상받기 위해 각 개인이 산출해야 하는 수입의 증가량을 산출하는 것은 매우 간단하다. 다만, 이 증가량 수치는 최소한의 양이 될 것인데, 이는 사람들이 적당한 할당량에 도달했다고 일을 그만하지는 않을 것이기 때문이다. 단위 기간 동안 세일즈 인센티브가 $100,000였는데, 다시 설정된 할당량이 $120,000가 되었다면 증가분은 최소 $20,000일 것이다.

4) 증가된 수입의 어느 정도를 인센티브 프로그램에 쓸 것인가를 결정

할당된 목표가 달성되고 수입의 증대가 생겼을 경우 경영자는 인센티브 프로그램에 그 증가분 중 몇 %를 쓸 것인가를 결정해야 한다. 총수입, 순수 마진, 업종별 성격, 이익률 등을 고려해서 결정할 것이지만, 성취한 목표를 충분히 보상할 수 있을 정도의 인센티브 프로그램이 실시되어야 할 것이다.

5) 프로그램의 기간 설정

장기 및 단기 프로그램은 각각 장단점을 가지고 있다. 예를 들어 3개월 정도의 단기 프로그램은 짧은 편이므로 그 실시가 훨씬 쉽겠지만, 문제는 생산성 향상으로 인해 추가적인 이득이 단기간이기 때문에 최고급으로 인센티브 보상을 할 수 있을 만큼의 충분한 재원을 충당할 수 없다는 데 있다.

한편, 9개월 이상의 장기 프로그램은 많은 사람이 시간이 흐름에 따라 인센티브 프로그램에 대한 흥미를 잃어버릴 위험성이 있다. 대략 6개월 정도가 적당하다.

6) 프로그램의 일자 설정

실시 기간을 1월에서 6월까지 할 것인가, 또는 7월부터 12월까지로 할 것인가는 성공적인 인센티브 프로그램 기획에 있어 매우 중요한 요소이다. 이 일자의 결정은 회사의 업무 사이클과 전체 마케팅계획, 회계연도 종료 등을 고려해서 설정해야 한다.

프로그램의 법칙과 규정을 정하고 여행에 대한 수배, 홍보활동, 브로슈어 인쇄, 시작일 등에 대한 계획을 충분히 수립할 수 있도록 충분한 여유기간을 가지는 것이 필수적이다. 급히 실시하려는 욕심으로 충분한 준비 없이 기획하여 실패하는 경우가 종종 있다. 기획단계에서만도 최소한 2개월의 준비기간이 있어야 할 것이다.

7) 여행목적지 선정

어느 정도의 인센티브여행 기획의 규모가 계획되고 예산 및 시일 등의 제반 요소가 결정된 후 여행목적지 선택이 결정되어야 한다. 그룹의 평균나이, 그들의 사회적·경제적 위치, 교육 그리고 인종적 배경 등이 고려되어야만 한다.

이상의 요소들이 고려된 후 여행목적지와 현 거주지의 상이한 자연환경 선택도 바람직한 목적지 선택기준이 될 수 있다.

겨울에는 태양이 내리쬐는 해변도 바람직할 것이다. 유럽의 경우 여름에는 너무 비싸고 겨울에는 꽤 쌀쌀한 편이며, 허리케인 시기도 고려되어야 한다. 그리고 일반적으로 훌륭하다고 알려진 목적지를 선택하는 것이 바람직하다. 그것은 간혹 새로운 목적지를 선택하고 개척하여 새로운 기분을 내보려 하는 것은 위험하기 때문이다. 반면에 무언가 새로운 것을 찾으려 하는 것은 흥미를 일으키기에 바람직한 요소이다.

8) 흥미 및 동기를 유발하기 위한 홍보 프로그램 실시

프로그램의 목적에 관계 없이 참가자들이 인센티브 프로그램을 잘 알지 못하고 그것에 대해 흥미를 느끼지 못한다면 그것은 결코 성공적인 프로그램이 될 수 없다. 따라서 문제는 성취목표를 달성하고 인센티브 투어에 참가하려는 강한 의욕을 보이도록 유도하는 것이 필요하다. 그러므로 주제(홍보 슬로건)를 개발해서 지속적인 홍보를 인센티브 프로그램의 실시에 이르기까지 계속하는 것은 바람직하다.

가장 바람직한 방법은 계속해서 가정에 편지 등의 발송물을 부치는 것이다. 그렇게 함으로써 호텔, 항공, 여행사 등의 안내서를 읽고 특정 목적지에 대한 흥미를 유발하게 된다. 즉 목적지를 부각해야 한다. 다시 말하면 참가자들이 특성, 나이, 사회·경제적 위치 및 배경, 여행경험 등의 요소를 잘 파악하여 참가자 모두에게 특별한 경험 및 목적지가 되도록 하여야 한다.

9) 기억될 만한 여행이 되도록 기획·준비

여행은 시간이 지나도 해가 지나도 기억되며 새롭게 되는 보상제도이다. TV 같은 인센티브는 결국 부서지게 마련이며 돈과 같은 인센티브는 별 쓰는 곳 없이 손쉽게 없어지기 마련이다. 그러나 여행은 특별한 것이며 일생 잊지 못하는 기억이 될 것이다.

이러한 여행 인센티브는 혼자서는 쉽게 접해볼 수 없는 훌륭한 서비스와 목적지 등을 경험하게 되므로 영원히 기억되도록 특별하게 준비되어야 한다.

5. 인센티브 투어 목적지 선정요소

인센티브 예정지를 잘 선택한다면 그 여행의 성공은 배가될 것이다. 예정지 선택은 프로그램의 요소들, 즉 초기영향, 발전적 요소, 참가, 비용효과 등의 결과에 영향을 미칠 뿐 아니라 기업 전체의 궁극적 성공을 결정하는 요인이 된다.

SITE의 executive director인 Diane DiMaggio는 인센티브 기획 시 고려해야 할 9가지 요소를 다음과 같이 언급하고 있다.

① 예산 한계

② 계절

③ 비즈니스와 오락

④ 여행자의 통계적 분포

⑤ 참가자의 여행경험

⑥ 목적지 접근성

⑦ 여행지의 시설

⑧ 활동성

⑨ 현지 조사

1) 예산

몇 군데 바람직한 목적지가 있을 때 최종결정 요소가 되는 것이 예산이다. 해외 여행지에 대한 고려가 없지는 않지만, 여행비용의 상승은 최근 많은 회사가 국내 여행지로 방향을 돌리게 하고 있다고 스페인 NTO의 Cecilia Quadri는 말하고 있다. 그러나 한정된 예산으로도 규모 있는 계획과 쇼핑계획을 잘 짠다면 화려한 해외 여행지를 고려할 수 있으며, 무엇보다도 다양한 외국 목적지에서 제공하는 특별 프로모션에 대한 지식을 가지고 시작하기를 바라고 있다. 예를 들면 영국, 프랑스, 독일 등지의 물가는 비용을 의식하는 여행자들에게는 부담이 되므로 스페인 남쪽 모로코 서부해안의 카나리아섬을 택할 수 있다. 그곳은 연중 26.1℃(79℉) 정도의 기온에 안락한 호텔, 인파가 드문 비치, 카지노, 면세점, 싼 물가 등을 고루 갖추고 있다.

2) 계절

연중 적당한 시기를 선택하는 것이 비수기의 싼 가격을 이용하는 것보다 바람직하다. 회사가 한가한 때를 선택하는 것이 인원 모집에 도움을 주므로 이러한 요소들을 잘 배합하면 훨씬 훌륭한 인센티브 프로그램을 실행할 수 있다.

3) 비즈니스와 오락

예산과 시기를 결정했다면 다음 요소는 어느 정도의 비즈니스가 인센티브여행 시에 수행되는지를 결정해야 한다. 회의기획자는 대부분 가급적 비즈니스를 줄이 도록 권하고 있다. 만일 하루 3, 4시간의 비즈니스 미팅이 필요하다면 국내 여행목 적지가 바람직하다.

비즈니스 활동은 오전 중으로 제한하는 것이 좋으며 오후 시간은 자유롭게 비워 두는 것이 좋다. 그룹 function은 저녁 시간으로 잡는데 4, 5일의 여행이라면 하루 나 이틀 정도는 개인적 활동을 하도록 저녁 시간을 할애해야 할 것이다.

인센티브 투어 자체가 이미 완성되고 성취된 업무를 보상하는 것임을 기억해야 할 것이다. 비즈니스가 없는 온통 오락적 성격의 미팅은 결국 높은 비용을 초래하 는 결과가 되지만, 그 여분으로 들어가는 비용이 복지 등 다른 측면에서 가치 있는 일들을 더 많이 만들어낼 것이다.

4) 여행자의 통계적 분포

그룹의 나이, 교육수준, 성별, 수입, 여행수준의 통계적 분포가 고려되어야 하는 데, 최종 여행지 결정은 그룹의 배경과 이해 관심사에 밀접하도록 정해져야 한다. 예를 들면, 여행수준이 높은 고소득 그룹은 하와이 여행을 따분한 것으로 생각하기 쉽겠지만, 저소득의 그룹은 스릴 넘치는 여행으로 여긴다면 소득에 따라 목적지를 달리해야 할 것이다.

5) 참가자들의 여행경험

그룹 참가자들의 여행경험을 고려해야 하는데, 예를 들면 작년에 큰 인기를 끌 었던 사모아제도가 올해도 반복될 수는 없을 것이다. 적어도 5년 정도의 간격을 두는 것이 좋을 것이다.

6) 목적지 접근성

현재 있는 곳에서 여행지로 떠날 때 상대적 편안함을 가질 수 없다면 문제이다. 특히 오늘날같이 변칙적이고 취소되는 경우가 많아 조심스럽게 비행 스케줄을 체크해야 하는 번거로움이 있을 때는 가까운 거리를 선택할 수 있다. 육상교통은 비행기보다 덜 위험할 뿐 아니라 그룹의 필요성에 따라 숙박지를 조정할 수 있을 것이다.

7) 여행지 시설

여행지 시설은 그룹의 특별한 기호에 따라 여행지 선택 성공 여부가 판가름이 날 것이다. 젊은 'Swinging' 그룹은 나이트클럽이나 디스코 텍 등 나이트 라이프를 즐길 수 있는 곳을 찾을 것이고 스포츠 애호가들은 골프코스나 테니스장 또는 기타 다양한 레크리에이션 시설을 원할 것이다. 그리고 누구나 깨끗한 비치, 풀장, 훌륭한 레스토랑, 바(bar), 관광지에 관심이 있을 것이다.

8) 활동성

여행지에서 자유시간의 적절한 배합과 함께 충분한 활동 스케줄이 있는 프로그램은 참가자들을 질서정연한 가운데 바쁘게 만든다. 스포츠나 쇼핑, 관광, 레스토랑 등 외부적 기분전환은 환영 칵테일 파티나 연회, 골프, 테니스 시합, 소프트볼 시합 등 그룹이 모두 함께 참여하는 이벤트로 유도되어야 한다.

9) 현지 조사

모든 회의기획자와 인센티브 투어 전문가들이 동의하는 또 한 가지는 예약 전 현지 조사의 필요성이다. 각 교통수단, 음식 등 모든 수준에서 받을 수 있는 일반적 대접과 서비스를 점검하는 등 철저한 현지 조사가 상세히 수반되어야 한다. 이것은 계획된 여행 계절과 같은 계절에 이루어져야 하는데, 만일 여행의 성수기라면, 서비스와 숙박지 등이 충분한지 그 여부를 확인해야 한다. 내부의 정치적·사회적 문제 때문에 유발되는 사태를 피하기 위해 잠재적 분쟁지역(hot spot)을 체크해야 할 것이다.

알맞은 예정지의 선택은 오늘날 긴장된 경제 현실로 볼 때 인센티브 쟁취자가 누릴 만한 고급의 대접을 제공해야지, 어느 한 부분이라도 모가 난다면 전체적으로 실패를 볼 가능성이 있다. 해외에서 싸구려 여행으로 낭패를 보는 것보다 국내에서 특급 수준으로 주말을 보내는 것이 바람직할 것이다. 향후 인센티브 투어 시장은 대량의 단체여행으로 비수기의 공백을 채워줄 것이며, 기획과 수배가 복잡해서 여행상품 공급업체에 대한 의존도가 높아 여행공급자 측면에서는 매력적인 시장으로 작용할 것으로 예상되며, 경비보다는 프로그램의 질을 중시하기 때문에 여행공급업체의 마진이 크고 기업 측면에서도 무한한 잠재력을 가진 수단으로 그리고 최고 동기유발 수단으로 그 가치를 인정받게 될 것이다.

▶ **인센티브 투어 목적지 선정 시 고려사항**

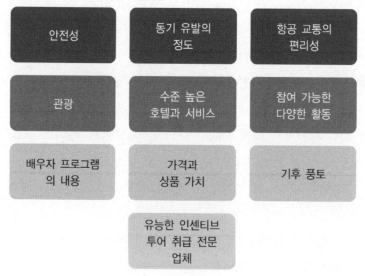

사례	인센티브 투어

- 단일국가 최대 인센티브 투어, 암웨이관광단 내한

  몇 년 전부터 관광업계의 화두는 MICE산업이다. 기업회의(Meeting), 포상관광(Incentive trip), 컨벤션(Convention), 전시박람회와 이벤트(Exhibition & Event) 등의 영문 앞글자를 딴 MICE는 선진형 관광산업의 대표적인 모델이다.

  한국관광공사를 포함한 우리나라 관광업계도 최근 MICE 관련 상품개발에 주력해 왔다. 지난 25일부터 한국을 찾고 있는 1만 7,500여 명의 암웨이 단체투어는 이런 노력의 성과이다. 대만을 포함한 중국 암웨이 단체관광은 한국관광공사가 유치한 인센티브 투어 중 단일국가 인센티브로는 최대 규모다.

  암웨이는 글로벌 직판업에서 최고 매출을 올리는 기업으로 중국 암웨이는 전체 글로벌 매출 113억 달러(2012년 기준)의 약 40%를 차지할 정도로 큰 규모다. 이 중국 암웨이가 실시하는 전체 사원여행(Amway China Leadership Seminar)은 인센티브 투어 시장에서 가장 큰 소비자이다. 10년간 중국 암웨이 단체투어가 방문한 아시아 지역은 대만(2회), 태국 푸껫, 한국뿐이다.

6. 주요 인센티브 투어 잡지목록

주요 인센티브여행 잡지의 목록을 정리하면 다음과 같다.

▣ 주요 인센티브여행 잡지목록

잡지명	발행처	발행부수	잡지 특성
• *Corporate Meetings & Incentives*	미국 Edgell Communications Inc.	40,500	• 인센티브여행 및 기업회의 등을 기획하는 기업의 실무자들과 관광여행사들을 대상으로 포괄적인 관광정보를 깊이 있게 다룸
• *Incentive Travel*	영국 Incentive Travel Co.	14,000	• 인센티브여행 경영에 대한 케이스별 연구, 여행에 대한 조언과 관련정보를 제공
• *Incentive*	미국 Bill Communications	35,000	• 현대기업의 경영도구의 하나로 전반적인 인센티브 시장을 다루며, 특히 인센티브여행과 기업목표 달성과의 관계에 관한 각종 통계자료를 정확하게 제공
• *Asian Meetings & Incentives*	홍콩 Travel & Trade Publishing Asia	15,000	• 아시아지역을 인센티브여행의 최적의 목적지로 홍보하며, 아시아 각국의 인센티브여행 현황 소개 및 구미의 시장동향을 수록

7. 포상관광 전문가협회(SITE) 개요

(1) 기구명 : Society of Incentive Travel Executives(SITE)

(2) 성격 : 포상관광 분야의 유일한 비영리 국제기구로서 회원 간 정보 교환 및
    전문교육센터 기능수행

(3) 설립연도 : 1973년

(4) 설립목적 : 포상관광 관련 정보교환 및 교육프로그램 실시를 통한 포상관광
    분야의 전문성 제고

(5) 본부 : 미국 뉴욕시

(6) 기구

① 이사회 : 9~12명(임기 : 3년)

② 임원

• 회장, 부회장 4명(임기 : 1년)

• 수석 부회장(동 기구의 CEO로서 사무국 운영책임자)

③ 위원회 : 집행위원회, 추천위원회

④ 지부 : 17개(미국 외 지역에 설치)

(아르헨티나, 오스트리아, 베네룩스, 브라질, 캐나다, 캐리비안, 프랑스, 독일, 영국/아일랜드, 홍콩,
이탈리아, 멕시코, 싱가포르, 남아프리카공화국, 태국, 튀르키예, 이집트)

(7) 주요활동

연차총회 및 각종 교육프로그램 개최(SITE University 등)

① IT & ME Show(Incentive Travel & Meeting Executives Show) 등 포상관광 전문 전시회
    후원

② 회원 간 정보 및 경험교환을 통한 자문 및 협력지원활동

③ CITE(Certified Incentive Travel Executive) 프로그램 운영

- SITE회원 중에서 포상관광분야의 전문경력을 가진 자로서 주제보고서를 제출하고 소정의 필기시험에 합격한 자에게 전문가 자격증을 수여함

(8) 회원

① 자격 : 포상관광분야에 종사하는 자(개인 자격)

② 부문

- 숙박업(호텔, 리조트)
- 마케팅자문회사, 홍보대행사
- 기업(기업, 협회)
- 유람선업체
- 여행사
- 포상관광 전문업체(인센티브 하우스, 인센티브 마케팅업체)
- 공공관광기구(NTO, 컨벤션뷰로, 컨벤션센터)
- 관련업체(관광시설, 주제공원, 레스토랑, 기타)
- 관광매체
- 운송업체(항공사, 전세버스업체, 철도회사, 렌터카회사)

③ 회원수 : 68개국 2,237명

④ 연회비 : US$350(최초 회원가입 시의 신규회원 가입비 US$50 및 SITE기금 US$25는 별도임)

(9) 한국관광공사와의 관계

① 1985년 공사 뉴욕지사장이 최초로 회원가입

② 1988년부터 연차총회에 지속 참가

(10) SITE University

① SITE가 매년 주관하는 포상관광분야의 전문 교육프로그램으로서 동 분야의 권위 있는 강사를 초빙하여 다양한 교과과정을 준비·실시함으로써 포상관광의 새로운 방향을 제시하고 전문지식을 제공하고 있음

② 포상관광 전문가나 초보자 누구라도 참가하여 수준에 맞는 과목을 선택하여 수강할 수 있으며, 또한 각종 주제파티의 실제를 경험해 보는 기회를 가질 수 있음

8. 회의기획자협회(MPI) 개요

(1) 기구명 : Meeting Planners International(MPI)

(2) 사무국

1950 Stemmons Freeway, Suite 5018, Informat, Dallas

Texas 75207-3109, U.S.A.

Tel : (214) 746-5222

Fax : (214) 746-5248

(3) 설립연도 : 1972년(순수 민간단체)

(4) 설립목적

① 국제회의업무 종사자 간의 유대 강화
② 국제회의 전문교육 프로그램 개발 및 시행
③ 국제회의 관련 정보교환 및 기술, 서비스 제공

(5) 기구운영 : 회원 중에서 선출된 이사들로 구성된 이사회에서 주관하며, 30여 명의 주요 운영위원이 각종 행사 및 단체운영을 맡아서 함

(6) 주요활동

① 국제회의 전문가 양성을 위한 교육 실시
② 회원에 대한 회의자문 및 기술지원

(7) 간행물

① The Meeting Planner

② Membership Directory

③ MPI Buyers Guide

(8) 회원

① 80개국 24,000여 명의 회원 보유

② 회원구성

- 정부기구, 대학 및 각급 교육기관
- 국제회의 관련기구
- 국제회의 관련 서비스 제공업체
- 회원의 성격에 따라 기획그룹, 용역그룹, 학생그룹으로 구분

사례 | **서울, 아시아 첫 MPI 한국지부 설립**

■ MPI와 양해각서 체결… 마케팅 강화 전망

　　서울시와 서울관광마케팅(주)은 2008년 11월 컨벤션서비스 수준의 국제인지도 제고와 CMP(Certified Meeting Professional) 자격취득 지원, MPI(Meeting Professionals International) 교육프로그램 도입을 통한 글로벌 인재양성 및 장기적 교육체계 확립을 위해 아시아 최초로 MPI 한국지부를 설립했다. MPI는 미국 댈러스에 본부를 두고 1973년 설립됐으며 전 세계 80개국, 약 2만 4천여 명의 회원을 보유한 미팅 플래너를 위한 대표적인 컨벤션산업 관련 국제기구. 최근 북미 위주의 회원분포를 극복하고 유럽 및 남미 등지로 활동의 범위를 넓히고 있으며 북미지역 컨벤션산업 관련 조직위원회인 CIC(Convention Industry Council) 산하로 활동하면서 CMP 자격시험의 에이전트 기능도 아울러 수행하고 있다. 현재 아시아 지역에는 최초의 챕터인 한국지부(50명 이상)와 클럽(20명 이상)의 형태로 일본이 있다. MPI Asian Partnership을 맺게 되면 MPI의 아시아태평양 지역의 공식 파트너로서 이후 2년간 다양한 홍보활동을 지원받게 된다. MPI 홈페이지 및 MPI 주요 홍보물을 통한 회사 소개, 회사로고 노출, 월간 MPI Magazine 및 주간 뉴스레터 내 아시아 파트너로서 Editorial 게재 등의 기회가 주어질 뿐 아니라 10월 싱가포르에서 개최 AMEC(Asian Meetings and Events Conference) 오프닝세션에서 아시아 파트너로서

소개되는 등 MPI의 파트너로서 효과적이고 전략적인 홍보활동을 추진하게 된다.

이를 위해 서울관광마케팅(주)(대표 구삼열)과 MPI 아시아(지부장 Mr. Michael Tay)는 지난 16일 오후 4시 서울관광마케팅(주) 회의실에서 Asian Partnership 양해각서를 체결했다.

최근 발표된 국제협회연합의 통계에 따르면 서울은 지난 2007년 121건의 컨벤션을 개최해 세계 9위, 아시아 3위의 개최실적을 기록하였으며 2010년까지 세계 5위를 목표로 삼고 있다.

한편, 서울시는 서울의 컨벤션도시 경쟁력강화를 위해 서울시 관광마케팅 전담기구인 서울관광마케팅(주) 내에 컨벤션뷰로 본부를 설치해 컨벤션 유치·개최활성화, 해외마케팅 강화, 전문 인력양성을 위해 노력하고 있다.

[서울, 아시아 첫 MPI 한국지부 설립, lkyoo68, 2009.1.23,
http://blog.naver.com/kyoo68/130041286970]

Meetings, incentive travel, conferences and exhibitions with WTS Travel

[발표와 토론할 주제]

3-1. 인센티브 투어가 어떻게 발달되었는지 설명하시오.

3-2. 인센티브 투어는 어떤 효과가 있는지 토론하시오.

3-3. 인센티브 투어 회사의 여러 종류에 대해 각각 사례를 찾아 발표하시오.

3-4. 순수포상여행과 판매포상여행은 어떻게 다른지, 사례를 찾아 발표·토론하시오.

3-5. 시찰초대여행은 어떤 이점과 단점이 있는지 토론하시오.

3-6. 인센티브 투어 기획자는 어떤 일을 하고 있는지 설명하시오

3-7. SITE를 조사하고 최근 어떤 역할을 하는지 발표하시오.

3-8. 인센티브 투어(특정 회사의 국내 투어, 또는 외국회사의 국내 인센티브 투어)를 설정하고 프로그램을 기획해 보시오.

3-9. MPI를 조사하고 최근 어떤 일을 하였는지 발표하시오.

컨벤션산업

Chapter

컨벤션산업

1. 컨벤션의 정의

웹스터 사전에 의하면 컨벤션(convention)은 공통의 목적을 위해 만나는 사람들의 집회라고 되어 있다. 컨벤션과 국제회의에 대한 정의가 그동안 국내외를 막론하고 정확한 구분 없이 혼용된 원인을 처음에는 컨벤션이 국내의 회의를 의미하던 것이 국제 간 교류의 증진으로 국제 간 회의를 포함하게 되었기 때문이다.

컨벤션은 원래 미국에서 집회를 가리키는 언어로 사용되었다. 컨벤션이란 국제회의를 비롯해 각종의 회의 등 사람들이 모여 서로 이야기하는 것, 또는 사람을 중심으로 상품 · 지식 · 정보 등의 교류를 위한 모임, 회합의 장을 갖춘 각종 이벤트, 전시회이다.

유럽에서는 콩그레스, 메세, 미국에서는 컨벤션으로 포괄적으로 표현되고 있다. 미국형 이외에 최근에는 조금 더 넓은 의미로 해석하여, 유럽형 컨벤션(국제회의 및 견본시가 주체) 및 일본형 컨벤션을 포괄한 개념으로 받아들이고 있다.

광의의 컨벤션은 역사적 경위에서 '서구(西歐)형 메세'와 '미국형 컨벤션'으로 구별된다. 서구형 메세는 국제기관에 의한 공식적인 회의 및 견본시를 주류로 한 것임에 반하여, 미국형 컨벤션은 기업이나 단체의 대회나 집회, 미팅을 주류로 한 것이다. 그리고 각각 서구형 메세에 콘퍼런스가 덧붙여지고, 미국형에는 교역전과 같은 견본시가 덧붙여져서, 양자는 차츰 통합한 광의의 컨벤션 형태로 닮게 되었다.

컨벤션이 그 발생으로부터 '물건, 정보를 중심으로 사람이 모여서 교류하는 장소'인 것에는 변함이 없으나, 최근의 미국식으로 해석하면 광의의 컨벤션이 포함하는 것으로는 다음과 같은 요소를 들 수 있다. 즉 ① 콩그레스, 콘퍼런스 등 학회, 대회 및 회의, ② 세미나와 같은 강습회, 연수회, ③ 견본시, ④ 박람회, 스포츠대회 등의 이벤트, ⑤ 영화시사회, 음악회, 축하회 등의 리셉션 등이다.

이러한 계기를 매개체로 하여 사람과 물건의 만남을 만드는 시스템으로써 컨벤션은 ① 텔레비전 회의 및 뉴미디어에서는 전달할 수 없는 생생한 정보를 직접 체험할 수 있고, ② 사람과 사람의 인간적인 만남이 이루어지고, ③ 집적도가 매우 높은 정보공간에서 한꺼번에 만남으로써 목적에 합치한 정보를 효율적으로 수집할 수 있다는 점에서 정보화시대의 '제3의 미디어'로 규정할 수 있다.

2. 컨벤션에 대한 욕구의 확대

컨벤션의 욕구는 점점 확대되고 또한 다양화하고 있다. 그 가운데서도 최근 나타나고 있는 컨벤션의 동향 중 특징적인 경향을 다음과 같이 유형화할 수 있다.

첫째는, 기업의 영업전략에 관련된 집회, 회의 및 이벤트이다. 예를 들면 기업활동도 더욱 국제화하고 적극화되는 가운데 국제적인 전략의 전개에 있어서 의사결정 및 의사소통의 회의는 종전보다도 훨씬 필요하게 된다. 또는 CI(Corporate Identity) 즉 기업이념의 통일 및 이해를 위한 사원연수 및 판촉을 위한 사기 앙양을 목표로 한 집회 등의 욕구가 많다.

그리고 앞의 욕구에도 밀접하게 관련이 있지만 보다 구체적인 목적을 지닌, 예를 들면 매뉴얼화한 판매전략의 전파 및 새로운 노하우의 침투를 위한 연수 및 신제품, 상품 지식에 대한 연수가 있다. 또는 QC(Quality Control) 대회도 최근에 점점 대규모화하고 컨벤션의 하나가 되고 있다.

둘째로, 종교대회, 집회의 욕구가 있다. 지금은 종교단체도 프레젠테이션 시대라고 일컬어지고 있는데, 국내에서도 이 분야에 대한 욕구가 착실히 증가하고 있다.

셋째로, 정치집회의 욕구가 있다. 특히 미국에서는 대소를 불문하고 전당대회가 카니발과 같이 화려한 이벤트가 되고 있는데, 젊은이의 정치에 대한 무관심이 현저한 가운데 이러한 정치집회에서의 어필 및 프레젠테이션이 종래 이상으로 필요하게 될 것이다.

넷째로, 가속화하는 첨단기술의 진보는 여러 가지 형태의 이벤트에 대한 욕구를 창출하고 있다. 이것은 첫 번째의 기업전략과 밀접한 관계가 있고 다방면에 걸쳐 있다. 예를 들면 상품의 라이프사이클이 단기화하고, 신제품이 속출하면 판매자와 구매자 간에는 하나의 광고 카피나 한 장의 카탈로그로는 도저히 전달할 수 없는 상품정보의 교환이 필요하게 된다. 그리고 그것은 더욱 전문화하는 기술에의 개별 대응과 전체를 파악하는 욕구로 연결된다.

이는 미국에서 매년 개최되는 NCC(National Computer Conference)가 세계 각국으로부터 사람을 불러 모으는 이 업계 최대의 이벤트라는 것, 일본에서도 매년 화려하게 일반인 입장객을 증대시키고 있는 일렉트로닉스 쇼 및 데이터 쇼 등 하이테크 관련쇼가 회의장이 부족할 만큼 성황이라는 데서 명확하게 알 수 있다. 또 뉴미디어 심포지엄, 인공지능 비즈니스 세미나 등이 초만원이라는 것도 그 증거일 것이다.

그 밖에 미국에서는 '스포츠 & 컨벤션'이라는 새로운 상품도 발견할 수 있다. 이것은 최근에 특히 건강 관리에 대한 관심이 높아짐에 따라 그 시장성을 예상한 것이다.

한편, 기업이 포상으로써 주최하는 포상여행에 컨벤션을 기획하는 경우가 있다. 이것은 인센티브 투어로서 미국 컨벤션 시장의 커다란 기둥을 형성하고 있고 우리

나라에서도 사원 여행이 형식을 바꿔서 관광지에 새로운 컨벤션 욕구로 대두할
가능성을 암시하고 있다고 말할 수 있다.

▶ 세계 주요 컨벤션시설 현황

국가	명칭	소재지	수용능력 (대회의장 기준)	설립 연도
홍콩	Convention & Exhibition Center	홍콩	2,600명(이동식)	1989
일본	Pacirico Yokohama	요코하마	5,000명(고정식)	1993
싱가포르	International Convention Exhibition Center	싱가포르	12,000명 (이동식)	1995
말레이시아	Putra World Trade Center	쿠알라룸푸르	3,500명(이동식, 고정식 겸용)	1985
	Kuala Lumpur Convention Center	쿠알라룸푸르	3,000명(이동식, 고정식 겸용)	2005
태국	Queen Sirikit	방콕	5,700명(이동식)	1991
대만	국제컨벤션센터	타이페이	3,100명(고정식)	1990
독일	International Congress Center	베를린	5,000명(고정식)	1979
프랑스	아크로폴리스컨벤션센터	니스	2,500명	1985
필리핀	Philippine International Convention Center(PICC)	마닐라	4,000명	1976
미국	라스베이거스 컨벤션센터	네바다주	8,000명	1959
	Jacob K. Javits 컨벤션센터	뉴욕	3,600명	1986
	McCormic Place Complex	시카고	3,000명	1960

3. 관광도시로서 컨벤션 유치의 의의

컨벤션에 대한 욕구가 다양화함에 따라 각 도시는 그것에 상응하는 여러 형태
및 기능 그리고 연출이 필요하게 된다. 예를 들면 첨단기술의 대규모적인 쇼 및
단기간에 효율적인 개최, 도시주민의 참가 및 견학하는 세미나와 이벤트 등의 개최
지에는 무엇보다도 편리성과 배후의 대규모적인 시장이 요구될 것이다. 이러한
경우는 비즈니스의 장소로부터 거리 및 소요시간, 교통편, 통신수단 등이 가장 중
요한 요소가 되는 것은 말할 필요도 없다. 따라서 이러한 목적 및 욕구를 충족시키
는 수용시설로서는 어느 정도 인구가 밀집된 도시가 적합하다. 또 기업전략을 위한

회의 및 이벤트에는 각 영업망의 거점이 되는 지역 중핵도시 예를 들면 부산, 대구, 광주, 경주, 충주, 제주 등이 그 목적에 합치한 도시가 될 것이다. 그러한 욕구 이외에 컨벤션에는 일상적 환경으로부터의 격리, 레저시설, 체류시설, 부대 오락시설 등이 요소가 된다. 이 경우에 주목되는 것이 관광도시이다.

관광지에서 컨벤션을 개최하는 이점은 무엇보다도 일상성으로부터 떨어진 리조트性에 있다. 관광도시의 환경이 기분전환 및 인간적인 만남에 유효하게 작용하는 것과 동시에 회의 종료 후 부수적인 욕구를 만족시켜야 하기 때문이다.

한편, 사람들의 관광 욕구는 이미 단순한 견학이나 구경으로는 충족되지 않게 되었다. 대부분의 관광지가 계절적이고 목적지향적으로 대응하고 있지만, 시장은 변화하고 있다. 예를 들면 예전과 같은 사원여행이라도 최근에는 사내연수 및 QC 대회를 겸한 욕구가 증대하고 있는 점을 주목해야 할 것이다. 또는 미국의 경우 스포츠 및 건강을 겸한 컨벤션이 유망한 시장으로 부상하였고 이에 부응하는 도시 관광 욕구가 한층 증대할 것이다.

이 경우 유치 효과로서 기대되는 것은 관광산업의 활성화이다. 사실 컨벤션 종료 후 여행으로서 관광은 각 관광지의 특성 및 풍요로움을 충분히 소구하는 것으로 컨벤션의 수만큼 단체관광객을 예상할 수 있다. 더욱이 컨벤션은 사전에 스케줄이 예정되므로 장기적인 예상 고객을 예측할 수 있어 호텔을 비롯하여 일정한 수요확보가 가능하다.

학회와 같은 모임은 동일도시에서 매년 1회 개최되는 등 반복성이 있다. 그리고 미국 콜로라도州의 아스펜과 같이 여름은 대음악제, 겨울은 스키 등 독특한 상품을 내걸고 매년 세계 각국으로부터 사람을 모으는 국제리조트로의 변신을 꾀하는 도시도 있다.

컨벤션 관광도시라는 목적을 지닌 도시 정비는 결과적으로 도시, 지역경영의 시스템화, 일원화를 실현할 것이다. 예를 들면 칸, 리스, 상파울로, 플로리다 등과 같은 대형 관광지는 컨벤션을 새로운 관광수요발굴의 수단으로 삼고 있다. 홍콩에서는 일반관광객의 평균 체재일 수가 2~3일인 데 반하여 컨벤션의 관광객은 5일이다. 일본에서도 그러한 관광지가 나타나고 있고 하코네(箱根)의 호텔에서는 '컨벤션 호텔'이라는 문구가 이미 1985년도에 등장하였다.

그 밖에 지명도의 향상 및 지역 이미지 향상 등 비가시적인 컨벤션의 파급효과를 들 수 있다. 관광도시에 있어서 컨벤션 유치의 의의는 이같이 매우 크다고 말할 수 있을 것이다.

4. 컨벤션의 지역파급효과

컨벤션이 개최지인 지역 도시에 미치는 효과는 직·간접적으로 다양하고 컨벤션의 성격, 역사, 규모, 지명도, 내방자 수, 도시환경 등 조건에 따라 달라지기 때문에 그 측정과 평가는 매우 어렵지만, 무엇보다도 큰 것은 경제적 효과이다. 컨벤션의 효과는 크게 경제적 측면과 사회문화적 측면, 정치적 측면, 관광적 측면으로 나누어볼 수 있다.

컨벤션의 경제적 효과는 소비 활동을 통한 도시경제에의 효과 이외에도 컨벤션시설 건설에 의한 수용 유발효과도 크다. 그 예로는 대전엑스포에서 볼 수 있던 것과 같이 컨벤션의 개최에는 건축물의 건설뿐만 아니라 교통 기반 정비에 의한 신교통시스템 구축, 공원 조성공사, 가로정비 등 관련 공공투자를 고려하면 투자액은 막대하다. 또 소득 유발효과 및 고용 창출효과, 그리고 고용의 안정효과를 기대할 수 있다. 컨벤션시설 측면에서도 단기적으로는 수익이 되지 않아도 파급효과로 장기적인 수익을 얻을 수 있는 커다란 특색이 있다. 더욱이 대전박람회와 같은 일과성 이벤트와 달리, 컨벤션 도시는 매년 장기간에 걸쳐서 컨벤션에 의한 지역경제효과를 기대할 수 있다. 이러한 점에서 지금까지의 이벤트나 축제와 다른 지역경영수법으로 간주되고 있다.

컨벤션은 한마디로 말하면 "사람이 모이는 모든 것을 총칭한다"고 할 수 있듯이 거기서 발생하는 사람들의 욕구도 한없이 다종다양하고 폭넓은 수요층이 존재한다. 견본시, 전시회를 예로 든다면 회기 전부터의 회의장 운영에서, 회의 중은 사무처리, 외부와의 연결, 의료, 식사, 휴양 등 실로 인간의 생활 24시간에 걸친 욕구가 발생하고 있다.

이것을 만족시키기 위해서 셀 수 없을 만큼의 업종이 관련되는 것은 말할 나위도 없다. 관련 업종으로 말하면 사무국 대행으로부터 목공·간판·인쇄 등의 시행업자, 전기공사, 여행대리점, 음식 공급업, 운수업, 설비토목업, 보완경비, 보험 등이다. 그 밖에 아르바이트 요원도 필수적이다.

그리고 직접관련업종 이외에 컨벤션센터 건설에 의한 일상적인 가동에 관련 사업은 더욱 늘어나 그 규모도 또한 확대하게 된다.

회의 및 집회에서도 상기와 같은 욕구는 발생하지만, 특히 체재형의 회의가 되면 호텔 및 바, 커피숍, 관광레저업, 금융업, 병원, 전신전화, 매스컴업 등도 필수적이다. 이미 해외에서는 공항 영접서비스에서부터 출판 및 각종 서비스에 이르기까지 수많은 업종이 컨벤션을 핵으로 번영하는 도시 및 지역을 볼 수 있다.

물론 컨벤션 지역에 미치는 효과는 이러한 경제적인 것만이 아니다. 컨벤션의 개최는 그 내용 즉 연구, 비즈니스, 첨단기술, 예술 등의 정보축적과 교류로 인해 기술적·문화적 측면의 영향을 지역에 미치고 있다.

그중 하나는 무엇보다도 지역 외의 광역으로부터 사람들이 모인다는 측면이다. 어떤 경우에는 국제적인 교류가 이루어져 새로운 정보가 지역으로 유입된다. 즉 지역이 더욱 개방화되고 이에 따라 도서관 및 예술관이 정비되는 등 지역의 문화자산 정비 및 정보화로 이어지게 된다.

한편, 통역 및 번역업, 환대사업, 자료편집 등의 수요를 통해 교육·교양 수준, 문화 수준이 향상되고 지역에 문화적 산업 및 정보산업이 창출되는 근원이 된다. 기술적인 측면의 효과는 지역사회의 활성화를 초래하거나 주민의 연대감이나 시민의식의 향상으로 이어지게 된다.

◪ 컨벤션 관련 업종

컨벤션서비스	회의장 · 숙박 · 음식	수송	관광	기타
• 콩그레스 오거나이저	• 회의장	• 항공회사	• 관광시설	• 은행
• 통역	• 전시장	• 여행대리점	• 오락시설	• 병원 · 의원
• 번역	• 견본시회의장	• 철도	• 미술관	• 우체국
• 속기	• 여관	• 선박회사	• 박물관	• 전신전화
• 인쇄	• 호텔	• 버스	• 유원지	• 국제전신
• 출판	• 요정	• 택시	• 동물원	• 매스컴
• 복사	• 레스토랑	• 트럭	• 수족관	(신문, 라디오,
• 사진	• 급식산업	• 통관업	• 관광정보센터	TV, 잡지)
• 전시업	• 커피숍	• 창고업	• 플레이 가이드	
• 렌털업	• 바	• 배송업	• 문화시설	
(사무기기, 오디오	• 스포츠센터			
시청각기기)	• 문화홀			
• 그래픽 디자인	• 극장			
• 경비회사				
• 청소회사				
• 전기공사				
• 배관공사				
• 모형제작				
• 광고대리점				
• 예능사				
• DM대행업				
• 문구				
• 기념품				
• 토산품				
• 꽃집				
• 내레이터 모델				

5. 뉴미디어 대응과 욕구의 창출

앞으로 컨벤션 및 이벤트는 급속도로 발전하는 뉴미디어에 대한 대응과 기반시설이 필요 불가결하다. 미국에서는 뉴미디어 장비의 컨벤션호텔이 계속 등장하고 있고 이미 일본에서도 OA전문상사가 OA기기 응용의 컨벤션호텔을 개설하였다. 최근에는 화상통화는 물론 AI 첨단기술로 중무장한 컨벤션시설을 핵으로 컨벤션 도시가 형성되고 있다.

그러나 문제가 없는 것은 아니다. 우선 소프트 측면이다. 선진국에서는 컨벤션의 잠재수요를 환기하는 오거나이저, 즉 소프트를 만들어내는 파워이다. 미국에서는 회의기획자가 여러 관련 사업자를 조직하여 이벤트를 성공시키고 있고 컨벤션의 핵을 기획하는 실력 있는 기획자가 있다. 이러한 점에서 국내에서는 아직 그러한 소프트 담당자가 적은 편이다.

컨벤션은 지역경제의 활성화, 소프트화, 문화의 고양 등을 목적으로 도시경영의 전략산업이 될 정도로 매력적이지만, 그것은 예를 들면 컨벤션센터를 건설하는 하드 측면만으로는 성립할 수 없다. 중요한 것은 내용, 즉 무엇을 기획하고, 어떻게 사람을 불러들이고 성공리에 운영하는가 하는 것이다. 그러한 의미에서 컨벤션을 산업으로 생각할 경우 컨벤션산업은 완전히 수요 창출형의 산업이고 관광도시·지역에 있어서도 이러한 인재 및 기업과 지역이 연계함과 동시에 지역에 있어서 관계자의 육성이 불가결할 것이다.

사례 / **컨벤션 유치의 경제적 파급효과**

■ 광주 김대중컨벤션센터 "경제파급효과 상승"

김대중컨벤션센터에서의 광주디자인비엔날레 개막식 모습

광주 김대중컨벤션센터가 지난해 지역에 미친 경제적 파급효과는 3,400억 원가량이었던 것으로 나타났다.

김대중컨벤션센터는 한국컨벤션전시산업연구원에 의뢰해 조사한 결과 지난해 전시장과 회의실 운영 등으로 3,455억여 원에 이르는 경제적 파급효과를 거둬 2,500억 원으로 자체 조사된 2006년도에 비해 크게 증가한 것으로 나타났다고 22일 밝혔다.

이 같은 액수는 김대중센터에서 개최된 행사 횟수, 참가자 수, 참가 단체 및 참관객의 평균 지출액 등을 바탕으로 산출된 것이며 여기에 직·간접적 생산 효과, 부가가치, 세수, 고용 창출효과 등이 함께 고려됐다.

김대중센터 전시장의 경우 2007년 광주디자인비엔날레를 비롯한 26건의 전시회가 열려 3,339억 원의 경제적 파급효과와 3,798명의 고용창출효과를 유발한 것으로 분석됐다. 또 회의실에서는 세계여성평화포럼 등 11건의 국제회의가 열려 116억 원의 경제적 파급효과와 132명의 고용창출효과를 거둔 것으로 조사됐다. 전시장 가동률 역시 2006년 30.7%에서 지난해 63.2%로 배 이상 높아졌다고 김대중센터는 설명했다. 김대중센터는 특히 지난해 광주시가 문화체육관광부로부터 '국제회의도시'로 추가 지정되면서 국제회의 유치를 전담하는 광주 관광컨벤션뷰로(GCVB)가 발족하고 특급호텔이 착공돼 국제회의 유치가 탄력을 받을 것으로 전망했다. 한편 김대중센터는 국제적인 경쟁력과 인지도를 높이기 위해 광주국제실버박람회를 시작으로 각종 전시회의 국제전시협회(UFI) 인증을 추진, 객관성과 공신력을 확보키로 했다. 김대중센터 관계자는 "광주국제자동차/로봇산업전 등 주관 전시회를 성공적으로 개최하고 전시장 가동률을 점차 높여 적자경영을 흑자경영으로 전환하는 계기로 삼겠다."고 말했다.

[광주 연합뉴스, zheng@yna.co.kr]

컨벤션이 필요한 이유는 우선 정보교환의 욕구에 있다. 사회가 복잡해짐에 따라 각 분야에서 정보교환의 필요성이 높아지고 있다. 경제성장의 결과 여유가 생겨 사람들이 모일 시간이 생겼다는 것, 또한 관리화 사회가 진전하여 각 개인은 소외감을 느끼게 되었다는 점, 그리고 많은 사람이 자기주장을 하기 시작했다는 점 등 이것만으로 자연히 컨벤션은 발생한다. 사람과 사람의 만남은 누구나 추구하는 것이 현대사회이다.

1. 새로운 판매촉진책

컨벤션이 성립하게 된 커다란 이유는 자유주의사회에서 경제활동의 일익을 담당하게 되었다는 점이다. 판매촉진책의 가장 새로운 방법으로서 세일즈 컨벤션이 주목된다. 대리점, 유통업자 등 거래처를 초대하여 제품의 성능 및 판매방법, 콘셉트를 정확히 소구하는 방법이다. 효과를 더욱 높이기 위해 컨벤션에 전시회 및 이벤트가 열리는 경우가 있고 전문트레이드 쇼를 주최하여 부수적으로 세미나 및 콘퍼런스가 행해지는 형태가 많아졌다.

미국의 한 조사에서는 비용 대 효과라는 점에서 컨벤션이 가장 효과적인 판매촉진 방법이라고 한다. 물론 상품에 따라 다르겠지만, 부가가치가 높은, 예를 들면 화장품류나 비타민제 등의 업계가 대표적이다. 즉 기능보다 패션성이 높은 것으로 가치를 인간의 감성에 소구할 필요가 있는 상품이다. 이렇게 높은 부가가치상품을 효과적으로 판매하려면 인간을 통해 제품의 효용 및 가치를 대면하여 상대를 정확히 납득시킬 필요가 있다. 판매원 및 대리점을 모아서 기업이념 및 상거래, 판매기술을 전달하는 장소가 세일즈 컨벤션이다.

2. 지역 활성화 수단

미국에서 원래 컨벤션 유치의 목적은 리조트 지역의 비수기 대책이었다. 호텔 및 관광시설을 연중으로 가동해 음식 및 토산품의 매상을 올리려는 목적으로 컨벤션을 개최하기 시작한 것이다.

영화 '알라모의 요새'의 무대였던 텍사스州의 샌안토니오는 컨벤션 시티로 부활한 전형적인 예이다. 원래 농업과 군사기지로 번영했던 옛 도시였는데 시대의 변화와 함께 인구가 과소화하게 되었다. 거기에 대규모의 컨벤션 유치를 꾀하고 회의시설 및 호텔을 만들고 마을 전체를 개조하였다. 인공적인 관광 매력물을 건설하여 지금은 연간 800건 이상의 컨벤션을 유치해 외국 및 여러 지역에서 수많은 사람을 모으고 거리는 활기를 되찾아 부흥하고 있다.

3. 컨벤션의 관광적 요소

컨벤션은 개최지의 선택에 따라 성패가 판가름 나는 경우가 있다. 주최자는 참가자의 편의 및 시설의 상황, 준비·운영상의 문제점 등을 종합적으로 검토해 얼마나 매력 있는 장소를 선택했는지에 고민을 한다. 이러한 점에서 온천지역을 포함한 전국의 수많은 리조트는 컨벤션을 유치하는 데 매력을 지니고 있다. 예를 들면 학술집회 및 우호 단체의 모임 등 매년 개최되는 집회는 동시에 관광을 겸하는 것이 하나의 즐거움이다. 컨벤션의 실제 내용은 관광의 주체가 되고 있다. 국제회의의 실태를 보아도 참가자는 본래의 회의목적이 반이고 레저 및 관광이 반을 차지하게 된다. 이렇게 컨벤션 개최지의 결정에는 다수 참가자의 희망이 크게 작용하게 된다.

컨벤션과 유사하게 포상관광은 관광에 더욱 중점을 두게 된다. 일본에서는 이러한 포상관광을 빈번하게 이용하고 있다. 예를 들어 판매촉진의 수단으로 어떤 기계를 일정 대수 사주면 홍콩에 3박 4일간 초대한다는 초대여행이 있다고 하자. 이 경우 일본 내의 주최기업에는 교제비 과세의 부담이 있고 홍콩여행 그 자체는 1인당 6만 엔 정도이므로 대략 같은 금액의 과세 충당금이 별도로 필요하게 된다. 결국 홍콩여행이 12만 엔(약 120만 원)이 되어버리고 만다. 200명 초대하려고 생각했던 것이 실은 100명밖에 초대할 수 없게 된다.

거기서 주최기업에서는 여행목적을 관광에서 판매촉진으로 하고 컨벤션 투어를 기획한다. 물론 투어는 컨벤션 경비로서 손실로 처리하는 데는 일정 중의 강연회 및 상품의 설명회를 행한다고 하는 가이드 라인이 설정된다. 그러나 아침부터 밤까지 회의실에 앉아 있는 것은 아니므로 목적과 겸해서 식사 및 반일관광 등으로 즐거운 요소를 가미하는 것이 현실이다.

국내건 국외건 이것을 수용자 측에서 보면 주최자, 참가자의 욕구를 잘 파악하고 관광요소와 컨벤션 요소를 적절히 짜맞춘 것으로 매력적인 컨벤션 시티 구축이 가능하게 된다.

4. 경제적 파급효과

관광산업의 중핵을 이루는 숙박·음식점업에 있어서 컨벤션이 주는 영향력은 매우 크다. 리조트지구 및 도시호텔에서도 일반 관광객이 소비하는 금액은 1박 2식 상당의 금액이 평균이다. 리조트에서는 그 밖에 일부 연회 및 기념품의 소비가 있는 반면에 도시호텔에서는 석식을 호텔 밖에서 해결하는 경우가 많다.

이에 대해 컨벤션은 반드시 주최자가 있고 개최를 위한 소요지출이 처음부터 계산되어 있다. 회의장을 빌리면 부수하는 장치, 간판류, AV기기의 임차, 연출을 위한 서비스로부터 화환에 이르기까지 호텔이 벌어들일 수 있는 비즈니스의 범위는 매우 넓어진다. 그리고 일반관광객이 보통은 호텔에서 먹지 않는 점심 식사도 주최자가 전원에게 제공하는 경우가 많다. 오전 1회, 오후 1회의 커피브레이크 비용도 거액에 이른다.

파티도 컨벤션에는 불가결한 요소이다. 3일 정도의 컨벤션을 진행하면 첫날에는 환영 리셉션을 열고 최종일에는 연회가 열린다. 여기에는 숙박객만이 아니고 외부의 관계자도 상당수 참가하여 소비확대에 공헌한다.

회의 중에도 임원회, 위원회, 주최자 측의 의논 및 간담회 등의 연회가 빈번히 개최된다. 컨벤션 참가자의 기념품, 토산품의 조달도 종종 호텔을 통해 이루어진다.

VIP의 대우도 컨벤션 특징의 하나이다. 회장, 임원, 내빈, 연사 등에 대해 주최자가 특별실을 수배하고 실내에는 바를 설치해 생화를 꽂고 과일을 배달한다. 특별기념품을 증정하는 것은 극히 예의상의 일로 VIP초청 연회도 반드시 개최된다. 이러한 것들은 호텔의 매상에 크게 공헌한다.

컨벤션이 미치는 경제적 효과의 측정 및 평가는 그것을 받아들이는 지역 전체를 생각해야 한다. 그것은 대형 컨벤션의 예에서 보듯이 숙박이 몇 개의 호텔로 나누어지고 회의 및 파티만을 특정의 호텔에 집중하면 호텔의 수익에 차이가 나거나 이해관계가 상이한 경우가 있기 때문이다. 그리고 호텔 이외에서 진행되는 행사도 많고 프로그램에 짜여진 유람여행, 관광지, 관련 공장 시찰, 배우자 프로그램 등 주최자의 부담 이외에 참가자가 자비로 행하는 선택관광(optional tour)도 무시할 수 없다. 그 밖에 임의의 음식, 쇼핑 등에 소비하는 금액은 관광의 소비액을 크게 상회한다. 샌안토니오의 어느 조사에 의하면 관광객 1인당 소비액에 대해 컨벤션 참가자는 소비액이 38% 높다고 한다.

▶ 컨벤션의 경제적 파급효과

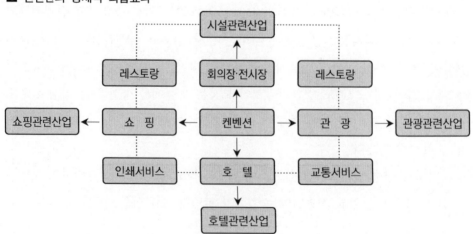

5. 비수기 대책

　지역 단위에서 본 경우 리조트나 도시도 컨벤션을 유치하는 가치는 충분히 있다. 그와 더불어 유치대책 면에서도 특정 소수의 주최자, 유력자에 직접 접근하는 것도 효과적이다. 일정 및 시기도 주최자에 의해 결정되는 것은 유치방법 여하에 따라 어느 정도 시즌조정이 가능한 것도 사실이다.

　비수기 대책을 관광의 측면에서 고려한다면 수송기관과 연계해서 특별할인을 하는 경우가 있다. 도시 및 관광지에 컨벤션을 유치하는 것은 강제적으로 사람을 불러들이는 최고의 방법이다. 예를 들어 북부지방은 겨울축제 시기를 제외하고 춥기 때문에 일반관광객은 가려고 하지 않을 것이다. 그것이 컨벤션이 있다고 하면 의무적으로 참가하게 된다. 그것도 때로는 배우자 동행으로 참가하므로 2배의 인원수가 참가할 가능성이 생긴다.

6. 정보교환의 장소

　미국 라스베이거스는 원래 카지노로 관광객을 유치하고 있었다. 그것만으로도 일정 인원이 몰려들었는데, 그 후 컨벤션센터와 전시홀의 시설을 충실하게 갖추게 되었다. 전문시설 이외에도 각 호텔은 카지노뿐만 아니라 연회실 및 컨벤션홀이 있다. 세계 제일의 컴퓨터 쇼 COMDEX가 매년 개최되고 있고, 각종의 컨벤션이 연간에 걸쳐 이루어지고 있다. 당연히 컨벤션 참가자는 카지노를 이용한다.

　뉴욕에서도 정체하기 시작한 도시로부터 탈피를 꾀하고 활성화를 위해 사람을 불러들이기 위해 필사적으로 노력하고 있다. 지금은 도시의 규모가 인구가 아니고 정보량으로 측정되고 있다는 시대이다. 컨벤션이 가져오는 정보량은 막대하고 거기서 커다란 매력이 파생하기 때문에 도시 재개발의 수단으로서 컨벤션을 유치하고 있다.

　컨벤션 추진의 목적에 지역의 이미지 향상과 정보 이입, 문화진흥, 국제 교류 촉진이 있다. 이것들은 지역의 관광 추진에 매우 유용한 것이다. 사실상 학술회의 등이 열리면 우선 그 지역의 이미지 향상으로 이어지고 방문객이 증가한다. 국제적인 컨벤션의 경우에는 외국에도 지명이 알려진다는 눈에 보이지 않는 이점이 있다. 국제회의의 참가를 계기로 지역의 유력자와 안면이 있게 되고 그 토지에 공장을 진출시키는 예도 있다. 컨벤션에 의해 정보교환이 이루어지고 인적 교류도 진전하면 협동 연구를 통해 상품개발 및 기술개발을 이룩할 수 있다. 그렇게 되면 지역주민에게 커다란 자극이 되고 인재육성도 가능하다.

컨벤션은 몇백 명, 몇천 명의 사람이 한꺼번에 모이고 일정의 테마(주제) 및 목적하에 정보를 교환하는 장소인 것이다.

7. 도시 재개발 수단

컨벤션센터가 예전에 도시번영의 중심지였던 곳에 새롭게 단장해 출현하여 그 센터를 핵으로 교통기관 및 주차장이 정비되고 호텔과 레스토랑이 새롭게 출현하게 된다. 폐허로부터 재건이다. 이렇게 뉴욕, 시카고, 샌프란시스코, 애틀랜타, 파리, 빈, 베를린 그리고 기타 고도(古都)가 근대적인 기능과 설비를 갖춘 도시의 명소, 명물로서 컨벤션센터에 막대한 경비를 들여 건설하게 되었다. 뉴욕 컨벤션센터의 개업에 따라 뉴욕시의 호텔 가동률도 향상되었다.

도시를 재개발하려고 하면 무엇을 어떻게 해야 하는가가 중요한 과제가 된다. 도쿄의 新宿(신주쿠) 부도심, 아크힐즈의 창조가 있고, 도쿄 도청의 이전에 따라 택지 재개발이 일어났다. 도쿄만 위에 새로운 텔레포트의 구상, 무역마찰 해소를 위한 내부수요의 확대책으로서 동경만 해상 위의 수도기능시설구상이 이어졌다. 한국 서울에서는 COEX가 있는 삼성동을 중심으로 그러한 구상이 담대히 펼쳐지게 되었다.

이러한 계획을 수립하는 경우에 재개발의 목표를 구체적으로 표상한 디자인 속에 그 시대의 선구적인 호텔이 출현하게 된다. 호텔이 시대적인 산물이라고 하는 것은 바로 이러한 이유에서이다. 이렇게 건설된 호텔로는 로스앤젤레스 교외의 센추리 프라자호텔이 있고 신주쿠 부도심의 제1호 건물이자 대형 고층호텔의 선구인 京王(게이오) 프라자 호텔이 있다. 그 후 건설된 호텔 센추리 하얏트, 도쿄힐튼 · 인터내셔널 등도 모두 부도심을 형성하고 있는 도시의 플라자로서 훌륭하게 기능하고 있다.

미국은 도시 재개발의 경우에 언제나 호텔이 그 선구적인 역할을 담당해 왔다. 호텔의 역할은 인간 생활에 직결해 있고 무엇보다도 우선 생활=호텔이라는 도식을 전제로 한다. 즉 여러 가지 인간 활동의 장소이고 사람들이 공통의 목적을 달성할 수 있는 장소, 도시인들이 바라는 욕망을 형성하는 것이 바로 호텔이다. 1일 24시간 가운데 약 6시간에서 8시간은 안전한 장소에서 조용하게 수면하고 편히 먹고 마실 수 있는 장소가 바로 호텔인 것이다.

SpringHill Suites at Anaheim Resort/Convention Center

제3절 ▶ 컨벤션의 수용체제

컨벤션의 수용체제는 국가, 지역, 시설, 수용 단체 및 업자 등 몇 개의 단계로 나눌 수 있는데, 여기서는 국가, 지역, 시설의 수용체제에 대해 보기로 한다.

1. 국가의 수용체제

1) 구미(歐美)의 경우

컨벤션은 개최국에 커다란 경제효과를 초래하고 또한 국가의 이미지 향상에 공헌하므로 거의 모든 국가가 이에 적극적인 자세를 취하고 있다. 선진국에서는 컨벤션을 관광정책의 일환으로 규정하고 도시와 업계에서 공동으로 선전활동을 수행하고 있는데, 구체적인 유치활동 및 수용체제는 주(州) 또는 도시의 기관에서 담당하는 경우가 대부분이다. 개발도상국에서는 선전유치와 수용시설 및 서비스를 정부나 정부기관이 깊이 관여하고 있다.

한편, 비영리조직을 운영하는 경우가 있다. 뉴욕시의 경우 비영리조직인 New York City & Company를 운영하고 있으며, 지역 내의 박물관, 호텔, 식당, 상점, 극장 등 1,300개 이상의 회원을 보유하고 있으며 뉴욕시의 적극적인 지원을 받고 있다.

2) 일본의 경우

일본에서는 경제효과보다도 국제교류나 상호 이해 증진이 강조되고 있고 국가 단위의 활동이 이루어지고 있다.

(1) 정부 지원의 주요한 항목

① 교토(京都)국제회관의 건설

② 국제관광진흥회(JNTO) 컨벤션뷰로에의 보조

③ 국제회의 수용경비의 일부 보조

④ 국제회의 수용에 대한 기부금의 면세취급

(2) 국제관광진흥회 컨벤션뷰로의 활동

① 컨벤션 개최지 일본의 선전

② 주최자, 수용단체에의 컨설팅, 자료제공

(3) 관련단체, 기업의 연계에 의한 활동

JNTO 컨벤션뷰로, JAL, 지역컨벤션 추진단체, 호텔, 여행에이전트 등이 각각의 입장을 초월해 공동으로 컨벤션 개최지 '일본'의 수용체제 및 매력을 선전하고 있다.

(4) 일본 컨벤션 추진협의회

지역단위의 공적 컨벤션 추진기관과 JNTO 컨벤션뷰로가 설립한 단체로 1985년에 발족한 기관이다. 지역의 컨벤션 추진에 공통적인 문제 및 수용체제를 협의 검토해서 공동으로 유치 활동을 전개하고 있다.

2. 지역의 수용체제

컨벤션의 영향 및 효과는 광범위하지만, 그 가운데 개최지에서 가장 크게 효과가 나타나게 된다. 따라서 수용체제에 대해서도 개최지의 그것이 가장 중요한 역할을 하는 것은 당연하다. 타국의 예를 보아도 가장 충실한 것이 지역의 수용체제이며 그 중심이 되는 조직이 컨벤션뷰로(Convention and Visitors Bureau)이고, 중핵이 되는 시설이 컨벤션센터로 불리는 종합회의·전시시설이다.

1) 구미(歐美)의 컨벤션뷰로

(1) 형태

지역의 컨벤션뷰로는 일개 도시(시) 단위로 이루어진 것과, 주변 지역을 포함한

'대도시권' 단위의 것, 독립된 조직인 것과 상공회의소의 일부 국(局)인 것이 있다. 업무 범위는 컨벤션과 일반 관광객 쌍방에 걸쳐 있는 것이 대부분이다. 단지 내부의 담당 부서는 명확히 구분되어 있다.

(2) 조직

지역 내에 거주하거나 사업을 행하는 개인이나 법인을 회원으로 한 비영리단체이다.

(3) 자금

자치단체로부터의 조성금(도시의 숙박세로 충당하는 것이 일반적이나, 더불어 써나 郡으로부터 보조금을 받는 예도 많다), 회비, 사업수익으로 구성된다.

(4) 활동

① **홍보활동** : 컨벤션도시로서의 일반홍보, 정부기관에 대한 PR · 로비, 시민의 이해를 구하기 위한 홍보, 보도 관계자의 취재 여행의 기획과 수용, 회원 서비스용 회보 및 뉴스레터의 발행과 정보제공, 유치 및 선전자료의 제작 등이다.

② **마케팅 · 프로모션활동** : 시장조사 · 정보수집, 광고 · 다이렉트 메일의 실시, 교역전에의 참가, 협회 · 국제기업의 직접방문, 개최지 결정에 관여하는 주최자 간부의 시찰여행의 기획 및 수용, 프레젠테이션의 실시, 참가자의 권유, 새로운 컨벤션의 기획 및 개발, 컨벤션 투어의 기획 및 개발, 인센티브여행의 기획 및 개발 등이다.

③ **서비스 활동** : 호텔의 사전확보 및 예약, 등록업무, 강연자 · 관련기관 · 기업의 알선소개, 일반 컨설팅, 환영행사의 기획 · 실시, 관광 안내데스크의 운영 등이다. 이 가운데 주최 측이 관심을 갖는 것은 컨벤션의 준비와 개최 시에 받을 수 있는 서비스이다. 이에 뷰로 측은 일반적인 컨설팅과 더불어 무료로 어떤 서비스를 제공하고 있는가를 강조해서 선전하고 있다.

라스베이거스 컨벤션 당국에서 제공하는 서비스의 예를 보면 다음과 같다.

첫째, 등록요원, 타자 수, 참가자 배지는 참가자 수에 해당하는 수량을 제공한다.

둘째, 호텔의 할당 및 예약 서비스를 제공한다.

셋째, 4,200대의 주차시설이 있다.

넷째, 전시물의 옥외보관도 가능하다.

(5) 뷰로와 관련기관 및 기업과의 관계

① **지역 업계와의 관계** : 관련 기업은 직접 수익자이므로 모두가 회원으로 가입되어 있다. 연회비를 지급하고 그 대가로서 정보입수, 선전자료에서의 소개, 고객에의 소개 등 기본적 서비스를 받는다. 광고 및 특별사업에는 별도로 경비를 부담해 참가하고 있다.

② **시설 관리 주체와의 관계** : 호텔은 물론 회원이며 대표적 대형 종합센터가 있는 경우는 단순한 회원이 아니라 뷰로가 그 시설의 공식적 세일즈 에이전트로서 판매 및 예약업무의 일부(예를 들면, 18개월 이전의 판매예약)를 맡는 예가 적지 않다. 이에 대해 시설관리자로부터 일정 비율(일정액)의 수수료가 지급되고 있다.

③ **자치단체와의 관계** : 자치단체는 뷰로에 대해 대폭적인 자금 원조를 행하고 있다. 대부분의 경우 호텔 숙박세에서 일정액 또는 일정률을 산출하여 교부한다. 이에 더불어 市나 郡으로부터도 약간의 원조를 받기도 한다. 한편, 자치단체로부터 뷰로의 회장 및 부회장으로 인원을 파견하여 전체의 기획 운영에 중심적으로 참가하고 있다.

2) 국내 컨벤션뷰로

컨벤션전담기구인 컨벤션뷰로는 1979년 설립된 현 코리아 MICE뷰로인 한국관광공사 국제회의부를 필두로 대구컨벤션뷰로(2003), 서울컨벤션뷰로(2005), 부산 MICE뷰로(2008) 등이 전국적으로 국제회의산업을 진흥하기 위해 설립되었으며, 국제회의산업을 전담하는 조직이 점차 증가하여 현재 13개의 컨벤션뷰로가 설립되어 있다.

(1) 도시 및 외부와의 창구

컨벤션의 유치 및 수용은 국가나 도시를 판매한다고 하는 것과 같이 그 개최에는 많은 관공서를 비롯해 각종 단체나 기업이 관계하게 된다. 주최 측은 이러한 관계부서와 절충하면서 컨벤션을 효율적으로 운영, 본래의 목적을 달성해야 한다. 주최자, 특히 국제적 컨벤션의 주최자는 개최지 밖에서 처음으로 그 지역에 오는 경우가 많다.

따라서 준비 및 개최에 필요하고 적당한 절충처를 찾아내기 위해 매우 애쓰고 있다.

▣ 컨벤션뷰로와 컨벤션시설 및 주최자와의 관계

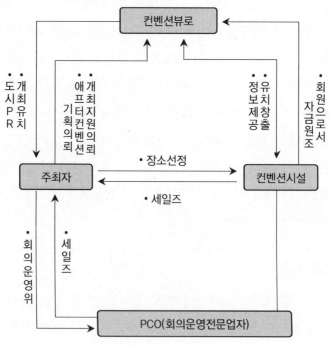

개최지의 법적 수속 등에 대해 전혀 알 수 없는 경우도 있는데, 컨벤션도시를 목표로 추진하는 경우에는 주최자를 위한 접촉의 창구, 종합적 정보제공의 창구를 설치할 필요가 있다.

그리고 컨벤션도시의 세일즈에는 시설, 서비스체제, 도시의 매력 등을 종합적으로 내외 컨벤션 관계자에게 선전할 필요가 있으며 그 경우에도 종합적 창구기관이 필요하게 된다.

(2) 기본적 서비스의 제공과 노하우

연중행사와 같은 컨벤션에는 반드시 주최자가 있다. 따라서 개최의 노하우도 매년 축적되기 때문에 컨벤션뷰로를 필요로 하는 분야는 점차 좁아지게 되지만, 수년에 한번 국내에서 개최되는 국제회의의 경우는 사정이 다르다.

국제회의 및 이를 중심으로 하는 컨벤션의 개최에는 일반적으로 주최자 이외에 국내에서 수용주최가 되는 단체가 있다. 수용단체는 주최자인 국제단체의 한국지부나 국제연합단체, 국제단체의 한국 멤버와 관계자로 임시로 조직하는 수용위원회 등인데, 이러한 수용단체의 중심이 되는 사람들은 회의내용에 대한 전문가임에는 틀림이 없지만, 컨벤션 개최에 대해서는 초보자인 경우가 많다.

따라서 많은 국제회의는 새로운 담당자가 항상 처음부터 시작해서 개최하게 된다. 당사자 측에서 보면 전문업무를 담당해야 하고 또한 관련기관 및 업자와 절충하는 번잡함 및 자금모금의 어려움, 그리고 해외와의 연락 등을 고려하면 국제회의의 국내개최는 힘들고도 어려워, 의무로 해야 하는 것들이 있다. 수용주최가 되는 사람들의 이러한 어려움은 국내에서 국제회의 개최를 줄이는 원인이 되고 있다.

회의의 다양화·전문화가 진전하여 그 내용에 대해서는 각각 그 방면의 전문가가 담당하지만, 어느 컨벤션이나 공통적인 주변 사항에 대해서는 수용도시에서 지원할 필요가 있다. 지원서비스 활동에는 당연히 그 나름대로의 노하우가 필요하고 그렇게 하기 위해서는 경험·지식을 축적할 수 있는 연속성 있는 조직이 결국 필요하게 된다. 이러한 조직, 즉 컨벤션뷰로가 성장하면 수용 주체가 되어야 할 사람이 소극적이거나 전혀 없는 경우에도 뷰로가 중심이 되어 유치 및 수용하는 것이 가능해질 것이다.

3) 지역 컨벤션뷰로의 기능

지방화 시대에서 지역 컨벤션뷰로는 적어도 선전 및 유치, 수용 및 서비스, 기획 및 창조 등의 3가지 기능을 가져야 한다.

(1) 선전 및 유치

선전 및 유치 활동은 거의 외국의 예를 참고할 수 있는데, 우리나라의 경우 특히 중요한 것은 수용 주체가 되는 국내기업이나 단체에 대한 접근방식이다. 이러한 기업이나 단체의 관계자는 컨벤션의 전문가가 아닌 경우가 많고 국제회의의 개최는 가능하면 피하고 싶다고 생각하는 것이 보통이다. 뷰로로서 서비스 내용 및 체제를 확립한 위에 어떻게 국내 관계자를 설득할 것인가가 유치 측면에서 뷰로의 커다란 임무가 될 것이다.

(2) 수용 및 서비스

수용 및 서비스에 대해서도 외국을 참고하면 된다. 특히 컨벤션주최자에 대한 기본적 서비스의 제공은 국내단체를 움직인다는 관점 및 국제적 경쟁이라는 관점에서도 중요하다. 현재 중요한 것으로는 컨벤션도시 이외에 종합창구로서의 기능이다. 컨벤션은 도시 전체를 판매하는 것이고, 한편 컨벤션은 지역 외로부터 다수의 사람이 모이는 것을 전제로 하므로 그 접점이 되는 창구가 아무래도 필요하게 된다. 특히 수직적 형태인 행정기구 및 업계조직이 이미 존재하고 있는 우리나라에서는 후발산업인 컨벤션을 추진하는 데 있어 일원화된 창구로서의 기능을 지역의 뷰로가 가져야 할 것이다.

(3) 기획 및 창조

컨벤션도시 만드는 것을 목적으로 하는 경우에 타 도시나 타국과 경쟁하면서 유치하는 것은 물론이지만, 더욱 중요한 것은 새로운 컨벤션의 기획·창조이다. 이것은 문화·정보의 '수신'만이 아니고 '발신'이 중요하다는 것과 일치한다. 현재 컨벤션도시로서 성공을 거두고 있는 구미의 도시에서도 그 지역에서 정기적으로 개최되는 컨벤션은 시설관리자, 상공회의소, 전문업자 등이 유치해서 성공하고 확대해 온 경우가 많다.

우리나라에서는 문화, 산업, 학술 등 광범위하게 컨벤션의 핵이 되는 소재는 많다고 볼 수 있다. 뷰로는 단독으로 컨벤션을 기획·창조할 수 없을지라도 상공회의소, 각종 단체나 협회, 신문사, TV 방송국 등의 매스컴을 움직이는 새로운 컨벤션을 출발시키는 기폭제가 되어야 할 것이다.

▶ 컨벤션 관련 국제기구

기구명	설립 연도	본부 소재지	성격
• 아시아 국제회의협회 (AACVB) : Asian Association of Convention and Visitor Bureaus	1983	마카오	국제회의 중심지로서의 아시아를 부각하기 위한 아시아지역 컨벤션 전문기관 및 관련 업체의 협력체제를 통한 지역협력기구
• 국제회의컨벤션협회(ICCA) : International Congress and Convention Association	1964	네덜란드 암스테르담	컨벤션산업의 발상지인 유럽 중심의 범세계적 기구로 컨벤션과 관련 각 분야의 균형적 발전을 통한 컨벤션산업의 성장도모
• 국제협회연합(UIA) : Union of International Associations	1910	벨기에 브뤼셀	유럽 중심의 각종 국제기구, 협회, 단체의 연맹으로서 컨벤션 정보수집기능, 각종 정보자료를 수록한 연감 등 책자발간을 주요 사업으로 하고 있는 학술연구 협력단체
• 세계국제회의협회(IACVB) : Int'l Association of Convention and Visitor Bureaus	1914	미국 샴페인	미국의 주요 도시를 중심으로 한 국제적 컨벤션 협력기구로 관련업체 및 단체에 대한 실질적 도움 제공
• 국제PCO협회(IAPCO) : Int'l Assn. of Professional Congress Organizers	1968	벨기에 브뤼셀	PCO 공동문제 연구검토 국제회의 조직, 행정에 있어서 전문성 획득유지
• 국제회의번역가협회(AITC) : Int'l Assn. of Conference Translators	1962	스위스 제네바	국제회의 분야의 번역가, 작가, 편집자 등의 관행에 관한 문제들 연구

기구명	설립 연도	본부 소재지	성격
• 국제통역사협회(AIIC) : Int'l Assn. of Conference Interpreters	1953	스위스 제네바	회원의 언어사용 수준 평가 및 고도의 윤리수준 유지, 통역사의 권익 보호
• 국제번역사연맹(FIT) : Int'l Federation of Translators	1953	벨기에	번역사 그룹의 인권 옹호, 국제적 번역사 대변
• 유럽 컨벤션도시연합(EFCT) : European Federation of Conference Towns	1964	벨기에 브뤼셀	컨벤션 개최지로서 적합한 유럽 도시들의 연합
• 유럽협회간부회(ESAE) : European Society of Association Executives	1979	스위스 취리히	유럽협회 간부로 하여금 전문분야에서 경영·관리기법의 향상 도모
• 국제회의간부협회(ACE Int'l) : The Association of Conference Executives International	1971	영국 런던	각종 회의 및 전시회 관련 제반 시설 및 서비스 제공자와 이용자 간의 원활한 의사소통을 통한 협력
• 국제컨벤션센터협회(AIPC) : Int'l Association of Congress Centers	1958	유고슬라비아	국제적 평가기준에 부합하는 컨벤션센터의 연합
• 국제전시국(BIE) : Int'l Bureau of Exhibition	1928	프랑스 파리	국제전시회 개최 규제 및 컨벤션 개최 신청심사
• 국제박람회연맹(UIF) : Union of International Fairs	1925	프랑스 파리	회원이 운영하는 무역전시박람회 개최에 따른 조직과 효율적인 방법에 관한 문제들 연구 및 편의 제공
• 국제회의기획자협회(MPI) : Meeting Planners International	1972	미국 오하이오 미들타운	국제회의 관련 교육프로그램 및 조사연구 서비스 제공
• 포상관광전문가협회(SITE) : Society of Incentive Travel Executives	1973	미국 뉴욕	교육세미나 개최 및 자료 발간, 인센티브 트래블 관계자 간의 정보교환 및 의사소통, 전문교육 실시를 통한 업계의 전문화
• 국제회의 전문운영협회 (PCMA) : Professional Convention Management Assn.	1958	미국 버밍햄	대규모 국제회의를 빈번히 개최하는 의료부문 단체들의 관련 정보교환 및 국제회의 개최의 전문성 고취를 위해 책자 발간
• 미국단체간부협회(ASAE) : American Society of Association Executives	1920	미국 워싱턴 D.C.	각종 단체 간부들의 단체 운영 기술증진 도모를 위해 운영 전반에 걸친 교육프로그램, 세미나 및 전시회 개최

▶ 아시아 주요국 컨벤션 전담기구 현황

국가 및 기구 \ 구분	소속기관	재원	주요업무	비고
• 일본 : 일본 국제회의국(JCB) 설립연도 : 1965년	일본 국제 관광 진흥회 (JNTO)	정부출자금, 국고보조금, 관광 관련기관 및 단체로부터의 찬조금 등	• 일본의 컨벤션산업 홍보 • 국제회의 운영요령에 관한 자문제공 • 국제회의 시설 및 서비스 개선주도	• 회의 주최단체, PCO, 관련 업체의 업무연결 교량 역할 수행 • 국내협회 및 기관에 대한 재정적 지원은 없음 • 별도의 민간기구로 '일본국제회의사업협회'를 운영
• 필리핀 : 필리핀 국제회의국(PCB) 설립연도 : 1976년	독립 기관임	정부기관, 중앙은행, 필리핀항공의 보조금, 호텔 객실세, 여행세 및 기타 찬조금 등	• 국제회의 및 인센티브여행 유치 활동전개 • 국내개최 국제회의 운영 · 활동 · 감독 및 조정 • 회의 개최에 필요한 인력 및 장비지원	• 회원 : 마닐라시내 호텔, 여행업계, 관광 교통운영업체, PCO • 해외지사 : 13개소
• 홍콩 : 국제회의부(Conference & Travel Dept.) 설립연도 : 1957년	홍콩 관광 협회 (HKTA)	정부보조금, 회비 등	• 국내기구와의 국제회의 공동유치 활동 전개 • 국제회의 관련 서비스 및 자문제공 • 업계감독 및 교육	
• 한국 : 국제협력부(KCIR) 설립연도 : 1979년 현)코리아 MICE 뷰로	한국 관광 공사 (KNTC)	정부출자금, 면세품 판매수익 등	• 국제회의 유치 · 홍보활동 전개 • 국제회의 개최에 따른 운영지원 • 국제기구와의 협력관계 유지	
• 싱가포르 : 싱가포르국제회의국(SCB) 설립연도 : 1974년	싱가포르 관광청 (STPB)	관광진흥 및 개발기금, 호텔객실세 및 식음료세 등	• 국제회의 및 인센티브여행 유치활동 전개 • 업계감독 및 교육 • 국제기구 시장조사 실시	• 국내협회 및 기관에 극히 제한된 범위 내에서 재정적 지원

3. 시설의 수용체제

지역의 수용체제에 뺄 수 없는 것은 말할 나위도 없이 사람 및 물건이 모이는 장소로서의 시설이다. 컨벤션의 주최자가 개최지를 결정하는 데 있어서 기본적으로 고려하는 5항목은 좋은 회의·전시시설, 충분한 숙박시설, 교통편, 개최지의 매력과 수용 자세, 경비 등이다. 여기서 잘 알 수 있듯이 시설이 가장 중요한 사항임에는 틀림이 없다.

1) 구미(歐美)의 수용시설

구미에서 컨벤션에 이용되고 있는 시설은 컨벤션의 내용 및 규모에 의해 다양하나 다음과 같이 크게 나눌 수 있다.

① 종합적인 컨벤션센터

② 호텔의 개최장소

③ 대학·연구기관의 강당, 교실

④ 기타(극장, 공회당 등)

각각의 이용률은 명확하지는 않지만 중소형 컨벤션은 호텔 이용이 많고 중대형 컨벤션은 컨벤션센터와 극장, 공회당에서 주로 개최되고 있다.

2) 구미의 종합적 컨벤션센터

(1) 시설

일반적으로 大회의장이나 大전시장을 중심으로 몇 개의 중소회의장 및 전시장을 갖추고 동시통역, 방송 통신의 관련 설비, 은행, 우체국, 항공사와 여행사 등의 서비스설비를 갖춘 시설을 컨벤션센터로 부르고 있다. 유럽에서는 대회의장을 중심으로 한 국제회의센터와 전시장을 중심으로 한 전시센터가 있다.

북미에서는 전시장을 중심으로 하면서 회의장을 갖추고 있고 전시장은 집회,

파티 등에도 전용할 수 있게 되어 있는 예가 많다. 최근의 경향으로는 회의장 중심의 센터는 전시장을 보강하고 전시 중심의 센터에서는 일부의 건물을 카펫을 깐 다목적 홀로 만들어 회의장으로도 사용할 수 있게 되었다.

(2) 건설주최와 운영주최

센터의 건설에는 막대한 자금이 필요하다. 설비는 최근 최고의 자재가 필요하고 이용자는 완성된 시설을 저렴하게 빌리기를 원하고 있다. 따라서 컨벤션이 개최지에 커다란 경제적 · 문화적 효과를 초래한다고 알려지고 있지만, 민간의 투자로는 어렵고 대부분 컨벤션센터의 건설과 운영에는 중앙 및 지방정부가 관여하고 있다. 주식회사의 형태를 띠고 있는 것도 출자자는 정부나 공적 기관이 중심이 되어 있다.

(3) 운영

센터의 경영방침으로서 주로 시설을 임대하는 센터와, 직접 컨벤션을 창조해서 공간을 판매하는 적극적인 방책을 취하는 센터가 있다. 연중행사를 진행하는 컨벤션에는 시설관리자가 단독으로 또는 관련 단체, 업자, 컨벤션뷰로 등과 공동으로 창조해 육성하는 것이 많다.

그러나 외국의 예를 보면 센터의 운영은 거의 적자이고 그것도 세금으로 보충하는 것이 대부분이다. 따라서 가능한 가동률을 높여 센터로서의 수익을 향상하기 위해 노력하면서 컨벤션 본래의 목적인 '지역에의 파급효과'가 보다 큰 것에 우선순위를 두고 판매 및 유치 활동을 행하고 있다.

센터운영의 예를 들면 워싱턴 컨벤션센터의 우선순위는 다음과 같다.

첫째, 광역 대형 컨벤션 : 국제적 · 전국적 또는 광역의 회의 · 전시회로 많은 숙박이 필요하다.

둘째, 연중행사로 수일간 진행되는 쇼 : 스포츠 쇼, 포트 쇼 등 업자 전문 쇼뿐만이 아니고 일반객을 대상으로 한 쇼를 포함한다. 호텔숙박료, 시설 임대료에 추가해서 시설관리자에게는 입장료에서 시작하여 수수료 수입이 있다.

셋째, 수일간의 지역 행사 : 12개월 이전에 예약하지 않으면 예약할 수 없다.

넷째, 1일 일정의 행사 : 6개월 이전에 예약하지 않으면 예약이 불가능하다.

3) 국내의 컨벤션시설

우리나라에서 국제회의는 주로 크게 두 가지 유형에서 개최된다. 하나는 서울 삼성동 코엑스를 비롯한 부산전시컨벤션센터, 대구전시컨벤션센터 등 컨벤션시설 이고, 또 하나는 특급호텔이다. 그 밖에 준회의장 시설로 각종 공연장, 전시장, 체육관시설이 필요에 따라 국제회의장소로 사용되고 있다.

4) 지역시설 수용체제의 충실

커뮤니케이션 수단이 눈부시게 발전하고 있다. 그로 인해 사람들이 일부러 한 장소에 모일 필요가 있는가 하는 견해가 있는 반면에, 다수의 사람이 모이는 컨벤션이 서서히 증가하고 있다. 간접적인 커뮤니케이션 수단이 발달할수록 인간은 이와 같은 직접적인 커뮤니케이션에 대한 욕망이 강화되고 있음을 볼 수 있다.

국제적인 시야에서 도시구축을 생각할 때 컨벤션센터는 하부구조의 하나가 된다. 그러면 어떠한 센터를 수용체제의 일환으로 정비해야 하는가? 유의해야 할 일반적인 사항을 보면 다음과 같다.

(1) 인간이 모이는 장소여야 할 것

컨벤션에는 대부분 지역 외의 사람들이 모이게 된다. 시설정비에 있어서 유의해야 할 것은 바로 그 점이다. 시설은 인간이 수일간 가정을 떠나 생활하고 비즈니스를 하는데 쾌적하지 않으면 안 된다. 숙박시설, 교통수단이 필요하게 된다. 전시장도 물건보다는 인간중심으로 생각해야 한다. 구미(歐美)의 센터에서는 케이터링 기능을 충실히 갖추고 있는데, 이러한 측면을 중시하는 것이 생활하는 인간을 고려한 노력이다.

센터의 건설장소도 인간중심으로 생각해야 한다. 전시장도 물건보다 사람이 모여드는 곳이라고 생각해야 한다. 견본시에 전시하는 물건은 항구보다는 공항에 가까운 편이 유리하다.

(2) 기존시설의 활용

도시에는 대부분 시민회관 및 기타 유사한 시설이 있는데 이것의 활용을 고려해야 한다. 일부분의 국제회의가 이러한 시설을 회의장으로 이용하여 성공하고 있다. 이러한 경우 시설의 개조가 아니라 타 회의장과의 연계 및 수송 등에 지역의 컨벤션뷰로 및 수용단체를 통해 더욱 많은 서비스를 제공할 필요가 있다.

(3) 실태와 경향의 파악

시설의 개조 또는 신설을 기획하는 경우, 회의와 전시회를 일체로 생각할 필요가 있다. 전시회 중심인 경우도 회의장을 함께 만들 필요가 있다. 최신의 커뮤니케이션 시설을 지을 때도 장래를 고려해야 한다.

(4) 우수한 요원

컨벤션의 수용에 있어서 가장 필요한 것은 컨벤션 운영에 정통한 우수한 요원이다. 시설을 중심으로 독자적으로 건설된 센터의 경우는 물론 공간 임대의 경우에도 주최자는 우수한 요원의 지원이 필요하다.

4. 지역 전체로서 수용체제

1) 배경구축

컨벤션의 기획 및 건설을 위해서는 그 핵심이 되는 무엇인가가 필요하게 된다. 그것은 리조트와 같이 자연자원이거나 전통문화 및 지역산업과 같이 기존의 사회자원이 될 수 있다. 무엇인가 새로운 매력, 예를 들면 산업 및 학술 등을 전국 또는 세계수준까지 육성하거나 새로운 관광 매력을 개발하는 것은 컨벤션의 새로운 핵심이 될 것이다.

2) 지역주민의 지지

좋은 시설과 서비스 기관이 수용체제로서 불가결하나 동시에 중요한 것은 지역주민의 지지이다. 많은 사람이 모이는 것이 컨벤션이므로 그 나름대로 대책을 사전에 준비한다고 해도 기간 중 교통, 숙박, 레스토랑 등은 일시적으로 상당히 혼잡하고 지역주민에게 불편이 생기리라 예상된다. 이러한 불편함을 지역 전체에서 어느 정도 받아들이는 마음가짐, 또는 적극적인 지지가 필요할 것이다.

회의장 시설에도 거액의 세금을 사용하지만, 납세자가 사용하고 싶은 경우에 사용하지 못하는 사태가 발생한다. 컨벤션도시로서는 지역 외의 이용이 바람직한 일이므로 그것에 대해 지역주민의 이해와 지원이 절대적으로 필요하다.

5. 컨벤션 개최의 전략

1) 컨벤션 추진의 이념

컨벤션을 생각할 때 우선 관광입국을 목표로 한 시책을 펼쳐야 하고, 각 도시가 내국인만이 아니고 외국인을 환영하기 위한 국제화 대책을 생각하지 않으면 안 된다.

컨벤션시티를 지향하는 데는 우선 철학을 갖고 전략을 세워 임해야 할 것이다. 수용시설의 하드웨어 측면만이 아니고 유치를 위한 국제화, 국제교류라고 하는 시점에서 관광자원을 개선하고 컨벤션 시책을 확립하지 않으면 안 된다. 여러 외국에서 볼 수 있듯이 각 분야에서 컨벤션 관련 업무의 지도, 훈련시스템 확립 등의 추진이야말로 대단히 중요한 사항이다.

2) 이벤트를 기폭제로 한 전개

활발한 각종 이벤트는 사람을 모으는 효과, 하드의 충실 그리고 컨벤션 비즈니스의 확립을 초래한다. 특히 대도시에서는 이벤트의 전개가 컨벤션시티의 구축에 있어서 커다란 조건이 되고 있다. 그 동원력, 매력은 컨벤션, 특히 국제적인 이벤트 및 회의에서는 빼놓을 수 없는 것이다.

3) 문화환경의 최대화

중소도시, 지방도시의 문화적 측면에 있어서 컨벤션을 전개하는 경우 대학은 매우 커다란 역할을 담당한다. 특색으로서도 충분히 활용하지 않으면 안 된다. 각 도에 있는 국립·사립 대학이 국제회의에서 특히 대외적으로 미치는 의의 및 역할, 지역에의 공헌은 매우 크다고 할 수 있다.

4) 산업 및 경제적 특색의 활용

앞으로 각 도시가 컨벤션시티로서 서로 경쟁하게 될 것이나, 최대의 포인트는 그 도시의 지리적 유리함, 관광자원에 부가하여 커다란 특색이 있는 산업 및 경제적인 측면의 특색을 충분히 활용하는 것도 컨벤션 개최에 있어서 결정적으로 중요하다.

테크노폴리스, 벤처 비즈니스, 일렉트로닉스, 섬유, 패션 등 컨벤션자원이 중요한 요소로 활용되어야 한다.

5) 쇼핑 및 미식

컨벤션을 위한 여행자는 싱가포르와 홍콩의 통계에서도 일반여행자의 약 2배 정도의 쇼핑을 한다는 결과가 있다. 각 도시는 이 점에 대해 충분히 검토해서 개발하는 것이 중요하다.

컨벤션도시는 새로운 지역진흥책으로 주목받고 있다. 그 이유의 하나는 문화가 경제효과를 가져다주는 것으로 인식되기 시작했다는 점이다. 또 하나는 재래형 관광의 신장률이 둔화되었다는 점이다.

컨벤션에 의해 새로운 고객을 확보하고 관광도 함께 진흥시키려는 의도이다. 컨벤션은 주지하는 바와 같이 중심시설 운영에서 거액의 적자가 발생하지만, 그 적자를 쇼핑, 숙박, 관광 등으로 보충하는 것에 의해 경제수지 및 재정수지가 맞게 성립하게 된다.

따라서 컨벤션은 관광에서 지지받고 또한 관광은 컨벤션에 의해 윤택해진다고 하는 상호 의존관계에 있다. 컨벤션도시의 매력은 관광으로 크게 증폭되어 개최에 유리하게 전개되는 것은 부정할 수 없다. 따라서 관광도시가 컨벤션 도시의 입지에 정성을 다하고 그 파급효과를 꾀하는 것은 매우 당연한 정책이다.

6. 컨벤션 수용의 과제

컨벤션을 수용하는 측은 지역 전체의 단합과 하드 및 소프트 측면에서 그에 상응하는 체제가 필요하다. 국제회의는 보통 5년 정도 전부터 준비가 시작된다. 그러나 일개 도시가 소유하는 홀은 대부분 1년 전부터 예약을 받는다. 그리고 건설목적으로 인해 지역 내 주민의 모임이 우선하는 경우가 많다. 이러한 것 때문에 결국 국제회의의 유치는 영구히 불가능하게 될 것이다. 신규시설도 불가결하고 기존시설의 활용도 생각해 볼 필요가 있다. 설비의 충실과 함께 소프트 측면의 체제구축이 중요하다는 것을 관계자 모두가 인식할 필요가 있다. 컨벤션 개최는 지역 전체의 환대(hospitality)이고 이것은 곧 인재의 육성이라고 할 수 있다. 어느 정도의 어학력이 필요하고 마케팅 활동을 적극적으로 전개하지 않으면 안 된다. 아무리 훌륭한 시설을 건축해도 그것을 선전하는 행동력의 강약 여부가 성패를 판가름하는 중요한 요소이다.

일본 北海道(홋카이도)의 여름은 광고하지 않아도 관광객이 방문하지만 겨울이 되면 관광객이 거의 없어서 눈축제(유키마쓰리)를 시작하였다. 그러한 역사를 지닌 오늘날 매년 외국인을 포함해 겨울의 홋카이도를 방문하는 사람은 수십만 명을 넘고 있다. 이것도 넓은 의미에서 컨벤션의 일종이고 인위적으로 만들어낸 것이다. 컨벤션산업은 그 토지만의 특색을 활용한 지역 전체의 연출이다. 그리고 컨벤션이라고 하는 연극 가운데 무대장치 및 연기자를 담당하는 것이 관광시설과 관광종사원인 것이다.

| 사례 | [경남도정] – 마이스 · 관광 산업, 시너지 효과 기대 |

〈앵커〉

다음은 경남도 소식 알아보겠습니다. KNN 경남본부 길재섭 보도국장 나와 있습니다. 경남도가 마이스산업 발전을 위해 대형 국제행사 유치에 관심을 기울이고 있는데요. 이런 움직임에는 어떤 배경이 있습니까?

〈기자〉

대한민국에서는 많은 국제행사들이 계속 열리고 있습니다. 전 국민이 잘 아는 월드컵이나 올림픽이 열렸고, 아시안게임도 서울과 부산, 인천 등 여러 도시에서 성공적으로 치러냈습니다.

스포츠 경기 외에도 많은 대형 이벤트나 행사들이 연중 열리고 있는데요. 하지만 경남에서는 이런 대형 이벤트들이 열린 적이 별로 없습니다.

가장 많이 기억될 만한 것은 2008년 창원에서 열린 람사르총회 정도인데요, 앞으로 열릴 예정인 큰 행사도 없습니다. 대구시는 광주시와 2038년 하계아시안게임 공동유치를 본격적으로 추진하고 있기도 합니다.

이런 대형 이벤트들이 중요한 것은 이벤트 자체를 통한 경제적인 효과와 함께, 도시나 지자체를 전 세계에 알리는 부수적인 효과 때문입니다.

경남도는 그동안 이런 행사를 유치하는 데 소홀했지만 이제는 적극적으로 행사를 유치하겠다는 입장을 보이고 있습니다.

〈앵커〉

이 부분은 박완수 도지사가 먼저 강하게 강조하고 나섰는데, 어떤 취지였습니까?

〈기자〉

박완수 도지사는 이번주 월요일에 열린 경남도 간부회의에서 이에 대해 언급했습니다. 특히 내년 11월에 열리는 아시아태평양경제협력체 APEC 회의 유치를 위해 전국의 여러 도시들이 경쟁을 벌이고 있는 상황에서, 이에 대한 관심이나 노력이 없었던 점을 지적하고, 경남도가 아시안게임이나 올림픽은 아니라도, 세계적인 박람회나 이벤트를 유치할 만한 준비가 됐다며 적극적으로 노력할 것을 강조했습니다.

[박완수/경남도지사/ 앞으로 10여 년 동안에 개최될 예정인 세계적인 행사, 이벤트, 스포츠, 박람회, 국제회의 이런 걸 보고 타깃을 두세 개 정하세요. 이제 우리(경남도)도 다른 광역자치단체 못지않게 세계적인 행사도 할 수 있고, 그런 행사를 위한 도민의 결집된 노력도 보여주고 해야 되는 겁니다.]

〈앵커〉

대형 행사 유치가 중요한 것은 부수적인 효과도 중요하기 때문인데, 경남도는 어떤 효과를
또 기대하는 건가요?

〈기자〉

경남도가 대형 국제행사나 이벤트 유치를 강조하는 것은 관광산업의 활성화를 위한 목적
도 큽니다.

대형 이벤트를 열게 되면 많은 이들이 도시를 방문해서 머무르게 됩니다.

그렇게 방문하는 국내외 손님들은 단순히 업무만 보는 것이 아니라, 그 지역 곳곳을 다니
며 관광을 하게 되는데요. 그 효과는 PCO처럼 행사 이벤트를 대행받아 진행하는 업계
뿐만 아니라 말 그대로 지역경제 전체가 활성화되는 효과를 거둘 수 있습니다.

부산 역시 벡스코를 중심으로 각종 회의와 전시산업이 활성화됐는데요. 경남도는 지역
관광산업 활성화를 위해 마이스산업도 함께 활성화돼야 한다는 생각을 가지고 있습니다.
마이스산업 역시 관광산업이 발전하면 비슷한 인프라를 공유하면서 빠르게 성장할 수 있
기 때문에, 경남은 대형 국제행사 유치를 통해 관광자원을 알려나가는 효과를 크게 기대하
고 있습니다.

〈앵커〉

올해부터 창원컨벤션센터를 직접 운영하는 경남관광재단이 대형 전시복합, 마이스 행사
유치를 선언한 것도 같은 맥락인가요?

〈기자〉

그렇습니다. 창원컨벤션센터, 세코는 그동안 행사 유치에 한계를 보여왔고, 적자에서 벗어
나지 못했습니다.

그 이면에는 위탁운영이 되다 보니 적극적인 의지가 부족했다는 지적도 있었는데요. 경남
관광재단은 출범 4년차를 맞으면서 이제 본격적으로 관광과 마이스산업을 끌고 나가겠다
는 의지를 보이고 있습니다.

황희곤 경남관광재단 대표는 무역전시, 컨벤션 산업 분야에서 많은 경력을 쌓았고, 한국컨
벤션학회 회장을 지내는 등 최고의 전문가입니다.

지난해 황희곤 대표가 부임한 뒤, 경남관광재단은 무엇부터 할 것인지 계속 찾아나가고
있는데요. 그 과정에서 올해부터는 세코의 운영도 직접 맡으면서 마이스산업 활성화에도
본격적으로 나서고 있습니다.

〈앵커〉

구체적으로는 어떤 계획들을 세우고 있습니까?

〈기자〉

경남관광재단은 경남의 주력 산업을 마이스산업 활성화에 적극적으로 활용할 생각입니다. 가령 경남에는 다음주에 우주항공청도 개청하는 등 첨단우주항공산업이 발달해 있고, 기계산업이나 원자력 산업 등도 이미 세계적으로 자리 잡았습니다. 이런 분야의 행사들을 선제적으로 유치하면서, 국제회의나 전국 규모의 전시복합 행사도 차근차근 준비해 나갈 계획입니다. 또 내후년인 2026년에는 세코가 적자에서 벗어나는 것이 목표입니다.

[황희곤/경남관광재단 대표/ 경남의 10대 전략산업과 관련한 대형 국제회의를 유치하거나 저희들이 개발해 나갈 것이고, 전국 규모의 국제회의와 전시회 행사를 적극 유치하고 개발할 계획입니다. 오는 10월에는 '제1회 국제우주항공산업대전' 에어로텍을 개최해서 항공산업을 육성하는 데 힘을 보탤 생각입니다.]

〈앵커〉

경남과 부산은 함께 해 나갈 만한 일들도 많지 않을까요?

〈기자〉

지리적으로 나란히 붙어 있는 경남과 부산은 지금은 김해공항을 같이 쓰고 있지만, 2030년부터는 가덕도신공항을 국제공항으로 함께 사용하게 됩니다. 많은 외국 관광객들은 경남과 부산을 하나의 공항 권역으로 볼 수 있게 되고, 여러 가지 분야에서 묶어서 생각할 여지가 많습니다.

경상남도가 2030년 부산엑스포 유치를 내심 응원했던 것도 부산에서 대형 국제행사가 열리면 경남의 관광산업 역시 낙수효과를 거둔다는 것을 잘 알기 때문이었습니다.

경남도가 국제행사 유치에 본격적으로 나서는 가운데, 장기적으로는 경남과 부산, 부산과 경남이 대형 국제행사의 공동 유치를 위해 힘을 모으는 것도 큰 시너지 효과를 거둘 것으로 기대됩니다.

지금까지 경남도정이었습니다.

[https://news.knn.co.kr/news/article/157555, 2024.5.21]

[발표와 토론할 주제]

4-1. 세계 주요 컨벤션시설을 각각(조별) 조사하고 최근의 유치 사례를 발표하시오.

4-2. 컨벤션의 파급효과를 파악하고 사례를 찾아 발표하시오.

4-3. 컨벤션의 수용체제 가운데 우리나라의 수용체제를 조사하고 발표하시오.

4-4. 여러분이 사는 지역(도 또는 시)에 있는 컨벤션뷰로를 조사하고 그 역할과 활약에 대해 발표하시오.

4-5. 컨벤션 관련 국제기구를 각각 조사하고 최근의 M.I.C.E 사례에 대해 발표하시오.

4-6. 아시아 주요국 컨벤션 전담기구를 각각 조사하고 최근의 M.I.C.E 사례에 대해 발표하시오.

국제회의

국제회의

제1절 ▶ 국제회의의 정의

1. 국제회의의 개요

국제회의란 공인된 단체가 정기적으로 주최하고 3개국 이상의 대표가 참가하는 회의를 의미하는데, 회의내용 면에서는 국가 간의 이해조정을 위한 교섭회의, 전문 분야의 학술연구결과 토의를 위한 학술회의, 참가자 간의 우호증진을 위한 친선회의, 국제기구나 민간단체의 사업계획검토를 주목적으로 하는 기획회의 등 그 종류가 매우 다양하다. 개최지는 일반적으로 각국의 유치경쟁, 관례나 순번 등에 의해서 결정되지만, 간혹 정치적 이유나 지리적 특성 때문에 특정 국가에서 개최되기도한다.

세계 국제회의 시장의 규모는 매년 확장되어 가고 있는데, 각국 정부의 국제회의 전담기구에서는 국제회의산업의 중요성 및 효과를 깊이 인식하고 각종 국제회의뿐만 아니라 같은 범주에 속하는 전시회, 박람회, 학술세미나, 각종 문화예술행사, 스포츠 행사, 외국 기업체들의 인센티브 관광 등의 유치에도 전력을 기울이고 있다.

우리나라도 급속한 경제성장에 따른 국력 신장에 힘입어 해외 국가들과 각 분야에서 교류를 확대해 왔으며, 항공망의 꾸준한 확충과 숙박시설 및 국제회의장 시설 등 국제회의기간산업의 발전으로 인해 국제회의를 비롯한 전시회, 이벤트 등 국제행사의 개최 건수가 해마다 증가추세에 있다.

2. 국제회의의 정의

1) 사전적 정의

국제회의라는 말을 사전에서 찾아보면 "국제적 이해에 관한 사항을 심의 · 결정하기 위하여 여러 나라의 대표자에 의해서 열리는 공식적인 회의"라고 되어 있다.

2) 국제기구의 정의

국제협회연맹(Union of International Associations, UIA, 본부 : 브뤼셀)에서는 국제기구가 주최하거나 후원하는 회의 또는 국제기구에 소속된 국내지부가 주최하는 국내회의 가운데 전체 참가자 수가 300명 이상, 참가자 중 외국인이 40% 이상, 참가국 수 5개국 이상, 회의기간이 3일 이상인 회의를 국제회의라고 정의하고 있다.[1]

국제회의컨벤션협회(International Congress & Convention Association, ICCA, 본부 : 암스테르담)에서는 참가 규모가 50인 이상이고, 3개국 이상을 순회하면서 정기적으로 개최하는 회의를 국제회의로 구분하고 있다.

아시아국제회의협회(Asian Association of Convention & Visitor Bureaus, AACVB, 사무국 : 마카오)에서는 지역적 특성을 고려하여 주최국 및 아시아 대륙이 아닌 타 대륙으로

---

[1] UIA(1993) International Meeting some Figure.

Meetings taken into consideration include those organised and/or sponsored by the international organizations as well as some national meetings with international participation organized by national branches of international associations.

These meeting have to meet the following criteria :

① minimum number of participation : 300 ② minimum number of foreigners : 40%

③ minimum number of nationalities : 5 ④ minimum duration : 3 days

부터 2개국 이상이 참가하는 회의를 국제회의라고 정의하고, 아시아지역회의 및 양국회의(National Offshore Meeting)와 구별하고 있다.[2]

3) 일본 국토교통성의 정의

일본은 「국제회의 등의 유치의 촉진 및 개최의 원활화 등에 의한 국제관광의 진흥에 관한 법률」에서 국토교통성령으로 정하는 국제회의를 다음과 같이 명시하고 있다.

- 약 50명 이상의 외국인 참여
- 개최에 필요한 경비 약 2,500만 엔 이상
- 국제회의 개최 관련 실시 및 자금 계획이 적합
- 주최사의 책임범위 명확

4) 스페인과 호주의 정의

스페인 관광청은 50명 이상, 4시간 이상, 3개국 이상 참가, 외국인 비중이 40% 이상일 때, 호주미팅산업협회(MIAA)는 4개국 이상 참가, 외국인 비중이 45% 이상인 경우를 국제회의로 간주하고 있다.

5) 우리나라 국제회의산업 육성에 관한 법률의 정의

우리나라는 「국제회의산업 육성에 관한 법률」(이하 "국제회의산업법"이라 한다)에서 국제회의를 다음과 같이 정의하고 있다.(동법 제2조) "상당수의 외국인이 참가하는 회의(세미나·토론회·전시회·기업회의 등을 포함한다)로서 대통령령(국제회의산업법 시행령)으로 정하는 종류와 규모에 해당하는 것을 말한다." 그리고 국제회의산업이란 국제회의의 유치와 개최에 필요한 국제회의 시설, 서비스 등과 관련된 산업을 말한다.

---

2) ① International Meeting : A meeting which draws participants from two or more continents
   ② Regional Meeting : A meeting which draws participants from two or more countries from the same continent

그리고 「국제회의산업법 시행령」은 다음의 어느 하나에 해당하는 회의를 국제회의로 인정하고 있다(동법 시행령 제2조).

첫째, 국제기구나 기관 또는 법인·단체가 개최하는 회의일 경우, ① 해당 회의에 3개국 이상의 외국인이 참가하고, ② 회의참가자가 100명 이상이고 그중 외국인이 50명 이상이어야 하며, ③ 2일 이상 진행되는 회의일 것을 요한다.

둘째, 국제기구, 기관, 법인 또는 단체가 개최하는 회의일 경우에는 ① 「감염병의 예방 및 관리에 관한 법률」 제2조2호에 따른 제1급 감염법 확산으로 외국인이 회의장에 직접 참석하기 곤란한 회의로서 개최일이 문화체육관광부장관이 고시하는 기간 내여야 하고, ② 회의 참가자 수, 외국인 참가자 수 및 회의일수가 문화체육관광부장관이 고시하는 기준에 해당할 것을 요한다.

3. 국제회의 개최 효과

회의는 국가적 범위에 따라 국제회의와 국내회의로 구분된다. 국제회의 유치 효과에 대해 정치적·경제적·사회적·문화적 측면 및 관련 분야에서 그동안 많은 연구가 이루어졌다.

국제회의가 호텔기업에 미치는 영향에 대해서도 비수기 타개책과 호텔 객실판매에 대한 기여, 리조트호텔의 회의시설 사전예약으로 인한 수요예측 및 경영 효율성 제고, 호텔 공급에 대한 과잉상태의 해결방안 등 거시적인 측면에서 문헌적 연구가 이루어졌다.

1) 심리적 측면

한국에서 개최되는 국제회의에 참가하는 각국 대표들은 해당 국제회의의 내용이 참가자 자신과 밀접한 연관성을 가지고 있어 일반관광객과는 달리 한국에 대해 단순한 호기심 이상의 관심을 갖게 되는데, 일반적으로 회의개최지는 수년 전에 결정되므로 비교적 충분한 심적 준비기간을 가지고 관심사항에 대한 자료나 정보를 수집하게 되어, 이들을 통한 효과적인 한국의 이미지 부각이 용이하다. 이들은 한국에 오기 전에 자신의 방한에 따른 제반사항을 주위의 동료, 친지, 관련 단체, 주요 인사들의 접촉 시에 의논함으로써 간접적인 한국 홍보효과도 가져온 다.

2) 경제적 측면

일반관광객들의 한국 체재일수는 통상 4박 5일로 대부분이 서울권에 머무르며, 그나마도 경유지로 선택되는 일이 많았으나, 국제회의참가자들의 경우에는 한국 이 최종목적지가 되기 때문에 체재일수가 통상 8일 이상이 되고 이에 따른 외화 소비액은 일반관광객의 3배 이상이 되어, 대규모 국제회의 참가자들로부터의 외화 획득은 경제적 측면에서 막대한 승수효과를 가져온다.

국제회의산업은 '종합서비스산업'으로 서비스업을 중심으로 사회 각 산업 분야 에 미치는 승수효과가 매우 크다. 국제회의는 개최국의 소득 향상효과(회의참가자의 지출, 서비스산업 등 수입증가, 시민소득 창출), 고용효과(서비스업 인구 등 광범위한 인력 흡입력), 세수 증가효과(관련 산업 발전으로 법인세, 시민소득 증가, 소득세) 등 경제 전반의 활성화에 기여하게 된다. 그 밖에도 참가자들이 직접 대면을 하게 되므로 상호 이해 부족에 서 올 수 있는 통상마찰 등을 피할 수 있게 될 뿐만 아니라, 선진국의 노하우를 직접 수용함으로써 관련 분야의 국제경쟁력을 강화하는 등 산업발전에도 중요한 역할을 한다.

3) 국가 홍보 측면

국제회의는 그 규모나 성격 면에서 통상 수십여 국가의 대표들이 대거 참여하므 로, 일본, 구미, 동남아 편중의 한국 관광 홍보를 전 세계로 확산할 수 있으며, 동구 권 및 비동맹국 대표의 참가로 우리나라의 평화통일 외교정책 구현에도 기여할 수 있다. 국제회의 참가자는 각 분야에 있어 영향력 있는 고위 지도급 인사들이기 때문에 한국의 국제지위 향상, 문화교류, 민간차원의 외교, 나아가서는 국가 외교 차원에서도 홍보효과를 거둘 수 있다.

국제회의의 개최는 시설, 관광지 및 인적 서비스 측면에 있어서 도시기능 홍보에 알맞은 기회가 된다.

4) 관광 측면

각종 국제회의, 전시회 참가자는 회의 1건당 보통 100명에서 1,000명 이상에 이르므로 국제회의 유치는 대량 관광객 유치의 첩경이 된다.

국제회의는 계절에 구애를 받지 않기 때문에 관광 비수기 타개책의 일환이 되며, 각종 국제회의 참가자들에 대한 판촉 활동을 계획적·집중적으로 전개할 수 있다는 점에서 국내 관광업계에 새로운 판촉 활로를 열어줄 수 있다.

특히 회의 전후 관광(Pre & Post Tour)을 통하여 기존 관광상품 및 신규상품을 대규모 참가자들에게 소개, 한국 고유의 문화, 전통, 풍습 등에 대한 깊은 인상을 심어줌으로써, 참가자들이 한국 체류 동안에 얻은 한국에 대한 지식을 귀국 후 주위에 전파, 한국 관광 홍보의 파급효과를 가져오게 된다.

5) 사회적 측면

한국에서 개최되는 각종 국제회의의 빈도가 증가함에 따라 각 관련 분야의 국제화에 대한 질적 향상은 물론 일반 국민의 자부심 및 의식 수준 향상을 꾀할 수 있고, 아울러 각종 시설물 정비, 교통망 확충, 환경 및 조경 개선, 고용 증대, 항공·항만시설 정비, 신상품 개발 등 일반 사회의 발전에 광범위한 파급효과를 가져올 수 있다.

6) 문화적 측면

국제회의는 외국과의 직접적인 교류를 통해 지식 및 정보의 교환, 참가자와 개최국 시민 간의 접촉을 통한 시민의 국제감각 향상 등 국제교류의 중요한 수단이 될 수 있다.

국제회의 유치, 기획, 운영의 반복은 개최지의 기반시설뿐만 아니라 다양한 기능을 향상하며 개최국의 이미지 향상, 국제사회에서의 위상 확립 등 개최국의 지명도 향상에도 이바지한다. 지방으로의 국제회의 분산개최는 지방의 국제화와 지역균형발전에도 큰 몫을 하게 된다.

7) 정치적 측면

국제회의에는 통상 수십 개국의 대표들이 대거 참여하므로 국가홍보에 기여하는 바가 크며, 회원자격으로 참가하는 미수교국 대표와 교류기반을 조성할 수도 있어 국가 외교 면에서도 이바지하는 바가 크다. 그리고 국제회의 참가자는 대부분 해당 분야의 영향력 있는 인사들이므로 민간외교 차원에서도 그 파급효과가 크다.

8) 정보수집 · 정보교환의 기회

국내외로부터 다수의 국제회의 관계자가 개최지에 모이게 되므로 새로운 정보가 모이게 된다. 그 결과 국제회의의 개최지는 정보의 중심지가 되고 그 지역의 활성화에도 이바지하게 된다.

9) 지역주민 거주환경의 정비

국내외로부터 사람들이 모이기 때문에 회의에 필요한 직접적인 시설만이 아니라 회의개최지로서의 쾌적성(amenity)의 확보도 필요하게 되며, 도시 기본설비의 정비를 비롯하여 각종 관계시설 · 설비의 정비가 촉진된다.

▣ 국제회의 관련산업 파급효과

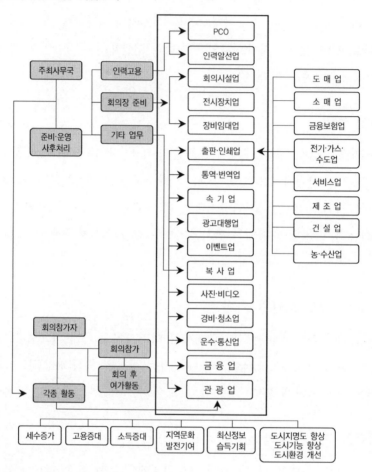

4. 국제회의 시설

우리나라에서 국제회의가 개최되는 곳은 컨벤션센터와 특급호텔이며 그 밖에 규모나 성격에 따라 대학 및 기업체 회의장, 전시장, 공연장, 체육시설이 회의장으로 이용되고 있다.

국제회의 시설은 국제회의의 개최에 필요한 회의시설, 전시시설 및 이와 관련된 부대시설 등으로서, 전문회의시설 · 준회의시설 · 전시시설 및 부대시설로 구분한다.

① 전문회의시설은 다음의 요건을 모두 갖추어야 한다.

- 2천 명 이상의 인원을 수용할 수 있는 대회의실이 있을 것
- 30명 이상의 인원을 수용할 수 있는 중·소회의실이 10실 이상 있을 것
- 옥내와 옥외의 전시면적을 합쳐서 2천 제곱미터 이상 확보하고 있을 것

② 준회의 시설은 국제회의의 개최에 필요한 회의실로 활용할 수 있는 호텔연회장·공연장·체육관 등의 시설로서 다음의 요건을 모두 갖추어야 한다.

- 200명 이상의 인원을 수용할 수 있는 대회의실이 있을 것
- 30명 이상의 인원을 수용할 수 있는 중·소회의실이 3실 이상 있을 것

③ 전시시설은 다음의 요건을 모두 갖추어야 한다.

- 옥내와 옥외의 전시면적을 합쳐서 2천 제곱미터 이상 확보하고 있을 것
- 30명 이상의 인원을 수용할 수 있는 중·소회의실이 5실 이상 있을 것

④ 지원시설은 다음의 요건을 갖추어야 한다.

- 컴퓨터, 카메라 및 마이크 등 원격영상회의에 필요한 장비
- 칸막이 또는 방음시설 등 이용자의 정보 노출방지에 필요한 설비
- 위 사항에 따른 설치 및 이용에 사용되는 면적을 합한 면적이 80 제곱미터 이상일 것

⑤ 부대시설은 국제회의의 개최와 전시의 편의를 위하여 전문회의시설과 전시시설에 부속된 숙박시설·주차시설·음식점시설·휴식시설·판매시설 등으로 한다.

제2절 ▶ 국제회의 관련기관

1. 국제회의 전담기관

국제회의의 중요성이 널리 인식됨에 따라 유럽 선진국은 물론 아시아 각국의 관광 관련기관에서는 국제회의 전담기관을 설치하여 각종 국제회의 유치, 홍보, 개최 지원 등의 활동을 활발히 전개하고 있다.

1965년 아시아 국가로는 처음으로 일본이 국제회의 전담기관인 일본 컨벤션뷰로를 발족한 이후, 1970년대에는 말레이시아, 싱가포르, 필리핀, 홍콩이 각기 국제회의 전담기관을 설립했다.

우리나라의 경우 경쟁국들보다는 다소 늦었지만 1979년 한국관광공사에 국제회의부(현 코리아MICE뷰로)가 PATA총회를 계기로 설립되었다. 1989년 12월에는 국제회의용역업, 호텔업 및 회의시설업, 여행업, 항공업 등의 공동협력체인 국제회의 유치지원협의회가 설립되어 국제기구 가입단체 등 회의기획자들이 국제회의 유치 활동을 지원해 오다가, 2001년 8월에 한국컨벤션협의회가 설립되었다. 2009년에 컨벤션뷰로는 국제회의 유치활동 및 국내 개최 국제회의 운영지원, 국제회의 유치의향 조사(국제기구 가입 2,500여 개 국내단체 대상), 국제기구 자료에 의한 유치 가능 국제회의 조사, 유치 가능성이 큰 국내단체에 대한 세일즈 콜 및 유치권유 활동, 유관인사 방한 초청지원, 홍보 선전 활동, 국제회의 관련 정보 제공 및 전문인력 양성 등 컨벤션산업 육성 활동 전개 등의 역할을 해오고 있다. 자원조달은 관광진흥개발기금 보조금, 한국관광공사 자체 사업수익(면세점, 골프장 운영) 등으로 충당하고 있다.

현재 조직은 후술하는 바와 같이 국제관광본부 산하에 MICE실을 두고, 그 안에 MICE기획팀, MICE협력팀, MICE마케팅팀, 국제협력팀 등 4개 팀을 운영하고 있다.

1) 마이스뷰로(MICE Bureau)의 역할과 활동

MICE뷰로의 역할은 첫째, 국제회의, 전시박람회 및 관광객들을 자국으로 유치하는 것이며 둘째, 유치된 각종 국제회의, 전시박람회 및 관광객들에게 제반 서비스를 제공하는 것으로 크게 구분할 수 있다.

MICE뷰로는 유치 활동 전개방법에 있어서 컨벤션센터뿐만 아니라 숙박시설인 호텔과 관광지, 쇼핑지역까지 함께 묶어서 홍보한다.

구체적인 활동내용으로는, ① 각종 행사를 수용할 수 있는 시설현황을 조사하고 업계에 정보를 제공하며 수용시기를 조정하는 등 전반적인 국제회의 수용대책을 검토한다. ② 해외 컨벤션뷰로와의 제휴 또는 국제회의 관련기구 가입 등을 통해 교환, 수집 및 활용을 도모한다. ③ 국제회의산업에 대한 정부의 적극적인 지원을 요청하고, 유치 활동에 따른 관계기관의 협력을 증진하는 데 주력하고 있다.

▶ 아시아 각국의 국제회의 전담기관 설치 현황

국가	기구명	소속기관	설립연도
한국	코리아MICE뷰로	한국관광공사	1979
일본	Japan Convention Bureau	Japan Nat'l Tourist Organization	1965
말레이시아	MTPB's Convention Promotion Division	Malaysia Tourism Promotion Board	1972
싱가포르	Singapore Convention Bureau	Singapore Tourist Promotion Tourist	1974
필리핀	Philippine Convention & Visitor Corporation	Department of Tourism	1976
홍콩	Hong Kong Convention & Incentive Travel Bureau	Hong Kong Tourist Assn.	1977
태국	Thailand Incentive & Convention Assn.	Tourist Authority of Thailand	1984

국제회의 운영지원 업무로는, ① 국제회의 또는 전시회 개최에 필요한 인력, 서비스 및 자문 제공, ② 국제회의장 및 관련 환경의 정비·개선 도모, ③ 국제회

의산업 종사자들의 자질향상을 위한 교육 실시 및 감독, ④ 홍보영화, 간행물 제공 및 PCO, 컨벤션요원 알선 등을 들 수 있다.

그리고 유치된 각종 행사의 개최를 지원하는 과정에서 등록 요원, 가이드, 부인 행사 진행요원 등을 배치하여 전문인력을 제공해 주기도 하며, 대규모 국제회의가 개최될 경우 호텔숙박을 담당하는 숙박 예약센터의 업무를 맡을 수도 있다.

2) 한국관광공사 코리아MICE뷰로의 기능과 역할

한국관광공사의 조직을 살펴보면, 5본부, 16실, 52센터/팀과 9개 국내지사, 33개 해외지사로 구성되어 있다. 5본부는 경영혁신본부, 국제관광본부, 국민관광본부, 관광산업본부, 관광콘텐츠전략본부로 크게 나누고, 국제관광본부 산하에 MICE실 을 두고, 그 안에 MICE기획팀, MICE협력팀, MICE마케팅팀, 국제협력팀 등 4개 팀 을 운영하고 있다.

코리아MICE뷰로는 국제회의 유치 활동 및 국내 개최 국제회의 운영지원, 홍보 선전 활동, 국제회의 관련 정보제공 및 전문인력 양성 등 국제회의산업 육성 활동 을 전개함으로써 국가 국제회의 전담기구로의 역할을 담당하고 있다.

(1) 유치 가능 국제회의 발굴

① 국제회의 유치의향조사

② 국제기구 자료에 의한 유치 가능 국제회의 조사

③ 유치 가능성이 높은 국내단체에 대한 세일즈 콜 및 유치권유 활동

④ 유관인사 방한 초청지원

(2) 국제회의 유치에 대한 원스톱 서비스 제공

① 국제회의 유치절차 안내 및 자문

② 유치전문PCO 활용 유치 서비스 제공

③ 보조금 지원(국제기구 간부 사전답사, 기념품 등)

④ 한국홍보 간행물 및 영상물 제공

⑤ 한국 홍보 데스크 운영 지원

⑥ 공사 해외 지사망을 통한 유치활동 지원

(3) 국내개최가 확정된 국제회의 주관단체에 대한 지원

① 당해 연도 개최지원

㉠ 국제회의 개최 관련 정보제공 및 자문

㉡ 보조금 지원(관광프로그램 운영, 문화예술 공연 등)

㉢ 한국홍보 간행물 제공 및 영상물 제공

㉣ 한국홍보영상물 상영 및 관광 안내데스크 운영 지원

㉤ 멀티슬라이드 상영 및 관광 안내데스크 운영 지원

② 참가자 유치증대를 위한 사전홍보

㉠ 공사 해외 지사망을 통한 홍보

㉡ 보조금 지원(기념품 등)

㉢ 한국홍보간행물 제공 및 영상물 제공

(4) MICE 마케팅 활동

① MICE 전문전시회 참가 및 한국 홍보관 운영

② MICE전문지 광고 게재 및 기사화

③ 해외 MICE 로드쇼(유치 설명회) 실시 및 세일즈콜 실시

④ 홍보간행물 제작, 배포 : 홍보영상물, 컨벤션 시설 안내 책자(영문)

(5) K-컨벤션 육성 · 지원

① 국내에서 정기적으로 개최되며 국내기관 또는 국내 소재 국제기구가 주최하는 글로벌화 가능한 국내 기반 국제회의 공모 선정

② 육성단계별(유망/우수/글로벌) 개최 및 해외홍보 보조금 지원

③ 전문 컨설팅, 행사별 현장 모니터링, K-컨벤션 국내외 홍보 지원

(6) 국제이벤트 지원제도 운영

① 국제이벤트 유치/해외홍보/개최 지원

② 국제이벤트 유치 및 해외홍보 선정 행사 대상 해외활동지원

③ 국제이벤트 개최지원 선정 행사 대상 모니터링 실시

(7) 전시회 해외참가자 대상 관광상품 제공

① 전시회 해외참가자 대상 관광프로그램 개발 및 운영

② 전시회 내 관광컨시어지 데스크 운영

③ 전시회 해외참가자 실태조사 및 관광프로그램 만족도 조사

(8) MICE산업 육성 기반 조성

① MICE 육성 중장기 전략 수립 및 정책대안 발굴

② 한국MICE산업발전협의회(Korea MICE Alliance) 운영

③ 한국 대표 이색 회의시설(코리아 유니크베뉴) 선정 및 육성 지원

(9) 업계 스마트 MICE 활성화 지원

① 업계 디지털 전환 및 회의기술 도입 지원을 통한 스마트 활성화

② 지역 MICE산업 디지털 기반 마련

(10) 지역 MICE 육성 지원

① 지역 MICE 유치개최 활성화 지원

② 지역 MICE 발굴 및 육성 지원

(11) MICE 정보 수집 및 제공

① 한국 MICE 통합정보시스템(K-MICE 국·영문) 홈페이지 운영

② MICE산업통계 및 참가자 조사 실시 및 제공

③ 국제회의 개최실적 조사 실시 및 MICE 캘린더 제공

④ 국내외 MICE 시장동향 정보 제공

　⑤ 국내외 MICE 전담조직 및 전문시설 조사

　⑥ 유관기관 관계자 대상 MICE 뉴스레터(국/영문) 발송

(12) 국제협력 활동

　① 국제관광기구 관련 회의 유치 지원

　② PATA, UNWTO 등 국제관광기구와의 협력 활동

　③ 개발도상국 관광 ODA

　④ 국제기구(UIA, ICCA, GBTA) 회의 참가

3) 한국MICE산업발전협의회(Korea MICE Alliance)

　2000년 코엑스 컨벤션센터 개막을 시작으로 2001년 부산과 대구에도 컨벤션 전문시설이 오픈되었고 2002년 말에는 제주컨벤션센터도 개관되었다. 그러나 전문시설 공급에 맞는 수요 창출을 위해 유치활동에 활력을 기하기 위한 민·관협의체 구성의 필요성이 부각되었다.

　그래서 2001년 8월 컨벤션 관련 공공기관, 컨벤션 전문시설, 항공사, 컨벤션 관련업체 및 학계를 중심으로 민·관 협의체인 (구)한국컨벤션협의회가 발족하였다. 이 협의회는 우리나라 컨벤션산업 발전을 위한 각종 사업수행, 인력 양성 및 기반 조성에 공동 협력하게 된다. 오늘날 컨벤션협의회는 컨벤션산업 육성을 위한 대정부 정책 건의 및 자문 그리고 컨벤션 유치 및 홍보를 위한 협력활동을 전개하고 있다.

　2009년 12월에는 컨벤션, 전시, 호텔, 쇼핑, 관광 등 MICE업계 총괄 네트워크인 '한국MICE산업발전협의회(KOREA MICE Alliance)'가 공식 재출범하였다. 협의회에는 코리아컨벤션뷰로, 한국여행업협회, 한국관광협회중앙회, 한국전시산업진흥회, 문화체육관광부, 산업통상자원부, 대한항공, 아시아나항공, 한국호텔업협회, 특1등급호텔, 롯데백화점·면세점, 파라다이스 카지노, 한국컨벤션학회 등 MICE·관광·호텔·쇼핑 관련기관들이 참여한다.

설립목적은 MICE 유관 기관 및 업계 간 협의체로 유기적인 협력 활동을 전개, 한국 MICE산업 육성을 주도하기 위한 것이다.

지역 MICE 유치 및 개최 지원을 위해서 해외 공동 마케팅 및 공동유치 활동, 글로벌 MICE 캠페인 전개, 항공, 숙박, 쇼핑 등 지역별 할인 협약 등이 주요한 활동이다.

▶ 한국MICE산업발전협의회

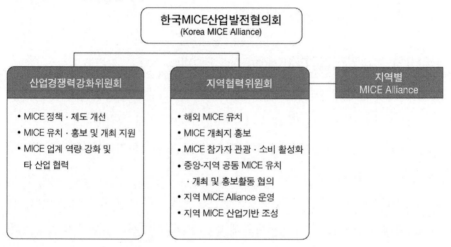

2. 국제회의 관련 협회

1) 한국MICE협회

한국MICE협회는 2003년 8월에 설립되어 우리나라 MICE업계를 대표하여 컨벤션 기관 및 업계의 의견을 종합조정하고 유기적으로 국내외 관련기관과 상호 협조·협력 활동을 전개함으로써 컨벤션업계의 진흥과 회원의 권익 및 복리 증진에 이바지하고, 나아가서 국제회의산업 육성을 도모하여 사회적 공익은 물론 관광업계의 권익과 복리를 증진하는 것을 목적으로 하고 있다.

그리고 한국MICE협회는 2004년 9월 국제회의 전담조직으로 지정되어 국제회의 전문인력의 교육 및 수급, 국제회의 관련 정보를 수집하여 배포하는 등 국제회의산업 육성과 진흥에 관련된 업무를 진행하고 있다. 계간 'The MICE Plus' 매거진과 뉴스레터를 발간하여 급변하는 MICE산업 관련 최신 지식의 제공 및 회원사의 소식을 전하고 있다. 또한 중국, 싱가포르 등 아시아 MICE협회들과 MOU를 체결하는 등 국제적 교류도 넓혀가고 있다. 2023년 회원사는 248개소 이다.

2) 한국PCO협회

(사)한국PCO협회(KAPCO: Korea Association of Professional Congress Organizer)는 세계 국제회의 산업환경에 적극적으로 대처할 수 있는 공식적인 체계를 마련하고, 한국 컨벤션산업 발전에 기여하기 위해 2007년 1월에 설립되었다. 한국PCO협회는 마이스(MICE : 기업회의 · 포상관광 · 컨벤션 · 전시회)의 4개 분야 중 기업회의와 포상관광, 컨벤션 분야에서 활동하는 80여 개 국제회의기획사 등 관련 기업이 회원으로 가입된 민간단체다. 컨벤션산업의 발전과 회원의 권익 보호를 위해 회원 간의 정보 교류, 친목, 복리 증진 등을 도모함을 물론, 선진회의 기업개발 및 교육 홍보사업 등을 통하여 국내 컨벤션산업의 건전한 발전과 국민경제에 기여할 목적으로 그 기본적 역할을 행하고 있다.

3. 국제기구 가입 국내단체

국제회의 개최의 주요 공급원은 국제기구라 할 수 있다. 따라서 국제기구에 가입한 국내단체의 현황을 파악하는 것은 국제회의 유치의 시발점이 된다.

우리나라의 국력과 경제 규모가 확대되고 정부 및 민간부문에서의 국제교류가 빈번해짐에 따라 각종 국제기구에 가입하는 단체 수가 매년 증가하고 있다.

국제회의 유치 증대를 위해서는 이들 단체의 국제기구 내 적극적인 회원 활동은 물론 국제기구 사무국의 국내 유치 노력이 필요하다.

4. 국제회의산업 육성을 위한 과제

1) 컨벤션센터 운영

컨벤션센터의 건립에는 많은 재원이 필요하고 또한 일정 기간은 운영에 따른 적자를 면키 어렵다. 따라서 컨벤션센터의 건립에 있어 컨벤션 시장의 수요, 시설 규모 및 구조, 입지조건, 건립 주체, 운영방법 등에 대한 충분한 검토가 이루어져야 한다.

일반적으로 컨벤션센터는 국가, 자치단체, 공공기관 또는 제3섹터에 의해 건립, 이들에 의해 스스로 운영 또는 위탁 운영된다. 컨벤션센터는 공익성을 기반으로 하는 비영리 공공시설로 자립 운영이 될 때까지 국가나 지방자치단체가 그 적자를 보전하는 경우가 대부분이다.

(1) 컨벤션센터의 바람직한 기능

① 공통기능
- Public Space : 참가자 등록, 커피 브레이크 등을 위한 다목적 기능
- 주차장, 공공교통망과의 연결상태 : 숙박시설과의 거리에 따라 규모가 다르겠지만 절대적으로 필요함
- 통신, 음향, 영상 설비

② 회의기능
- 대회의장 : 개·폐회식, 전체 회의, 전시, 음악, 각종 공연, 리셉션 등에 다목적으로 이용되도록 이용률을 높일 필요가 있다.
대규모 회의가 많지 않다는 점을 고려하여 이동식 또는 분할 사용식이 바람직하다.
- 중·소 회의장 : 국제회의 전문화 경향에 따라 여러 개의 분과위가 개최될 수 있도록 다양한 규모의 많은 소회의실이 필요하다.
- 준비실 : VIP용, 보도진용, 사무국용

- 동시통역시설 : 동시통역시설은 이동식 장비 대여가 가능하므로 꼭 필요한 것은 아니나, 설치 시에는 국제기준에 맞아야 한다.

③ 전시기능
- 분할 및 전체이용 가능한 다목적 전시장·전시회의 대형화, 전문화 및 다양한 수요에 대응 가동률을 높이기 위해서 분할 또는 전체로 이용할 수 있는 전시실이 필요하다.
- 전시물 수용을 위한 조치, 제한 중량, 천장높이, 보관 창고 등을 고려할 필요가 있다.
- 전시물 반·출입을 위한 조치
- 반·출입 횟수를 고려하여 엘리베이터 넓이, 복수트랙의 주차공간, 진입구 확보, 전시물 용적 공간 확보 필요
- 기타 : 전기, 가스, 수도, 통신, 냉난방 설비

④ 기타 기능
- 상담용 공간
- 숙박시설, 레스토랑, 커피숍, 쇼핑몰 등 시설 전체의 수익성을 높일 수 있는 시설이 필요
- 녹지 공간

(2) 입지조건

컨벤션 주최자가 장소를 선정할 때 일반적으로 고려하는 사항은 회의장의 수·규모·질, 전시장 사용 가능성, 편리한 교통, 공항과의 거리, 숙박시설과의 거리 및 기타 회의 관련 서비스의 가용성 등이다. 즉 컨벤션시설의 이용률은 다분히 관련 시설과 서비스를 얼마나 잘 공급할 수 있느냐에 영향을 받게 된다.

따라서 컨벤션센터의 건립장소는 공항과의 거리가 가깝고, 숙박시설 등 국제회의와 관련한 하드웨어와 소프트웨어가 동시에 충분히 제공될 수 있는 곳이어야 한다.

2) 컨벤션 데이터베이스의 구축

컨벤션 유치를 위한 마케팅 활동에서는 시장조사가 선결조건이다. 국제회의 유치를 위해서는 먼저 우리나라 단체들이 가입된 국제기구 현황, 국내단체 현황, 국내단체의 국제회의 개최 의향, 국제회의 시설현황, 유관업계 현황 및 주최자의 요구사항을 정확히 파악하여야 한다.

이러한 정보의 수집은 국제회의 관련 전문기구 가입을 통한 정보교환과 국제기구에 가입한 국내단체들과의 협력관계 유지를 통해서만 이루어질 수 있다.

현재 한국관광공사가 이와 관련한 전반적인 데이터를 보유하고 있으며, 컨벤션 데이터베이스 구축을 추진하고 있으나, 관련 단체들과의 유기적인 협력체제 강화, 조사연구사업에 대한 투자 확대 등을 통해 정보의 체계적인 관리 및 적시 공급을 이루어 나아가야 할 것이다.

아울러 과학적인 마케팅 활동 및 지원체제 정비를 위해서는 한국관광공사는 물론 각 지방자치단체가 각기 관련 정보를 체계화하여 전국적인 컨벤션 데이터베이스 망을 더욱 긴밀히 구축할 필요가 있다.

3) 국제회의 전문인력 양성

국제회의의 유치, 기획, 준비, 개최, 운영 등의 국제회의 관련 업무는 고도의 전문적 지식과 능력이 필요하다. 우리나라는 컨벤션 역사가 비교적 짧고 지금까지 국제회의 부문에 대한 인식 부족, 체계적인 국제회의 전문인력 양성을 위한 연수제도 부재로 체계적인 노하우가 그다지 축적되지 못한 상태이다.

따라서 전문인력의 양성을 위해서는 PCO를 중심으로 컨벤션 관계자들에 대한 정기적인 연수실시, 우리나라 실정에 맞는 컨벤션 관련 노하우를 매뉴얼화하고 발전시킬 필요가 있다.

4) 컨벤션 관계자의 연대 강화

국제회의를 효율적으로 유치·운영하기 위해서는 회의 주최 단체, 정부기관, 업계의 공동협조체제가 구축되어야 한다. 한국관광공사가 전개하고 있는 국제회의 유치 홍보활동에 적극적인 동참이 필요하며, 유치를 위한 바람직한 활동으로는 다음의 사항을 들 수 있다.

① 유치신청서 작성, 사전답사반(Site Inspection Visit) 방한 지원 등
② 유치단계에서 적극적인 지원
③ 해외 컨벤션 매체를 통한 공동광고 게재
④ 컨벤션 마트 개최
⑤ 국내업체를 대상으로 하는 국제회의 설명회 개최
⑥ 해외 주요 컨벤션전시회 공동 참가

5) 지방 컨벤션산업의 활성화

지방으로의 국제회의 유치는 지방의 국제화와 지역경제 활성화를 촉진할 뿐만 아니라 국제회의 시장의 확대를 가져올 수 있다. 현재 지방의 국제회의 유치를 위한 여건은 매우 취약하며 일부 도시만이 개최 실적을 얼마간 가지고 있을 뿐이다.

지방자치단체의 컨벤션 진흥을 위해서는 새로운 컨벤션시설 등 하드웨어 부문보다는 오히려 소프트웨어 측면의 정비가 더욱 시급하다. 일본의 경우 지방 컨벤션산업의 활성화를 위해 1987년부터 컨벤션시티의 개념을 도입해 일부 도시를 국제회의 도시로 지정하고 이들 도시의 국제회의산업에 대한 투자를 확대하였다. 우리나라도 2000년대 들어서 국제회의도시를 지정하여 지원하고 있다.

지역의 컨벤션 활성화를 위해서는 지역 내 컨벤션뷰로 설립 및 전문인력 양성, 컨벤션 유치 가능성이 있는 단체 및 컨벤션 관련업 유치, 컨벤션환경의 정비 등이 더욱 요구된다.

6) 컨벤션 주최자의 부담 경감

한국관광공사가 매년 국제기구에 가입된 국내단체를 대상으로 실시하고 있는

국제회의 유치의향 조사에 따르면, 예산 부족, 인력 부족, 경험 부족이 이들 단체가
국제회의 유치에 제약을 받는 주요 이유로 드러나고 있다.

각 단체가 관련 업계의 후원, 이벤트 개최, 회의 circular에 관련업계 광고 게재를
통해서 경비를 줄일 수 있으나, 일정 규모 이상의 외국인 참가자가 기대되는 회의
에 대해서는 정보나 자치단체 차원에서 융자 등 재정적 지원책을 검토해야 할 것
이다.

Home2 Suites by Hilton Las Vegas Convention Center
755 Sierra Vista Dr., Las Vegas, NV, 89169. US
★★★★

제3절 ▶ 국제회의의 유치

1. 국제회의의 유치

국제회의는 정기적으로 개최되는 경우와 필요에 따라 부정기적으로 개최되는 경우가 있다. 정기적으로 개최되는 경우 그 주기는 보통 반년, 1년, 2년, 3년, 4년, 5년 등 다양하며 대개 대규모 회의는 그 개최 주기가 같다고 말할 수 있다.

회의개최지의 결정은 국제기구에 따라 다르나, 전전회의 회의 개최 시에 결정되는 경우가 많다. 따라서 국제회의 개최국으로서 입후보하려면, 1년 주기의 회의는 2년 이상 전에, 3년 주기의 회의는 6년 이상 전에 회의 개최 입후보를 표명해야 한다. 물론 입후보 전에 여러 각도에서 회의 개최 가능성을 충분히 점검해야 함은 말할 것도 없다.

2. 입후보의 조건

입후보하기 전에 주최국으로서 개최조건을 충분히 검토할 필요가 있다. 검토해야 할 요소의 주가 되는 것은 다음과 같다.

1) 개최 규모

과거의 회의실적과 회의 테마 수에 의해 참가자·동반자의 수를 추정하고, 개최 도시나 개최시기 등도 고려하여 회의 규모를 예상한다.

2) 재무

추정 규모와 과거의 예산을 참고로 하여 필요경비를 산출한다. 수지의 균형을 보아 부족 자금의 조달방법을 중점적으로 검토한다.

3) 회기 · 시기

종래의 회기 · 시기를 대폭으로 변경하지 않고, 본부의 의향이나 전회의 회의 개최에 기반해, 회의의 주체나 개최국의 특수한 사정도 충분히 고려해서 회기 · 시기를 결정하는 것이 바람직하다. 우리나라에서는 기후를 고려하면 봄과 가을이 가장 좋으나, 관광 성수기와 중복되어 숙박 등의 예약을 하기 어렵고 원만한 운영에 지장을 가져올 경우도 있다.

4) 회의장

회의 규모와 회의형태에 상응하는 회의장의 선정만이 아니라 회의장, 전시장, 호텔, 기타 관련 시설의 기능적인 배치를 염두에 두고 결정하는 것이 중요하다.

5) 기타

그 밖에 ① 외국인 대상시설의 확보, ② 출입국에 관한 문제점의 유무, ③ 정부 관계자, 지방자치단체 관계자 등의 참가 가능성, ③ 회의장에의 접근에 관한 문제의 유무, ④ 공항, 철도, 항만, 자동차도로 등의 정비상황 점검, ⑤ 기타 특수사정(시설 방문 및 관련 행사 전반)의 점검도 충분히 고려할 필요가 있다.

이상의 기초조사에 따라 입후보를 검토할 때에는 민간의 회의 전문용역업체인 PCO(Professional Convention Organizer), 호텔, 여행사, 회의장 등과 의견교환을 하며 추진하는 것이 좋다.

수용이 결정되고 나서, 이들 전문기업에 어떠한 형태로든지 협력을 의뢰하게 되는 경우가 많기 때문이다.

3. 후보지 표명

개최국의 결정은 앞서 서술하였듯이 국제기관에 따라 다르지만, 전시회의 회의 중에 행하여지는 이사회나 임원회에서 결정되는 경우가 많다. 따라서 그 이전에 입후보 취지서와 기타 필요서류 등을 본부의 임원이나 필요하다고 생각되는 관계자에게 제출하여 의지를 표명해 놓는 것이 중요하며, 또한 개최국의 정부 관계자, 지방자치단체의 장, 한국관광공사 사장, 관련 학회 회장 등의 명의로 초청장을 보내는 것도 매우 유효하다.

입후보 취지서의 형식이나 형태는 일정하지 않지만, 그 내용은 대략 다음과 같다.

① 개최의 의의를 비롯하여 회의시설을 포함한 수용체제가 완비되어 있다는 것
② 관광지로서 충분히 매력이 있는 나라라는 것(문화유산, 자연경관, 쇼핑 등)
③ 정치정세가 안정되어 있으며, 기후 등 회의 개최 장소로서의 쾌적성의 확보가 가능하다는 것

정식적인 제출방법이나 수속은 본부 국제기구의 결정을 따르는 게 당연하다. 우리나라의 경우, 개최국으로서 적합한 장점을 한국관광공사에서 발행하는 다음의 각종 한국 소개 인쇄물·필름 등을 이용하여 홍보할 수 있다.

① 16mm 필름
② 비디오 동영상
③ 슬라이드
④ 멀티비전
⑤ 인쇄물(회의장·전시장 안내, 관광), 팸플릿, 호텔 안내 리스트

4. 유치활동

우리나라 외에 경쟁국이 없고 다른 문제가 없다고 판단되면 자동으로 우리나라에서의 개최가 결정된다. 그러나 실제로는 복수 국가가 입후보할 경우가 많아 그 수는 10개국 이상에 이를 수도 있다. 경쟁국의 노력에 대한 예를 하나 들면, 싱가포르는 "Global Meeting 2000" 캠페인을 전개하면서 1998~2000년까지 3년 동안 세계 주요 MICE(Meeting, Incentive, Convention, Exhibition) 입안자를 대상으로 홍보활동에 600만 싱가포르 달러(약 50억 원)를 투입하여, 국제회의 유치에 모든 노력을 다하였다.

유치경쟁에서 승리를 획득하는 방법으로서 다음의 사항을 고려해야 한다.

① 본부 임원이나 책임자를 우리나라에 초청하여 회의시설을 비롯한 수용능력, 관광 매력 등을 홍보한다.

② 본부 임원에게 정부 관계자, 도지사, 시장, 한국관광공사 사장, 관련 학회 회장 등의 명의로 된 초청장을 보낸다.

③ 한국 소개의 팸플릿, 호텔, 회의장, 전시장 등의 시설을 소개한다.(충실한 회의 시설의 홍보)

④ 우리나라의 뛰어난 주거환경을 홍보한다.

⑤ 편리한 교통편을 홍보한다.

⑥ 총회 및 이사회 개최 시 다음과 같이 홍보한다.

- '한국의 밤(Korean Night)' 개최
- 회의장에 한국 홍보 코너 및 안내상담실(Hospitality Suite) 설치
- 한국홍보영화 및 비디오 상영
- 한국으로의 회의유치 환영연설 등

5. 준비위원회(사무국)의 설치

국내 관계자가 입후보의 의사를 결정하고 정식으로 입후보함에 즈음하여 준비위원회를 발족시킨다. 입후보의 결과 개최가 결정되면 준비위원회는 최고의 의사결정기관인 '조직위원회'로 개칭되며 동시에 개최준비를 위한 사무국이 설치된다.

특수한 경우나 대규모라서 사무업무가 과중한 경우, 또는 그 밖의 이유로 사무국 설치가 곤란한 경우는 회의기획업체(PCO)에 업무를 일부 또는 전면적으로 위탁하는 방법이 있다.

사무국은 실무를 담당하는 중요한 역할을 하기 때문에, 사무국장으로는 조직위원장과 같이 신뢰할 수 있는 인물을 뽑는 것이 중요하다. 또 빠른 시기에 조직위원회 운영 요강과 회의규정 등을 작성해 놓는 것이 중요하다.

⊙ 국제회의 유치절차(요약)

1) 국제기구 가입 국내기관의 유치 의사(Intention) 확정

- 예산확보 가능성 확인
- 인력확보 점검

2) 정부기관과 유치협의 결정(Domestic Agreement)

- 정부 차원에서 국제회의 개최 사전준비사항 점검
- 필요 시 국무총리 행정조정실의 사전승인

3) 국제기구 본부에 개최신청서 제출(Bidding)

4) 회의시설 답사팀 안내(Site Inspection)

- 회의시설 소개선전

5) 공식제의(Official Invitation)

- 개최 의사 확인
- 참가 대표 비자발급 서약
- 항공료 할인 보장

6) 개최지 결정(Voting)

- 통상, 국제기구의 이사회에서 표결
- 필요 시 효과적 로비활동(Lobbying) 전개

7) 개최지 확인 공식서한 접수(Confirmation)

8) 전담반(Host Committee) 구성

- 회의 준비 업무

▣ 회의시설 선정 시 고려사항

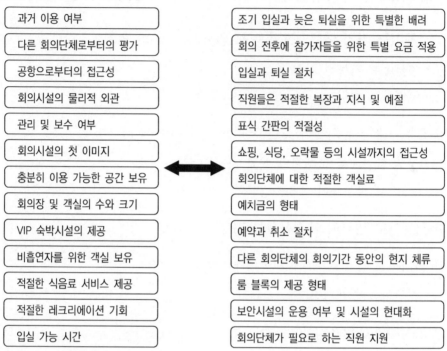

과거 이용 여부	조기 입실과 늦은 퇴실을 위한 특별한 배려
다른 회의단체로부터의 평가	회의 전후에 참가자들을 위한 특별 요금 적용
공항으로부터의 접근성	입실과 퇴실 절차
회의시설의 물리적 외관	직원들은 적절한 복장과 지식 및 예절
관리 및 보수 여부	표식 간판의 적절성
회의시설의 첫 이미지	쇼핑, 식당, 오락물 등의 시설까지의 접근성
충분히 이용 가능한 공간 보유	회의단체에 대한 적절한 객실료
회의장 및 객실의 수와 크기	예치금의 형태
VIP 숙박시설의 제공	예약과 취소 절차
비흡연자를 위한 객실 보유	다른 회의단체의 회의기간 동안의 현지 체류
적절한 식음료 서비스 제공	룸 블록의 제공 형태
적절한 레크리에이션 기회	보안시설의 운용 여부 및 시설의 현대화
입실 가능 시간	회의단체가 필요로 하는 직원 지원

자료 : 박의서(2009), MICE산업론, 학현사

▣ 컨벤션기획자의 유형

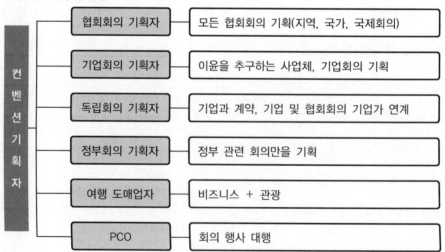

컨벤션기획자	협회회의 기획자	모든 협회회의 기획(지역, 국가, 국제회의)
	기업회의 기획자	이윤을 추구하는 사업체, 기업회의 기획
	독립회의 기획자	기업과 계약, 기업 및 협회회의 기업가 연계
	정부회의 기획자	정부 관련 회의만을 기획
	여행 도매업자	비즈니스 + 관광
	PCO	회의 행사 대행

자료 : 박의서(2009), 전게서

사례 ◢ 특성화고: 해성국제컨벤션고등학교

"국제회의 개최건수로 서울이 세계 9위입니다. 아시아에선 싱가포르, 일본 다음으로 3위이구요. 개최건수를 늘리려면 국제 비즈니스와 경제분야에서 서울에 대한 홍보 비중을 더 늘려야 합니다." "서울에만 집중해선 안 됩니다. 부산, 대전 등 각 지역의 컨벤션시설들을 골고루 활용하는 지방 분산화가 필요할 때입니다." "그렇습니다. 각 지방의 컨벤션시설들을 특성화시켜 국제회의를 개최한다면 국가 지역균형발전도 함께 이루는 윈-윈 성과를 얻을 수 있을 겁니다." 지난달 24일 서울 해성국제컨벤션고 컨벤션홀, 이 학교 2학년 3반 학생들이 컨벤션마케팅 수업에서 '서울을 국제회의 개최도시 1위로 만들기 위한 방안'을 주제로 찬반 토론을 벌였다. 미래 컨벤션 전문가가 될 학생들은 컨벤션에 대한 열의를 불태웠다.

■ 컨벤션, 차세대 국가동력산업으로 꼽혀

  서울 전농동에 위치한 해성국제컨벤션고(학교법인 해성학원)는 국제회의 · 전시(컨벤션)분야의 전문인 양성 교육과정을 운영하는 학교다. 전문계고 중 전국에서 유일하다. 컨벤션은 서울시가 중점 육성하는 6대 신성장동력산업(컨벤션 · 디자인 · 관광 · 디지털콘텐츠 · 비즈니스서비스 · R&D) 중 하나다. 또한 우리나라 17개 신성장동력 중 고부가가치 서비스산업으로 꼽히기도 했다. 모두 굴뚝 없는 친환경 미래 산업이다. 컨벤션은 업계에서 'MICE'산업으로 불린다. MICE는 회의(Meeting) · 포상관광(Incentive) · 컨벤션(Convention) · 전시회(Exhibition)의 약칭.

  이를 반영해 해성국제컨벤션고는 지난 2007년 국제회의 · 전시 분야의 특성화고교로 지정됐다. 서울시 · 서울시교육청 · 교육인적자원부의 지원을 받아 컨버전스룸 · 컨벤션홀 · 컨벤션영상실습실 · 국제매너실습실 등을 갖췄다. 서원하 교감은 "학생들은 MICE와 관련된 무역전시 · COEX · SETEC · 박람회기획 · 금융서비스 · 전시디자인 · 문화축제 업체에 취업하게 된다"고 말했다. 이어서 교감은 "경영 · 회계 · 관광 · 광고 · 이벤트연출 관련 대학으로도 진학한다"고 덧붙였다. 학생들은 재학 중 컨벤션기획사 · 정보처리기사 · 영어검정시험 · 컴퓨터활용능력자격증을 취득한다. 취업분야는 금융기관 · 컨벤션업체 · 관광호텔업계 · 의전요원 · 무역업체 · 기업국제업무 · 국제통상 · 관광경영 등이다.

[중앙일보 프리미엄, 2009.5.25]

사례 / 세종대학교 컨벤션센터

- **전문성과 편리성을 겸비한 대학 내 유일 전문 컨벤션센터**

  세종대학교 컨벤션센터는 지상 15층 지하 4층의 건물에 위치한 대학 내 유일의 전문 국제회의 시설로서 최대 2,700명이 수용 가능하며 13개의 중소규모의 회의시설을 비롯하여 전시장, 공연장 그리고 게스트하우스까지 현장에서 모든 것이 이루어질 수 있도록 편의를 제공한다. 특급호텔에서 제공하는 식사와 컨벤션 행사 전문가들로 구성되어 대규모 회의 및 학술회의, 전시회, 문화예술 행사 및 콘서트, 웨딩 등 다양한 행사를 성공적으로 진행할 수 있도록 최선을 다하여 지원하겠다는 것이 이 대학 측의 약속이다.

- **컨벤션 & 전시장(CONVENTION & EXHIBITION)**

  대규모 회의 및 학술대회, 전시회, 문화예술행사, 콘서트, 웨딩 등 다양한 행사 진행

컨벤션홀(A+B+C)

컨벤션홀(A)

컨퍼런스룸

- **대양AI센터 & 강의실(DAE-YANG AI CENTER & CLASSROOM)**

AI홀(만찬)

AI홀(세미나)

계단식 강의실

■ 공연 & 콘서트(PERFORMANCE & CONCERT)

다목적 대형 공연장으로 예술공연뿐만 아니라 기업체 세미나, 강연, 설명회를 겸한
다양한 행사가 가능한 세종이 자랑하는 최고의 문화공간

구분	실면적/규격	수용인원(명)
대양홀	1,931sq.m(584py), 무대 23m×15m	1층: 928석 2층: 1,014석 3층: 88석
광개토관 15층 소극장	886.41sq.m(268py), 무대 20m×16m	325석
학생회관 대공연장	823sq.m(249py), 무대 9.5m×7m	302석

갤러리(광개토관 B1)　　소극장(광개토관 15F)　　대공연장(학생회관 B1)

■ 숙박(SEJONG STAY)

AI센터 9~11층 90개 객실로 트윈 72실, 트리플 18실로 비즈니스센터, 세탁실 및 회의실을
갖추고 있는 비즈니스호텔급 시설로서 세미나 및 회의 참석자에게 편안한 숙박시설 제공

컨벤션센터 02-3408-4457~9
홈페이지 convention.sejong.ac.kr
네이버 '세종스테이' 검색

SEJONG UNIVERSITY
CONVENTION CENTER

구분	면적(PY)	객실수	제공
Twin(Double+Single)	10평	72실	무료 wifi, TV, 냉장고, 헤어드라이어 등
Triple(Single+Single+Single)	10평	18실	무료 wifi, TV, 냉장고, 헤어드라이어 등
부대시설	세탁실(11층), 회의실(10층), 비즈니스센터/프런트(9층)		

[발표와 토론할 주제]

5-1. 국제회의 정의가 각 기구마다 어떻게 다른지에 대해 조사·발표하시오.

5-2. 국제회의의 개최효과에 대해 논하시오.

5-3. 각국의 국제회의 전담기관에 대해 조사하고 역할과 활동에 대해 발표하시오.

5-4. 한국관광공사 코리아 MICE뷰로를 검색하고 각 본부와 MICE실의 역할과 활약
에 대해 발표하시오.

5-5. Korea MICE Alliance란 어떤 조직인지, 그리고 MICE 유치를 위한 협력 및 활동
사례를 조사하고 발표하시오.

5-6. 한국MICE협회와 한국PCO협회를 검색하고 최근 어떤 역할을 하고 있는지 발
표하시오.

국제회의기획업

Chapter

국제회의기획업

1. 국제회의기획업의 정의

국제회의, 전시회 등은 준비과정이나 운영 등에 있어서 그 성격에 따라 부대시설에서 행사 진행에 이르기까지 다양성이 있는 것이 큰 특징이다. 따라서 국제회의 준비에는 고도의 전문성이 요구되며 국제회의에 관한 종합적 식견을 지닌 전문인력이 필요하다.

국제회의기획업(PCO : Professional Convention/Congress Organizer, 국제회의전문용역업)은 대규모 관광수요를 유발하는 국제회의의 기획·준비·진행 등의 업무를 행사주최자로부터 위탁받아 대행하는 업을 말하는데, 1998년 「관광진흥법」 개정 시 종전의 '국제회의용역업'을 '국제회의기획업'으로 명칭을 변경하고 '국제회의 시설업'을 추가하여 "국제회의업"이란 이름으로 관광사업의 일종으로 규정하였다(동법 제3조 1항 4호). 2007년 「국제회의산업 육성에 관한 법률」을 개정하여 국제회의의 유치를 촉진하고 그 원활한 개최를 지원하여 국제회의산업을 육성하고 진흥함으로써 관광산업의 발전과 국민경제의 향상에 이바지함을 목적으로 2009년 3월 18일자로 「국제회의산업 육성에 관한 법률」을 시행하였다. 국제회의업을 관광사업으로 포함한 배경은 다음과 같다.

첫째, 국제사회의 발달로 인한 빈번한 인적 교류로 국제회의의 규모가 점차 확대되고 있다. 따라서 이를 관광과 연계하여 발전시킨다.

둘째, '86 아시안게임과 '88 서울올림픽대회를 계기로 준비된 관광 수용시설을 최대한 활용하고, 더욱 많은 대규모 관광객을 유치하여 관광 수입을 증대하기 위해서 국제회의를 적극적으로 유치한다.

셋째, 국제회의 업무를 효율적으로 수행하기 위해서는 회의의 기획·준비·진행 등 제반 관련 업무에 관한 전문지식을 가진 전문용역업체의 육성이 절실하다는 점 등을 들 수 있다.

국제회의산업의 다양성이나 전문성은 국제회의기획업의 설립과 발전을 가져왔으며, 국제회의산업 선진국에서는 국제회의기획업이 대부분의 국제회의, 전시회 등의 준비 운영업무를 주최 측으로부터 위임받아 회의 개최에 따른 인력 및 예산을 효율적으로 관리함으로써 시간과 자금을 절약하면서 세련된 회의 진행의 효과를 거두고 있다.

PCO는 각종 국제회의 및 전시회의 개최 관련 업무를 행사 주최 측으로부터 위임받아 부분적 또는 전체적으로 대행하여 주는 조직체로서, 효율적인 회의 준비와 운영을 위하여 회의기획자(meeting planner), 통역사, 속기사 등 국제회의 또는 전시회 행사와 관련되는 각종 전문용역을 제공한다.

PCO는 위임받은 회의를 성공적으로 수행하기 위하여, 회의 주최 측과 상호 긴밀한 협조하에서 제반 업무를 조정·운영한다. 그리고 관광회사, 항공사 등의 교통운송 회사, 쇼핑업체 및 숙박업체 등의 여타 국제회의 관련 업체들이나 관련 정부기관 및 국제회의 전담 정부기구 등 회의의 원활한 운영에 필요한 모든 외부기관, 업체들과의 긴밀한 업무 협조관계를 유지한다.

PCO는 이러한 외부기관과의 업무 협조하에 회의안을 전문적 내용으로 편성하고, 회의장, 숙박시설, 통역사 등의 관련 용역 및 시설을 효과적으로 관리하며, 이런 모든 업무를 전체적으로 조화시켜 주최 측이나 참가자에게 그 행사가 가장 효율적으로 조직되고 운영된다는 확신을 주도록 한다. 이를 위하여 PCO는 국제회의 전문가로 구성되며 국제회의의 복잡·다양한 업무를 전체적 관리구조하에 조화된 팀워크로 운영하여 최대한 성과 즉 성공적 회의 개최를 낳게 한다.

이상에서 서술한 것과 같이 PCO의 역할은 국제회의산업에서 큰 비중을 차지하고 있으며, 국제회의산업 발전을 위한 기본적 역할을 행한다고 볼 수 있다.

PCO의 주요 업무는 다음과 같다.

① 회의 구성에 관한 전반적인 책임

② 주최측 및 참가자와의 연락 관계 유지

③ 주요 위원회 회의의 준비 및 참가

④ 회의장 및 서비스홀의 준비 및 임차

⑤ 회의와 관련된 자료 발송(사전 프로그램, 등록서 등)

⑥ 참가자 등록업무

⑦ 호텔예약

⑧ 사교행사에 관한 행정사항

⑨ 각종 문서의 준비

⑩ 전시장 및 전시회 참가자와의 연락관계 유지

⑪ 기술부문 행사의 협조(서류, 필름, 전시 등)

⑫ 홍보업무

⑬ 정식 인원 및 임시 고용원에 대한 통제

⑭ 회계업무

⑮ 수송 및 관광업무

2. 국제회의기획업의 역할

회의산업이 가장 먼저 성립된 곳은 유럽이다. 유럽 및 미국을 비롯한 선진국에서는 회의기획자의 많은 수가 PCO 산하에 들어가 있다. PCO는 회의를 유치하려는 고객들의 욕구를 충족시키는 서비스회사로 정의된다.

이 PCO의 기능은 국제회의를 보다 효율적으로 운영하기 위하여 전문회의기획자, 통역사, 속기사 등 국제회의 또는 전시회 행사와 관련된 각종 전문용역을 제공하고 있다.

원래 회의기획자는 국내에서 많이 볼 수 있듯이 협회나 기업간부들의 임무 중 하나였으나, 최근에는 회의 시장의 성장과 사회의 복잡성으로 인해 고도의 전문지식으로 무장한 전문적인 회의기획자가 등장하기에 이르렀다. 회의기획자의 역할은 회의 前, 회의 中, 회의 後 등으로 구분할 수 있다.

회의 전의 활동으로는 회의목적 결정, 회의장소 선정과 협상, 예산 결정, 홍보, 등록절차 선정, 회의 개최장소 선정 등이 있고, 회의 중의 활동으로는 등록, 객실배정 계획, 비상사태에 대한 준비, 행사장 설비 및 장비 점검, 회의 중 관광 준비, 회의 관계 직원과의 긴밀한 연락유지, 식음료 계획 등이다. 회의 후의 활동으로는 회의결과보고서 작성, 회의 평가, 참가자에게 보낼 감사의 편지 작성 등이 있다.

회의기획자들은 회의에 관련된 모든 업무를 혼자서 처리할 수 없으므로 호텔의 관계자와 매우 긴밀한 상호작용이 필요하다. 호텔 측의 입장에서 회의기획자는 숙박 및 회의장소로서의 호텔 선택과 호텔시설 이용 등으로 호텔수익 증대에 매우 중요한 존재이다.

3. 국제회의기획업의 기능

다음은 각종 규모의 국제회의 개최준비 및 운영과정에서 PCO의 용역을 원한다면 회의 준비사무국, PCO, 회의참가자 및 외부 관련 인사 사이에 이루어지는 업무처리 내용을 5단계로 도식화한 것이다.

1) 1단계 : 회의 준비 초기단계

회의 준비 초기단계는 PCO와의 계약체결, 소요예산 산정, 기본프로그램 구성 및 예상 참가자들 대상의 발송명부 작성 등의 업무가 진행되는 시기이다.

▶ 회의 준비 초기단계

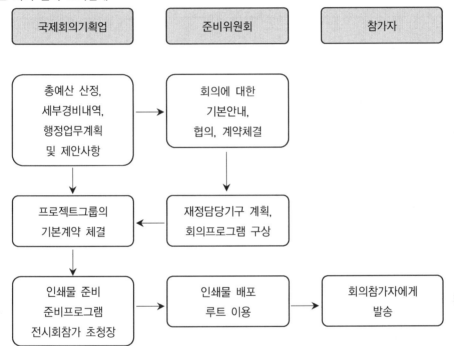

2) 2단계 : 회의 준비의 구체적 도입단계

회의 준비의 구체적 도입단계는 회의 일정 결정 및 초청 프로그램 작성, 배포와 연사 선정 등의 기본작업이 이루어지는 시기이다.

▣ 회의 준비의 구체적 도입단계

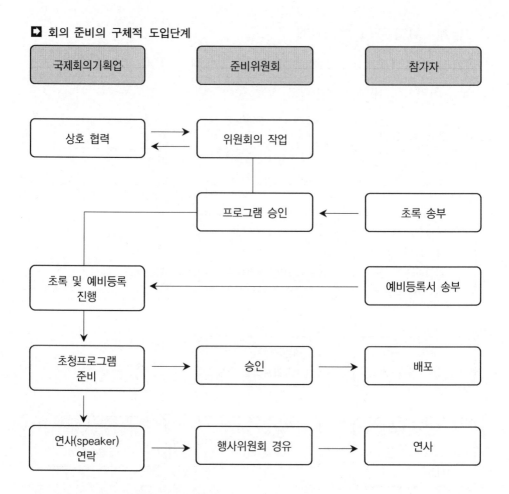

3) 3단계 제반 업무 추진단계

회의참가자의 등록접수, 문의, 요청사항 등에 대한 처리 및 회의기간 중 전시회가 병행될 경우, 이에 대한 프로그램 확정 등의 제반 업무 추진단계이다.

■ 제반 업무 추진단계

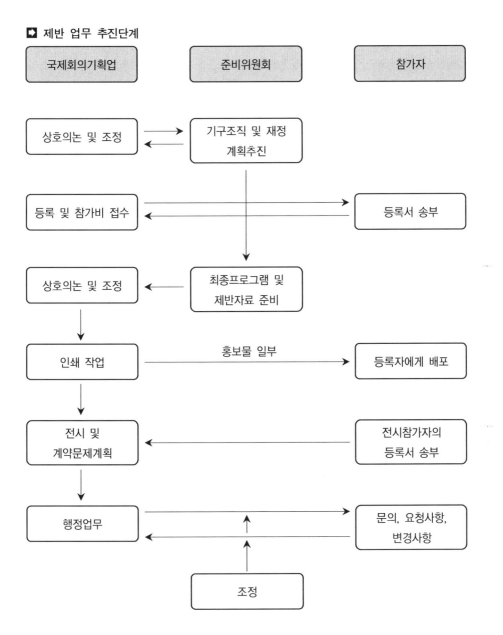

국제회의기획업	준비위원회	참가자

상호의논 및 조정 → 기구조직 및 재정 계획추진

등록 및 참가비 접수 ← 등록서 송부

상호의논 및 조정 ← 최종프로그램 및 제반자료 준비

인쇄 작업 — 홍보물 일부 → 등록자에게 배포

전시 및 계약문제계획 ← 전시참가자의 등록서 송부

행정업무 → 문의, 요청사항, 변경사항

조정

4) 4단계 최종준비 완료단계

회의장 제반 시설 점검, 각종 소요 물품 제작 및 회의 준비위원회 내의 최종준비
완료 시기이다.

◪ 최종준비 완료단계

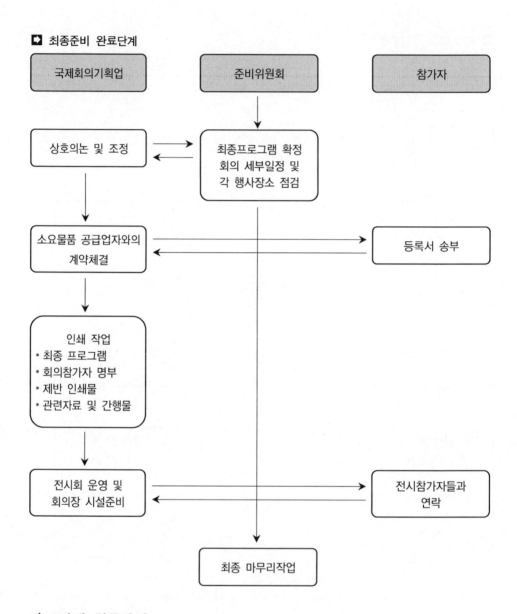

5) 5단계 최종단계

모든 준비단계를 거친 후, 회의 개최부터 폐회 및 사후처리까지의 업무로서, 회의참가자들의 도착 이후 등록, 제반 행사 진행, 관광 및 행사 요원 관리 그리고 사후처리 및 평가까지 마무리하는 최종단계이다.

▶ 최종단계

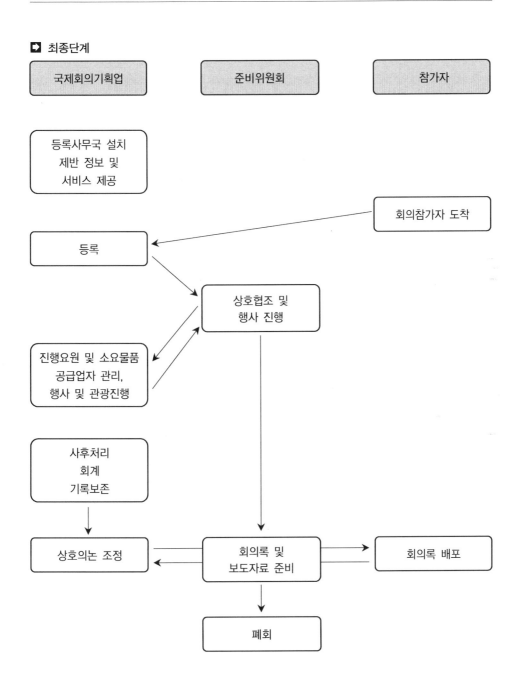

4. 국제회의기획업의 현황 및 대책

1) 국제회의 절대수 부족 및 계절에 따른 수요변동

국내개최 국제회의의 물량 부족과 봄·가을 편중으로 PCO의 업무량 확보가 곤란한 문제점을 지니고 있다. 이에 대한 대책으로는 국제회의 국내개최 적극 유치로 국제회의산업을 활성화하고, 대규모 국제회의 유치단 파견 등에 따른 출입국·통관 등의 편의를 제공하며, 관광 비수기에 개최되는 국제회의에 각종 지원을 우선해서 배정하는 것 등이 있다.

2) 컨벤션 전문요원 양성

PCO전문경영인 부족과 컨벤션 전문요원 자격 기준 부재의 문제점을 지니고 있다. 이에 대한 대책으로는 관련 협회의 교육 강화 및 교육기관 설립 또는 국내외 전문 교육기관의 교육참여 기회부여를 위해 재정보조 등의 지원책을 마련해야 한다. 그리고 동시통역사, 속기사, 번역사 등 컨벤션 관련 전문인력에 대한 교육 훈련 및 자격증 제도의 도입으로 수준 향상 및 공신력을 높여야 한다.

3) PCO의 지위 보장

PCO의 법적 지위 보장 미흡으로 활동이 한정적인 경우가 있다. 따라서 국제회의기획업의 관광사업자 지정이 필요하고, PCO업계 활동의 통합조정기능 강화로 대정부 건의, 용역 수주에 따른 기준마련 등 권익 신장을 위해 노력해야 한다. 그리고 세밀한 관련 입법이 추진되어야 한다.

4) PCO의 영세성

PCO의 영세성 및 인식 부족으로 인하여 대규모 국제행사 유치 및 수주능력이 미약하다. 따라서 PCO 활동 지원을 위한 재정보조 혹은 대규모 국제회의 유치단 파견 등에 PCO 참여를 지원해야 한다.

제2절 ▶ 회의기획자의 회의개최지 선택속성

　회의기획자가 회의개최지를 선택할 때에는 여러 요인을 동시에 고려하게 된다. 이 분야의 선행연구로는 Turgut Var 등, Meetings & Conventions, M. A. Bonn and J. N. Boyd 그리고 Leo M. Renaghan and Michael Z. Kay 등의 선택결정속성에 대한 연구가 있다. 그들의 연구를 회의 행선지, 숙박시설, 회의시설 등의 3가지로 간략하게 정리해 보기로 한다.

　본 연구에서는 호텔 선택 시 결정속성을 숙박시설 속성과 회의시설 속성으로 구분하였는데, 이는 국내회의뿐만 아니라 국제회의의 대부분이 특급호텔에서 개최되기 때문이다.

1. 행선지

　회의기획자는 회의 준비로 우선 개최장소, 즉 회의 행선지를 결정한다. 회의 행선지는 회의참가자, 특히 협회회의의 경우에 참가자를 더욱 많이 참가하게 하는 주된 원인이다. 회의기획자가 회의 행선지 선택 시 고려하는 속성은 일반적으로 다음과 같다.

▶ 회의행선지 선택 시 결정속성

행선지속성	Meeting & Convention	T. Var 등	M. A. Bonn J. N. Boyd
개최지와의 거리	○	○	○
교통의 편리성	○	○	○
교통요금	○	○	
기후 및 날씨	○	○	○
호텔 및 회의시설	○	○	
관광문화자원	○	○	○
개최지의 이미지	○	○	
레크리에이션시설	○	○	○

자료 : Market Probe International(1992), Meetings & Conventions, Red Travel Group, A Division of Reed Publishing; March Turgut Var, Frank Cesario and Gary Mauser(1985), "Convention Tourism Modelling", Tourism Management, Vol. 6, No. 3, pp.197-198.
Bonn M. A. and J. N. Boyd(1992), "A Multivariate Analysis of Corporate Meeting Planner Perception of Caribbean Destination", Journal of Travel Marketing, pp.1-9.

2. 숙박시설

국내외를 막론하고 대부분의 회의는 3~5일 동안 개최되고 이때 숙박시설의 결정은 중요한 비중을 차지하며 대부분 호텔이 회의장소 겸 숙박시설이 된다.

미국에서는 호텔이 회의장소로 커다란 비중을 차지한다. 최근에 인센티브형 회의가 증가하면서 다양한 활동을 할 수 있는 리조트호텔이 회의장소로 선호되고 있다. 때때로 많은 참가자가 모이는 회의의 경우는 인접 호텔에 분산해 참가자를 숙박시켜야 한다. 국제회의는 때때로 전시회가 따르는 경우가 있어서 충분한 전시시설을 갖춘 호텔들이 선호되고 있다. 아래 표에서는 숙박시설 선택 시 결정속성을 나타낸다.

▣ 숙박시설 선택 시 결정속성

행선지속성	Meeting & Convention	M. A. Bonn J. N. Boyd
과거 해당 호텔의 이용 경험	○	
객실의 수, 규모, 질	○	○
회의실의 수, 규모, 질	○	
가격		○
가격의 융통성(우대할인율)	○	
대금지급절차의 간소화	○	
식사의 질	○	
직원의 태도	○	○
직원의 회의처리능력	○	
체크인/체크아웃 절차의 간편성	○	○
쇼핑의 용이성	○	
공항과의 접근성	○	○
교통수단 이용에 편리한 여건	○	○
야간유흥	○	○
이벤트 행사		○
서비스의 질		○
스위트룸의 수, 규모, 질	○	
시설물의 최신성	○	

자료 : Market Probe International, ibid.; M. A. Bonn and J. N. Boyd, ibid.

3. 회의시설

회의개최지나 호텔을 회의장소로 결정하는 과정에서 회의시설은 서비스보다 인지하기가 쉽다. 회의기획자는 일반적으로 회의에 적합한 속성을 갖춘 회의장소를 선호하며 또한 한 가지 속성보다는 여러 속성을 고려하여 회의시설을 선택하는 경향이 강하다.

회의시설의 속성은 아래 표에서 보는 바와 같다.

▶ 회의시설 선택 시 결정속성

회의시설	L. M. Renaghan M. Z. Kay
방음시설	○
시청각시설	○
온도 및 조명통제	○
분과위원회 위치	○
충분한 천장높이	○
분리된 휴게실	○
이동식 벽과 칠판	○
계단식 회의실	○
소규모 회의실	○
회의시설 가격	○
위락시설	○

주 : 1) 회의장의 규모, 회의시설 가격, 위락시설 등 요인은 숙박시설 항목에서 취급
   2) 회의시설 선택 시 결정속성은 국제회의의 경우로 한정

한편, 전술한 회의개최지 선택속성에 추가해야 할 변수를 열거하면 다음과 같다.

행선지 속성 중에서 출입국 관련 요인은 국제와 국내를 비교할 수 없는 관계로 관세통관의 간소화, 출입국절차의 간소화, 비자의 요구, 안전, 주민의 환대, 광고 등의 속성에 대해서 언급하지 않았다. 그리고 일부 속성, 이를테면 환전, 직항노선, 자동차 임대, 전세서비스, 세금법 등의 속성은 행선지를 중심으로 연구를 행할 시에는 이러한 속성들을 동시에 연구하는 것이 바람직할 것이다.

제3절 ▶ 국제회의기획업 업무의 세부사항

1. 회의 시기 및 회의장의 선택

PCO의 업무 가운데 가장 커다란 책임을 느끼는 것이 국제회의 회의장 선택이다. 대형 이벤트 및 박람회에서는 PCO의 1개사가 회의장의 선택에 주요한 역할을 담당하는 때는 거의 없지만, 국제회의의 회의장 선택에서는 2~3개의 가능성이 있는 후보지를 제안하거나 특수한 경우는 전부를 1개사가 전담하는 경우도 있다.

개최지를 선택할 경우 PCO가 항상 염두에 두어야 하는 것은, 첫째로, 참가자의 접근성은 어떤가 하는 것이다. 교통망 및 도시기능의 편리성에 뛰어난 대도시가 적당한 장소로 합당하지만, 서울이나 부산이 항상 가장 뛰어난 국제회의의 개최지라고는 단정할 수 없다.

회의의 목적 및 성격, 회의의 일수, 참가자의 인원수 및 구성 등을 고려하고 무엇을 지향하고 어떠한 회의를 하려고 하는가를 숙고한 후 장소를 결정하면 전국 방방곡곡에서 더욱 좋은 개최지를 찾을 수 있을 것이다.

주최자가 열렬히 좋아하는 장소, 체험적으로 호감을 느끼는 곳에 그 지역주민이 따뜻하고 열린 마음으로 맞아들인다면 멋진 회의장이 될 가능성이 크다고 할 수 있다.

지리적인 거리보다도 마음의 거리가 접근성으로서 우선적인 일이다. 교통이 불편한 곳을 국제회의의 개최지로 정하기도 하고, 훌륭한 자연 및 사람들, 풍요로운 환경에 둘러싸여 속세를 떠난 것 같은 환경, 내용이 충실한 회의였다는 경험을 느끼는 사람도 많다. 그러나 그 장소에 맞는 이벤트의 계획, 무리 없는 운영이 철저하지 못하면 생각지도 못한 실패나 사고에 직면할 염려가 있다는 것을 주의하지 않으면 안 된다.

둘째로, 언제 개최하는가 하는 점이다. 1월의 신년회로부터 12월의 송년회까지 각종의 이벤트 및 사회모임 간에 장소에 대한 경쟁이 일어난다. 그리고 최근의 사회현상의 하나로 주말에 호텔은 거의 만원이다. 이러한 상황을 극복하면서 후보 장소를 선택해 나가야 한다.

2. 회의장 사전답사

최종결정 이전에 중요한 것은 회의장 답사(Site Inspection)이다. 국제회의를 개최하게 되면 접수, 회의장, 간담 장소, 사무실, 기타 공실, 연회장소, 숙박의 객실 등이 최소한 필요하고 이에 부수해서 전시장, 휴게실 등이 필요하게 된다.

본래의 목적인 회의를 진행하는 장소가 천장이 낮고 회의장 길이가 너무 좁고 길거나 음향효과가 나쁘고 조명 통제의 불편, 협조체계에서 효율이 떨어지면 기획자가 아무리 노력해도 안 된다는 것을 명심해야 한다. 그리고 그곳에 있는 직원의 서비스 질과 협력 정도가 모든 것을 결정하는 요인이 된다. 따라서 경험이 풍부한 PCO가 사전답사를 해야 한다.

전문 PCO는 시설 측에게 예측하지 못한 사고나 트러블을 방지할 좋은 지침을 제시하는 등의 커다란 이점이 있다.

3. 스케줄 검토

국제회의나 이벤트의 주최자가 준비단계에서 PCO에 대해 가장 비중있는 노하우의 제공을 기대하고 있는 것이 준비 스케줄의 검토와 예산안의 작성이다.

국제본부가 명확하게 국제회의의 개최준비에 관한 스케줄을 정해 놓은 경우도 있지만, 기본적으로는 개최국의 주최자 또는 조직위원회 등이 자체적으로 준비 스케줄을 작성하기 때문이다.

준비 기간은 회의의 성격에 따라 다양하다. 특히 개최 주기에 따라 준비요령이 달라지지만, 준비해야 할 사항에는 변함이 없다. 예를 들면 회의유치가 성공하고 개최지가 결정된 후 즉시 시작해야 하는 사항으로는 회의장의 예약확인, 조직위원회를 비롯해 수용을 위한 국내조직의 정비, 개최 취지서 및 예산안의 작성 등으로 이것들은 회의의 대소나 성격을 불문하고 필요한 사항이다.

전체 스케줄을 작성하기 위해서는 기본이 되는 각 분야의 스케줄을 파악해 두는 것이 필요하다. 즉 회의장, 예산·재무, 모금, 프로그램, 등록, 숙박·여행, 인쇄·편집, 전시 등 각 업무에 대한 스케줄을 순서 있게 정리해 두어야 한다.

PCO가 스케줄 계획안을 검토할 경우는 첫째로 회의의 성격을 파악해 두는 것부터 시작한다. 회의의 일정, 참가자의 예정 인원수, 예산 규모를 충분히 고려한 위에 서큘러의 작성횟수, 등록요금, 테마 모집의 규모, 프로그램의 구성 등을 결정해야 한다. 예를 들면 어떠한 근거로 참가인 수를 상정하고 있는가, 즉 참가자를 끌기 위해 많은 홍보를 해야 하는가, 아니면 회원들의 고정 멤버가 참가하는가 등에 따라 홍보체계, 홍보의 스케줄에 커다란 차이가 있다.

프로그램에 관해서는 초대자의 강연을 중심으로 구성하는가, 일반강연을 주체로 심사에 시간을 들여 엄선하는가에 따라 당연히 필요한 일정이 달라진다. 이러한 각각의 요소를 종합해 서큘러 및 안내서의 작성·발송의 예정일, 일반주제의 마감일 등 포인트가 되는 일정을 점검해 간다. 서큘러의 작성 일정에 맞춰 그 게재내용을 결정해야 하므로 스스로 각 사항의 점검 스케줄을 설정한다.

등록요금 및 신청방법은 어떻게 하는가, 숙박 예약, 회의장의 사용계획, 연회는 무료인가 유료인가, 일반강연의 신청방법은 어떠한가, 회의의 주제는 어떠한 것을 내세우는가 등 여러 가지를 검토해 일정을 세워야 한다. 이것은 극히 일부의 예이나, 이러한 포인트가 되는 일정을 설정하면 실제의 스케줄이 결정되게 된다.

한편, PCO는 이렇게 제안된 스케줄이 무리가 없는가를 검토한다. 우선 참가자 측에서 보아 문제가 없는가, 다음으로 실행에 무리가 없는가, 너무 낙관적이지 않는가 하는 점에서 주최자에게 과거의 사례를 조언하고 최종적으로 준비스케줄을 작성한다.

회의 개최에 있어서 때때로 나오는 대부분의 반성은 준비 부족이라는 것으로 결론을 내리는 것이 다반사이지만, 결국 처음에 작성한 스케줄을 준수할 수 없었다거나, 아니면 원래부터 무리한 스케줄로 진행하였다는 것이 된다.

회의의 준비단계에서는 각종의 사고 및 예기치 못한 변경사항이 일어나는 것은 당연한 일이다. 그때마다 수정하는 시간을 생각해 다소의 여유를 갖는 것이 필요하다. 가장 전형적인 예로는 예산에 관한 스케줄을 들 수 있다. 회의 준비의 어느 단계에서 최종 수지계획을 세우는가는 중요한 일이다. 몇 개월 전이면 수정예산을 세울 수 있는가, 지출을 억제할 수 있는가, 참가자 증가에 따른 추가가 가능한가 등은 실로 예산에 관한 스케줄 작성에 중요한 요소가 된다.

이 스케줄 관리는 PCO가 회의 준비에서 그 지도력을 가장 잘 발휘할 수 있는 분야라고 할 수 있다. PCO는 다양한 회의의 경험을 통해 여러 가지 스케줄 소화 방법을 노하우로 습득해서 주최자의 욕구에 맞추도록 노력해야 한다.

4. 참가비의 결정방법

국제회의의 예산운영은 준비개시부터 개최까지 사회, 경제, 국제관계 등 여러 상황에 좌우되기 쉽다. 특히 참가비 수입은 불확정적이므로 자금의 운용 및 수지의 균형에는 항상 최대한의 주의가 필요하다.

기본적으로는 개최지의 현지 통화로 참가비를 결정하고 예산을 작성하는 것이 원칙이다. 그 이유는 회의의 주최자가 그 필요경비의 대부분을 지급하는 통화로 예산을 작성하고 재원을 확보해 두는 것이 안전하기 때문이다. 특히 현재와 같이 불안정한 국제통화시장에서는 약한 통화로 금액을 정하면 참가자 수를 예상대로 확보하더라도 수입은 감소해 재정난에 빠지지 않을 수 없다.

한편, 사정이 다른 세계 각국에서 참석하는 참가자의 편의를 위해 국제회의의 참가자 등록비는 가능한 개별적으로 설정하고 사교 행사, 식사, 관광 등은 모두 별도 요금으로 정하기도 한다. 그러나 이에 필요한 잡다한 사무절차, 그리고 참가자들이 한정된 정보 속에서 사전에 선택해야 한다는 불편함 때문에 금액은 비싸지만 일괄해서 참가등록비를 지급하면 대부분 권리 및 서비스를 얻는 편이 조직자와 참가자 쌍방에게 단순·명쾌하고 안심할 수 있다는 이점이 있다는 것을 생각해야 할 것이다.

5. 요원의 배치

개최준비업무를 빠짐없이 완수해 나간다면 국제회의의 운영이 거의 틀림없이 제대로 진행될 수 있다고 해도 과언은 아니다. 다만, 준비단계에서 발생하는 실수는 수정하는 게 가능하지만, 개최 중의 실수는 돌이킬 수 없는 경우가 많다.

1) 등록 데스크 배치

등록 데스크에 대기해 참가자의 등록접수를 한다. 등록자를 리스트에서 확인해 명찰과 자료를 넘겨주는 것이 책임 범위이다. 당일 등록에 대해서는 등록비를 징수한다.

등록은 프로그램에 따라 특정의 시간대에 집중하는 경향이 많으므로 데스크에서의 대응이 원활하게 진행되도록 데스크를 등록자의 알파벳 순으로 국적별, 자격별 등으로 나누어 둔다.

2) 종합안내요원

종합안내요원은 안내 데스크에 대기해 회의, 회의장 등에 관한 안내업무를 담당한다. 참가자의 요구가 있으며 필요에 따라 물품의 판매, 클레임처리 등의 업무도 행한다.

3) 사무국 요원

회의장 내의 사무국에 대기해 전화의 응대, 회의장과의 연락, 물품조달, 접객, 습득물 보관 등의 업무를 행한다.

4) 클럭

참가자의 수하물을 맡아두고 보관한다. 회의장이 호텔인 경우는 불필요하다.

5) 접대요원

VIP, 초대자, 간부 등의 서비스를 제공한다. 프로의 통역자를 1~2명 배치해 두는 것이 바람직하다.

6) PPT/슬라이드 담당직원

PPT/슬라이드 담당직원은 각 회의장 앞의 슬라이드 데스크에 대기해 PPT/슬라이드를 사용하는 발표자로부터 PPT/슬라이드를 받아서 보조한다. 종료 후의 반환까지 노트북이나 장비에 관해 책임진다.

7) 진행요원

진행요원은 회의장 요원이라고 부르며 각 회의장에 상주하여 발표의 시간 관리, 음향의 체크, 사무국과의 연락 등의 업무를 행한다.

8) 기재 담당 요원

기재 담당 요원은 슬라이드 영사, 회의장 음향기기, 동시 통역기기의 운영관리, 조작, 필요에 따라 VTR 및 멀티스크린 등의 특수기재도 취급한다. 상황에 따라 전문적인 엔지니어에게 맡기기도 한다.

9) 전시요원

전시요원은 전시장 내에 대기해 참가자의 접수, 종합안내, 장내 감시 등과 같은 업무를 행한다. 필요에 따라 물품의 판매, 방송안내 등도 행한다.

10) 기타

회의의 종류 및 규모에 따라 이벤트 접수 보조요원, 보도 대응요원, 통역 보조 등 기타 요원이 필요하게 된다. 일반적으로 사무국 측이 가장 바쁜 시기는 회의 전날과 회의 당일이므로 이 이틀간에는 최소한의 보조인원을 예상해 두는 것이 좋다.

6. PCO의 부문별 세부업무

PCO의 부문별 세부업무를 요약하면 아래 표와 같다.

▶ PCO의 부문별 세부업무

용역 부문	주요 활동
기획	• 기본 및 세부 추진계획서 작성 • 회의장 및 숙박장소 선정 • 예산서 작성 • 행사준비일정표 작성 • 행사안내 전문요원 모집 및 선정 • 행사결과 보고서 작성
회의 준비	• 각종 회의장 확보 • 회의장 배치도면 작성 • 회의진행시간표 작성 • 회의록 작성 • 프로그램 기획 및 제작 • 전문인력 확보 및 교육 • 각종 기자재 수급 • 회의용 물품에 관한 면세 통관 • 연설문·발표문 등 원고접수 및 편집
등록	• 등록절차계획 수립 • 등록 시 소요물품 목록 작성 • 참가등록신청서 기획 및 발송 • 참가등록서 전산입력 및 자료 관리 • 현장등록장소 선정 및 배치도 작성 • 등록안내요원 선정 및 교육 • 참가등록자 명단작성 및 명찰발급 • 현장등록대 설치 및 운영 : 전산처리
숙박	• 객실확보계획 수립 • 호텔과의 객실사용에 관한 계약 • 숙박 예약 및 예약금 접수 • 각 호텔에 예약명부 및 예약금 전달 • 객실배정 계획 수립 • 전체 숙박명부 작성 및 현장 배포 • 숙박지별 자료처리(호텔별, 객실 타입별) • 예약 후 사용하지 않은 객실에 대한 처리계획 • 회의참가자에게 숙박에 관한 예약양식 작성 및 발송

용역 부문	주요 활동
수송 · 관광	• 수송 및 관광종합계획 수립 • 입 · 출국 버스 운행계획 수립 • 셔틀버스 운행계획 수립 • 관광지 선정 및 답사 • 공식 지정여행사 선정 • 관광 안내데스크 운영 • 관광차량 수배 및 계약 • 참가예정자에게 관광신청서 발송 및 접수 • 관광프로그램(동반자 프로그램 포함) 개발 및 신청서 제작
의전	• 출입국 절차계획 • 공항 영접대 설치 • 참가자 출국 확인 • 미수교국 참가자 입국절차 및 경호계획 • VIP공항 귀빈실 이용에 따른 제반절차 수립
홍보 · 출판	• 홍보계획 수립 • 행사안내서 기획, 디자인 및 제작 • 회의 프로그램 기획, 디자인 및 제작 • 보도자료 및 기자회견 준비 • 프레스센터 운영 • 현장 전속사진기자 수배 및 추천 • 가두설치물 제작 • 뉴스레터 제작 · 배포 • 참가자들의 편의제공을 위한 안내책자 제작 · 배포
사교행사	• 각 행사별 시나리오 작성 • 초청인사 선별, 초청장 제작 · 발송 • 초청인사 참가 여부 확인 • 행사장 도면 작성 • 행사진행 프로그램 작성 • 행사별 요원선정 및 교육 • 사회자 수배 및 연설문 작성 • 행사장 설비 및 장비점검
재정	• 전체 예산에 따른 세부실행계획 수립 • 자금확보 및 지원계획(스폰서 모집) • 회계장부 관리 및 지원계획 • 조달계약 및 출납관리 • 대회 결산보고서 작성

국제회의기획업의 등록기준은 다음과 같다.

▶ 국제회의기획업의 등록기준

구분	등록 기준
자본금	5천만 원 이상일 것
사무실	소유권이나 사용권이 있을 것

사례 / 제9대 한국PCO협회장

지난 2007년 설립된 한국PCO협회는 마이스(MICE: 기업
회의·포상관광·컨벤션·전시회)의 4개 분야 중 기업
회의와 포상관광, 컨벤션 분야에서 활동하는 80여 개
국제회의기획사 등 관련 기업이 회원으로 가입된 민간
단체다.

오성환 이오컨벡스 대표이사가 사단법인 한국PCO협
회 9대 회장에 당선됐다. 1994년 컨벤션법인 이오컨
벡스를 설립한 오 회장은 한국마이스협회 6대 회장과
한국전시주최자협회 부회장을 역임했다.

오 회장은 이번 회장 선거에서 PCO(국제회의기획사)
인력 수급 해결을 위한 인재 매칭 프로그램 구축, 주

오성환 이오컨벡스 대표

52시간제 적용에 따른 국제회의기획업 재량근로업 지정 등을 공약으로 내세웠다. 임기는
이달 2023년 2월 20일부터 2025년 2월까지 2년이다.

1994년 설립된 이오컨벡스는 2003년 100여 개국에서 약 500명이 참가한 부산 국제컨벤션
협회(ICCA) 총회를 진행하면서 업계의 주목을 받았다. 2년 후인 2005년에는 부산 벡스코에
서 열린 아시아태평양(APEC) 정상회의를 진행하여 'IT 강국, Korea'를 세계에 알렸고, 이후
정부기관, 공공기관, 언론/마케팅 기업과 협회가 주관하는 다양한 국제회의/전시/이벤트
를 기획하고 진행하면서 국내 MICE산업을 리드하고 있다. 또한, 전문 MICE 인력 양성을
위한 표준 매뉴얼 제작(업계 최초 ISO 9001 인증, 2005년)과 온라인 MICE 활성화, 국내
우수 MICE 인력의 해외 진출을 위한 소통 및 지원에도 최선을 다하고 있다. 이오컨벡스는
이러한 노력을 인정받아 관광산업진흥 대통령 표창(2014년), 서울지방조달청장 표창(2019년),
관광진흥유공산업포장 수상(2020년), 서울관광대상 수상(2020년) 등의 업적을 이루었으
며, 앞으로도 대한민국 MICE산업의 육성과 발전에 기여하도록 노력할 것이다.

[이데일리, 2023.2.9]

사례   마이스(MICE) 전문업체인

최태영은 각종 밋업, 콘퍼런스, 국제행사 등을 진행하는 마이스(MICE) 전문업체인 (주)인터컴의 대표이사이다. 1963년생으로 (주)인터컴의 설립자이자 대표이사로, 그는 1985년 군 제대와 함께 인터컴이란 국내 최초의 전문 국제회의기획사(PCO)를 차렸다. 대학을 마치기도 전이었다. 이후 국내 대학들을 중심으로 각종 국제학술회의를 수주하기 위해 백방으로 뛰었다.

최태영 (주)인터컴 대표이사

(중략)

그는 2007년부터 2009년까지 국내에서 PCO협회장도 맡았다. 정부의 국제대회 수주에도 적잖이 관여했다. 2011년 10월 인천 송도신도시에 녹색기후기금(GCF) 사무국을 유치하는 데도 그의 공이 컸다. 당시 인터컴은 한국에서 열린 녹색기후기금 3차 이사회를 인천 송도 컨벤시아에서 조직했다. 결국 한국은 녹색기후기금 이사국인 독일과 스위스를 꺾고 GCF 본부를 인천 송도로 유치했다. 그는 녹색기후기금 사무국의 한국 유치는 기적이라고 아직도 말하고 있다. 이외에도 그는 관광공사 국제회의 분가위원회의 부위원장을 지내기도 하는 등 PCO에 대한 남다른 열정을 가지고 관련 산업을 이끌고 있다.

[http://wiki.hash.kr/index.php/최태영]

[발표와 토론할 주제]

6-1. PCO의 주요 업무는 어떤 것인가?

6-2. PCO의 업무처리 내용 5단계를 단계별로 발표하시오.

6-3. 대표적인 PCO회사를 각자 선택해서 조사하고 발표하시오.

국제회의 관련 사항

Chapter

7 국제회의 관련 사항

제1절 ▶ 정부 관련기관 협조사항

1. 국제대회 조정신청

정부 행사로서 국제회의 조정신청의 내용은 국제대회 개최에 관한 사전승인 및 지원 협조사항을 협의·조정하는 것이고, 관계 법령은 국제회의 조정위원회 규정(국무총리 훈령 제229호, 1989.1.31. 시행)을 참조하면 된다. 정부 행사로서 국제대회 조정신청의 실시 협조처는 국무총리 행정조정실이고 건의절차 및 방법은 국제회의 유치·조정에 관한 규정을 참조하면 된다.

2. 출입국절차

출입국절차에 있어서 정부 관계기관의 협조가 필요하다. 우선 참가 대표의 비자발급을 원활히 하기 위해서 입국 편의를 위한 비자발급기준을 시달하고, 미수교국 대표 및 사전 입국비자를 받지 않은 대표의 경우에는 보세구역 내에서 즉시 발급한다.

통관 절차의 간소화 및 편의를 제공하는데 대표전용 통관대를 지정하고 검색을 완화하고 총회용 물품 관세를 면세하도록 한다.

출입국절차의 협조처는 외교부, 법무부, 국가정보원 등이고, 건의절차 및 방법은 외교부를 통하여 참가국 해외 주재공관에 비자발급 협조공문을 하달하고 비자 미발급대표의 명단, 인적 사항 등을 법무부에 통보하도록 한다.

3. 영접

영접 내용으로는 환영 아치, 현수막 등 길거리 장치물을 설치하고 가로기를 게양하여 환영 분위기를 조성한다.

신변 보호 및 사고 예방 조치, 선도차 배치, 국제회의 참석차 대표임을 표시한 영접 업무의 협조처는 서울특별시, 경찰청 등이다.

영접의 건의절차 및 방법으로 정부기관 및 산하단체에서 주관하는 각종 행사의 가두장식 승인요구는 주무부 장관이 설치예정일 20일 전까지 설치기간, 장소 및 도안물을 첨부하여 요청토록 하고, 주요 인사명단, 주요 행사장 및 투숙호텔, 교통 수송 운영계획서 등을 첨부하여 사전 협의하도록 한다.

4. 수송

수송은 정부 특별승인서 발급, 항공료 할인 등 참가 대표의 출입국 항공 이용편에 편의를 도모하고, 특별열차운행, 특정 구간에 대한 버스운행, 기타 교통수단을 확보하여 국내교통 수송수단의 원활화를 꾀한다.

수송업무의 협조처는 국토교통부, 철도청, 서울특별시 등이고 건의절차 및 방법으로는 귀빈 등 초청대상 중 무료항공권발급 수혜자를 위하여 항공사에 협조 요청과 함께 국토교통부에 정부 특별승인서 발급대상 명단을 제출해 발급을 요청하고 철도청과 협의하여 차량 소요 대수, 운행 스케줄, 차내 식사 조달방법을 결정하고, 기타 교통수단으로 대형버스나 승용차의 소요량을 파악하여 해당 부처와 협의하도록 한다.

5. 숙박

숙박에는 호텔 등급별 소요 객실을 지정하여 객실 종류, 객실 수, 객실 요금 할인율 등의 사항을 고려해서 문화체육관광부에 협조를 요청한다.

6. 전화 및 기타 통신

공항–호텔, 호텔–행사장, 사무국–유관기관 간에 전화를 가설하고 국제전화 및 PC 통신을 설치하고 우체국을 설치하며 우편 및 수하물과 기념 우표를 발행한다.

협조처로는 한국전기통신공사 및 산업통상자원부 등이고 건의절차 및 방법으로는 전용전화인가, 직통전화인가 등 설치종류별 소요 대수 및 설치장소를 명기해서 신청한다. 그리고 우체국의 임시 가설장소에 대한 위치 도면과 함께 국제전화나 팩스의 소요 대수, 운영 인원 등 취급 운영 종목을 명기하여 협의·요청하며 기념 우표의 도안 및 소요매수 등을 협의해서 발행을 신청한다.

7. 홍보

국제회의에는 다각적인 홍보가 필요하다. 그 방법으로는 폐쇄회로 TV방영, 언론인 취재지원, 주요 인사 특별면담 주선, 촬영금지지역에 대한 허가, 관광 관련 자료에 게재 등 여러 가지가 있다.

홍보업무의 협조처는 문화체육관광부, 한국관광공사 등이다(체육 관계 국제대회는 문화체육관광부가 관할하고 정부 각 부처의 국제대회는 해당 부처에서 실시하며, 범정부적인 국제대회는 각 해당 부처에서 국정홍보처로 홍보를 요청한다).

건의절차 및 방법으로는 폐쇄회로 텔레비전 방영은 전파관리법상 규제사항이므로 사전협의하도록 하고, 제반 신청 및 서식은 수시로 변동되므로 관련 부처에 문의·처리함이 무난하다.

제2절 ▶ 국제회의 참석자의 서열관행

1. 서열의 일반원칙

1) 개설

정부 관리 또는 그 대표자가 참석하는 모든 행사에 있어서 참석자의 서열을 존중하여야 한다는 것은 의전에 있어서 가장 중요한 원칙의 하나이다. 이러한 원칙은 공식행사 또는 연회 등에 참석하는 정부 관리와 일반 방문객의 좌석을 정하는 데도 적용되어야 한다(연회 시의 좌석지정 참조).

서열의 중요한 원칙으로 다음과 같은 것이 있다. 'Rank conscious'(서열에 신경을 쓸 것)와 'Lady on the right'(숙녀를 항상 상석인 우측에 둘 것), 'Reciprocate'(대접을 받았으면 상응한 답례를 할 것), 그리고 'Local custom respected'(현지의 관행이 우선한다)이다.

2) 공식 서열과 관례상의 서열

(1) 공식 서열

공식 서열이라는 것은 왕국의 귀족, 공무원, 군인 등 신분별 지위에 따라 공식적으로 인정된 서열인데, 국가에 따라 제도가 상이하다.

우리나라에서는 공식 서열에 관하여 명문상 규정은 없으나, 의전 업무상의 필요에 따라 공직자의 서열 관행이 어느 정도 확립되었다. 그러나 이러한 서열을 실제로 적용할 때에는 필요에 따라 적절히 조정되어야 할 경우가 많다.

(2) 관례상의 서열

공식적인 지위를 가지고 있지 않은 일반인에게 사회생활에서 의례적으로 정하여지는 서열을 말하며, 그 서열을 정하는 데는 아래와 같은 일반원칙을 존중해야 한다.

① 지위가 비슷한 경우에 여자는 남자보다, 연장자는 연소자보다, 외국인은 내국인보다 상위에 둔다.

② 여자들 간의 서열은 기혼부인, 미망인, 이혼 부인과 미혼자의 순위로 하며, 기혼부인 간의 서열은 남편의 지위에 따른다.

③ 공식적인 서열을 가지지 않은 사람이 공식행사 또는 공식연회 등에 참석할 경우는 그 사람의 개인적 및 사회적 지위, 나이 등을 고려하여 좌석을 정해야 한다.

④ 원만하고 조화된 좌석 배치를 위하여서는 서열 결정상의 원칙은 다소 조정될 수도 있다.

⑤ 남편이 국가 대표의 자격을 가지고 있는 경우 등에는 Lady first의 원칙은 적용되지 않아도 좋다.

⑥ 한 사람이 2개 이상의 사회적 지위를 가지고 있는 때에는 원칙적으로 상위직을 기준으로 하되, 행사의 성격에 따라 행사와 관련된 직위를 적용하여 조정될 수 있다.

2. 우리나라의 서열 관행

1) 서열 관행

서열을 실제로 결정할 때에는 그의 현 직위 외에도 전직, 나이, 특정 행사와의 관련성의 정도, 관계 인사 상호 간의 관계 등을 다각적으로 검토하여 결정하게 되는 것이나, 외교부를 비롯해 기타 의전 당국에서 실무처리상 일반적 기준으로 삼고 있는 비공식 서열을 소개하면 대략 다음과 같다.

우리나라의 서열표(비공식)

① 대통령
② 국회의장
③ 대법원장

④ 국무총리

⑤ 국회부의장

⑥ 감사원장

⑦ 부총리

⑧ 외교부장관

⑨ 외국 특명전권대사, 국무위원(재정경제, 교육, 통일, 외교, 법무, 국방, 행정안전, 과학기술 정보통신, 문화체육관광, 농림축산식품, 산업통상자원, 보건복지, 환경, 고용노동, 여성가족, 국토 교통, 해양수산 등), 국회상임위원장, 대법원판사

⑩ 3부 장관급 : 국회의원, 검찰총장, 합참의장, 3군 참모총장

⑪ 차관 : 차관급

2) 서열의 조정

상기 서열은 어디까지나 비공식이므로 이를 실제로 적용할 때에는 적절히 조정하여야 할 경우가 있다.

서열을 조정하는 경우는 아래와 같은 원칙에 따르는 것이 바람직하며, 부득이한 사유로 상위 서열자를 하위로 조정하는 경우에는 특별히 배려하여 조치하여야 한다.

그러나 서열 기준을 조정하는 경우,

① 대통령을 대행하여 행사에 참석하는 정부 각료는 외국대사에 우선한다.

② 외빈 방한 시 동국 주재 아국대사가 귀국하였을 때에는 주한외국대사 다음 으로 할 수 있다.

③ 우리나라의 대사관 이외에 별도 정부기관을 설치하였을 경우 그 국가 대사 관원과 기관원 간의 서열은 동국 국내법이 정하는 바에 따른다.

④ 대사가 여성일 경우의 서열은 자기 바로 상위 대사부인 다음이 되며 그의 남편은 최하위의 공사 다음이 된다(만찬 좌석 등).

⑤ 외국 대사와 아국 정부 각료 간의 명백한 서열상의 구분을 피하기 위해, 경우 에 따라 교호제(Alternate system)를 원용할 때가 있는데, 이때는 대사, 각료, 대

사, 각료의 순으로 한다.

⑥ 우리가 주최하는 연회에서 아측 빈객은 동급의 외국측 빈객보다 하위에 둔다.

⑦ 대통령 기타 3부 요인이 외국을 공식 방문할 경우, 현지 주재 대사의 서열은 국내 직급에도 불구하고 적절히 조정할 수 있다.

⑧ 확립된 국제관례에 따라, 외국 특명전권대사 간 또는 특명전권공사 간의 서열은 그들이 대통령에게 신임장을 제정한 일자를 기준으로 정한다. 대리대사 간 또는 대리공사 간의 서열은 그들이 외교부장관에게 임명장을 제정한 일자 순으로 하고 대사대리 간 또는 공사대리 간의 서열은 그가 지명된 일자를 기준으로 한다.

3. 상위석

1) 일반관례

일반적으로 오른편을 상위석으로 하는 것이 우리나라 관례인데, 이 관례는 많은 나라에서 통용되고 있다.

2) 좌석 배치 예시

(1) 외빈 방한 시 나란히 앉는 경우의 좌석 배치

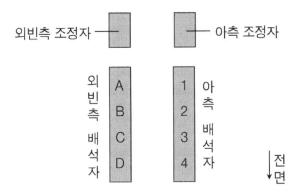

(2) 외국 원수 공식 방한 시 행사장의 좌석 배치

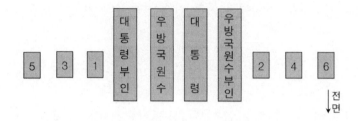

(3) 옥내 행사 시의 단상 좌석 배치(대통령이 영부인 오른편임)

4. 서열의 실제

1) 보행 시

2인 이상이 보행할 때 또는 방에 들어갈 때의 순서는 아래와 같다.

(단, 중국, 튀르키예 및 가톨릭 의식에서는 좌측이 상위가 된다)

▶ 보행 시 서열

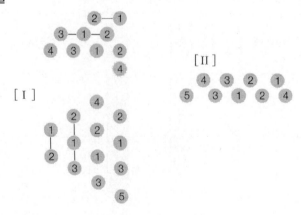

2) 자동차 승하차 시

우리나라에서는 일반적으로 우측운행으로서 상위자가 마지막에 타고 먼저 내리는 경우와 상위자가 먼저 타고 먼저 내리는 두 경우가 있는데, 후자의 경우에는 하위자가 자동차 뒤로 돌아 반대편 문으로 승하차한다. 한편, 프랑스에서는 우측통행이거나 좌측통행이거나 간에 상위자가 먼저 타고 내린다.

▶ 승용차의 좌석 배열

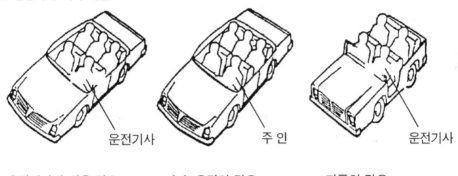

운전기사	주 인	운전기사
운전기사가 있을 경우 (택시 포함)	손수 운전의 경우	지프의 경우

3) 비행기 · 선박 탑승 시

상위자가 제일 마지막에 타고 제일 먼저 내린다.

4) 승강기 탑승 시

상위자가 제일 먼저 타고 제일 먼저 내린다.

5) 기타

기타의 대원칙은 위험 시에는 하위자가 먼저 타거나 내린다.

5. 국제회의에서의 좌석

1) 회의장 좌석 배치

국제회의에서의 좌석은 회의 규모, 회의장소 등에 따라 결정될 문제이며 일정한 원칙이 있는 것은 아니다. 그러나 회의에 참석하는 대표 간의 서열은 각 대표 간에 특별히 정한 바가 없는 한, 회의에서 사용되는 주 공용어 또는 영어의 알파벳 순에 의한 국명의 순서에 따라 결정하는 것이 일반적인 관례이다.

따라서 회의장에서의 좌석 배치는 각 대표 개인의 계급은 문제가 되지 않으며 각 대표는 누구나 동등한 지위를 가지게 된다.

국제회의의 좌석 배치 방법을 몇 가지 예시하면 아래와 같다.

(1) 2개국 간 회의 시

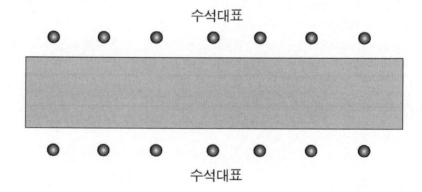

(2) 다수 국가 간 회의 시

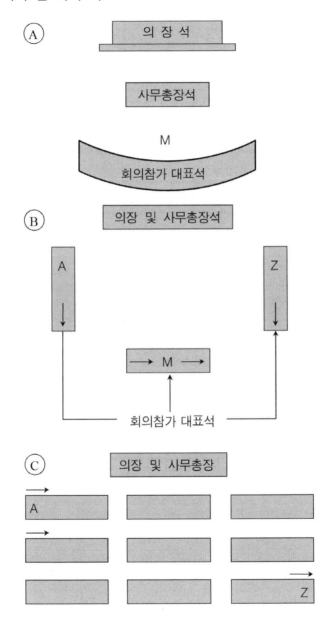

(3) 공동 주최 시

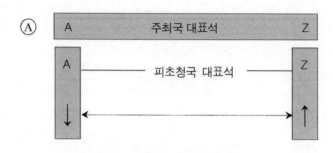

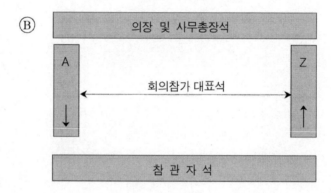

(4) 소규모 회의 시

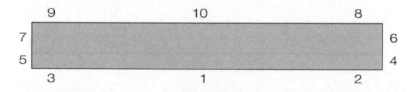

2) 대표 간의 서열

각 대표가 회의장 밖에서 각종 행사에 참가하는 경우 각 대표 간의 서열은 그의 계급에 따라 정부 각료, 대사, 전권공사 및 기타 대표의 순으로 되어 있다. 이때 주최국 측 인사도 포함되는 경우에는 외국의 정부 각료, 주최국의 정부 각료, 대사급 외국대표, 주최국의 대사급 관리, 외국의 전권공사급 대표, 주최국의 전권공사급 관리의 순으로 된다.

제3절 ▶ 정부 측의 국제회의 참가

1. 국제회의의 참가절차

국제회의에의 초청범위는 회의주최자가 국제기구인 경우에는 기구규약 또는 결의가 정하는 바에 따라 결정되고, 일국 또는 다수 국가가 새로운 국가회의를 소집하는 경우에는 회의주최국이 관계국과 사전에 충분한 협의를 거쳐 결정한다.

참가 초청의 범위는 회의 성격에 따라 다르나, 대체로 다음과 같이 유형별로 구분할 수 있다.

① 회원국(Members)

경우에 따라 준회원 또는 찬조회원 등을 포함

② 옵서버(Observers)

- 비회원국 대표
- 여타 국제기구 대표
- 기타 민간단체 또는 개인

③ 보도기관(News Representatives)

그리고 이들이 파견하는 회의참가자들의 자격은 정부 간 국제회의에서는 정대표, 옵서버, 자문관, 초청 연사 등으로 구분한다.

초청장은 정부 간 회의의 경우에는 적절한 외부경로를 통하여 외교부장관 앞으로 발송되며, 준정부 간 회의의 경우에는 외부경로를 통하여 또는 직접 국내 관계 기관의 장에게 발송된다. 비정부 간 회의초청장은 국내 관계 단체 또는 개인에게 직송되는 것이 일반적이다. 초청장은 시간적인 여유를 충분히 두고 발송되며, 적어도 회의 개최 3~4개월 전에 발송되는 것이 보통이다. 시일이 촉박한 경우에는 e메일로 초청할 수도 있으나, 이때에도 추후 정식 초청 공한을 발송하고 회의가 다급하게 소집된 사유를 설명하는 것이 원칙이다.

2. 초청장 내용

초청장의 내용은 회의에 따라 다르나, 일반적으로 다음 내용이 포함된다.

① 회의목적

② 회의명

③ 회의 개최 일시, 기간 및 장소

④ 회의 의제, 의제별 의견제출 여부

⑤ 회의 일정

⑥ 신임장 또는 전권위임장 필요 여부

⑦ 대표단 규모

⑧ 대표단 통보처, 통보시한 등

3. 대표단 구성

1) 임명

정부 간 국제회의 대표는 외교부장관의 건의로 대통령이 임명한다. (단, 정부 대표로 조약이나 협정체결 목적이 없고, 수석대표가 각료급이 아닐 경우에는 외교부장관이 이를 임명한다) 외교부가 정부 간 국제회의 참가초청장을 접수하면 이를 관계부처에 통보함과 아울러 대표단 추천을 의뢰한다. 관계부처가 행하는 대표단 추천에는 아래 사항이 포함되어야 한다.

① 참가 필요성

② 참가후보자 약력

③ 대표단 일정 및 업무분담을 포함한 구체적인 활동계획서

④ 기초연설 문안

⑤ 경비 내역

⑥ 기타 참고사항

추천을 접수한 외교부는 회의 성격, 중요도, 각 대표의 직책, 경력, 어학 능력 등을 고려하여 대표단을 구성한다. 대표단이 구성되면 각 대표의 자격, 직위 및 서열을 포함한 대표단의 구성내용을 관계 재외공관장을 통하여 해당 기구 사무국 및 회의개최국 정부에 이를 통보한다(이 경우 주한 관계국 공관에 참고로 이를 알려줄 수도 있다).

상기와 같은 정부 대표 임명절차는 정부 간 회의의 경우에 한하며, 기타의 경우에는 공무 국외여행 규정에 따라 공무 해외여행 심사위원회를 경유한다.

2) 규모

대표단의 규모에 대해서는 별도 제한규정이 없으나, 회의의 중요성, 의사 진행 방법, 타국 대표단의 규모, 선례 등을 고려하여 합리적이고 정상적(reasonable and normal)인 규모의 대표단을 파견하여야 하며, 정부 간 회의의 경우 2명에서 10명이 보통이다.

3) 자격 및 명칭

대표단원의 자격, 명칭도 회의마다 달라 어떤 원칙이 있는 것은 아니다. 대표단의 자격은 우선 정회원국에서 파견되는 정대표단(Delegation)과 준회원국 또는 비회원국에서 파견되는 옵서버 대표단(Observer Delegation)으로 구분되며, 대표단 구성원의 자격 및 명칭은 일반적으로 아래와 같이 나누어진다.

(1) 수석대표(Head of Delegation)

Chief Delegate라고도 하며, 유엔기구에서는 이를 보통 Chief Representative라고 한다. 그는 대표단의 활동을 총괄 지휘하며 대표단을 대외적으로 대표한다. 수석대표 유고 시에는 필요에 따라 기타 대표 중에서 수석대표 대리가 임명되기도 하는데, 보통 교체 수석대표가 그 임무를 맡는다. 그러나 예외적으로 대표가 아닌 자 가운데서 임명될 수도 있다.

(2) 교체대표(Alternate Delegate)

정대표 임명이 1명으로 제한되는 경우에는 1명 또는 수명의 교체대표를 임명하며, 이 중 1명을 교체 수석대표로 임명하여 수석대표를 보좌하게 하기도 한다.

(3) 준대표(Associate Delegate)

FAO에서처럼 준대표 제도가 확정되어 있는 경우도 있다. 그러나 수석대표, 교체대표, 준대표 등의 구분은 대표단 내부의 서열표시에 불과한 것이며 별도 규정이 없는 한 각 대표의 회의 참가 자체에 실질적인 차등을 두는 것은 아니다.

(4) 자문관(Adviser)

대표단 활동에 필요한 일반적 자문에 응하는 보좌역이며, 신분, 직책상 대표로 임명함이 적합하지 아니한 경우에 흔히 이용되는 직책이다.

(5) 전문가(Expert)

기술적 · 전문적 분야에 관하여 대표단을 보조 지원하는 대표단원이다. 자문관과 전문가는 민간인 중에서 임명되는 경우도 적지 않으며, 그 수도 대표단의 재량에 맡기는 것이 보통이다.

[발표와 토론할 주제]

7-1. 국제회의 정부 관련기관 협조사항을 순서대로 발표하시오.

7-2. 국제회의 참석자의 서열관행에 대해 발표하시오.

7-3. 정부 측의 국제회의 참가에 대한 내용을 발표하시오.

MICE산업의 마케팅

CHAPTER 8

MICE산업의 마케팅

제1절 ▶ 마케팅 개관

1. 마케팅의 정의

마케팅의 정의는 다양하다. 마케팅이란 고객의 욕구를 파악하여 이익 실현의 증진을 목표로 하는 종합비즈니스 철학이다. 또 다른 정의로는 마케팅이란 고객의 욕구를 만족시키기 위하여 새로운 서비스나 제품을 고안하고 적시에 그것을 공급하며, 확실한 애프터 서비스(after service)를 제공하는 것이다. 한편, 마케팅이란 기업 및 조직이 고객과 더욱 쉽게 비즈니스를 하는 방법이다. 이상의 정의들은 공통으로 고객의 욕구에 초점을 맞추고 있다.

그런데 본서에서는 마케팅을 다음과 같이 정의하고자 한다. 마케팅이란 "교환을 통하여 조직의 목표를 달성하기 위해 제품 및 서비스, 아이디어를 사용하여 상품화, 가격결정, 유통 및 프로모션을 계획·실시하는 전략적 조직 활동이다." 이 정의에서 조직이란 국가, 지방자치단체, 지역단체, 사기업 등 모든 조직집단을 말한다. 이는 지방자치시대에는 지방정부 및 정부기관, 비영리기관 등을 모두 마케팅의 주체로서 이해하려는 것이다. 조직에는 당연히 개인기업이 포함된다. 그리고 '교환을 통하여'라는 의미는 컨벤션상품과 같은 무형적인 서비스상품도 유형적인 제품과 마찬가지로 교환가치가 있다는 것을 강조하고 있다.

2. 고객의 욕구파악

우선 고객이 원하는 것이 무엇인지를 파악하기 위한 질문을 해야 한다. 다음에 대답을 들으면 된다.

① 당신은 전시회를 좋아하십니까?
② 어떤 전시회나 박람회를 좋아하십니까?
③ 당신은 거기에서 어떤 즐길 거리가 있기를 원하십니까?

고객이 원하는 무엇인가를 밝히기 위해 때때로 시장조사를 수행한다.

3. 시장조사

시장조사(Market Research)를 통하여 다음과 같은 것들을 알 수 있다.

① 회의산업과 회의시장의 여러 부문을 알 수 있다.
② 각 부문에서 고객의 욕구를 파악할 수 있다.

이러한 결과를 통하여 기업의 상품, 계획, 이념 또는 서비스 등을 특별한 시장부문에 투입하여 고객의 욕구를 충족시킬 수 있다.

바꾸어 말하면 불충분한 국제회의 시설, 식사공간의 부족, 국제공항에서 교통시설이 불편하다면 특급호텔이 필요한 2,000명 규모의 국제회의를 개최한다는 것은 불가능하다.

고객 욕구를 확실하게 파악하기 위하여 의문을 제기하고 가능한 모든 정보를 활용해야 한다. 고객의 욕구에 현혹되어 일을 그르치지 않도록 주의하고 들은 것이 실제적인 기초자료가 될 수 있도록 테스트 질문을 활용해야 한다.

조사서에 포함되어야 할 내용은 다음과 같다.

(1) 회의참가자의 특성(Delegate Profile)

① 참가자의 국적별(지역별) 분류

② 각 국가로부터의 참가자 수

③ 여행 일정

④ 회의 개최 전후에 추가로 편의시설을 이용하는지의 여부

⑤ 회의와 병행 개최되어 참가자에 영향을 줄 이벤트의 여부

⑥ 남녀 참가자 수

⑦ 기타 특별히 요구되는 사항 등

(2) 회의의 특성(Meeting Profile)

① 회의 시기

② 객실 수, 필요공간의 형태

③ 전시나 연회서비스 필요 여부

④ 사용 언어, 회의 중의 레저활동 등

(3) 회의 유치(Bidding Profile)

① 개최지 결정권자

② 유치 절차

③ 유치 경쟁자 여부

④ 회의 역사(과거 개최지 등)

4. 마케팅 믹스

회의산업에 있어서 마케팅 믹스(Marketing Mix)의 내용은 수요파악, 수요충족을 위한 계획, 수요자극, 수요충족이며 Product(상품), Price(가격), Period(기간), Promotion(촉진), Place(장소) 등 다섯 개의 P로 구성되어 있다.

마케팅 믹스를 구성하는 요소를 항상 기억하고 있어야 하지만, 각 행동의 중심

에는 고객과 그들의 욕구가 있다는 것을 기억하는 것이 중요하다.

(1) 수요파악

시장조사, 전망, 고객 의견 청취, 매체 활용

(2) 수요충족을 위한 계획(1)

상품제공 능력 확인, 계획수정, 공정 생략 및 추가

(3) 수요충족을 위한 계획(2)

국내회의, 국제회의, 기업회의, 협회회의, 인센티브, 세미나 등으로 시장을 분류

(4) 수요자극

광고, 선전, PR, 판촉 등

(5) 수요충족

상품전달방법, 품질, 행사의 특징, 가격

(6) 독특한 판매방식

자사의 해외 개척지, 상품, 서비스, 계획, 아이디어의 장점을 파악하여 경쟁사의 그것들과 비교해 보고 장점을 최대한 부각한다.

(7) 마케팅 세계

마케팅이 어떻게 발전되고 있는지 예상하기 위해서 기초적인 가정을 해야 한다. 그것을 기록하고 예기치 않은 변화가 있을 때 정기적으로 비교해 보아야 한다.

① 앞으로 시장의 불확실성
- 더욱 경쟁적이 된다.
- 비용이 더 높아진다.
- 정치가 변한다.

- 고객의 욕구가 높아진다.
- 기술이 새로워진다.
- 법이 새로이 제정된다.
- 미숙한 문제가 있다.

국제회의나 호텔 주변에는 주요한 문제가 항상 존재하고 있고 이는 언제 발생할지 모른다는 것을 명심해야 한다.

- 예약을 위한 리드타임(Lead Time)을 더 짧게 할 수 없을까?
- 회의시간을 더 짧게 할 수 없을까?
- 회의를 더 자주 개최할 수 없을까?
- 지역회의를 더 많이 개최할 수 없을까?
- 전시지역을 더 넓게 할 수 없을까?

(8) 마케터의 도구

광고, 비디오, 영상, DM, 우편물, 전화, 홈페이지, e-mail, 전시, 보도자료, PR, 브로슈어, 세일즈 방문, FAM Tour, 국제기구의 회원가입, 선물, 자문활동, 해외 프레젠테이션, 프로모션 활동 등이 사용되고 있다.

(9) 향후 마케팅의 추세

경쟁 증가, 비용 증가, 정치적 변수작용, 고객의 기대수준 상승, 새로운 기술 등장, 새로운 규칙 등장, 환경문제 부각, 인류공생의 문제

◪ Marketing Loop(순환)

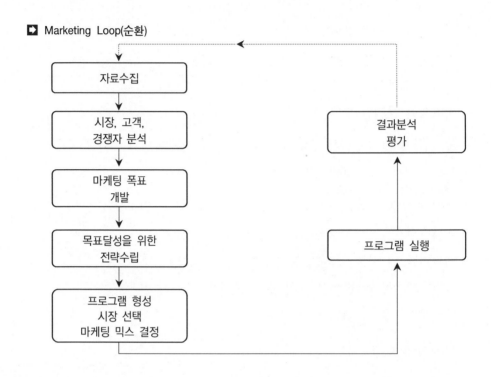

제2절 **회의시장의 분류와 마케팅**

　회의시장은 복잡하긴 하지만 협회시장(Association Market)과 기업시장(Corporate Market)으로 크게 분류할 수 있으며, 이 두 가지는 다시 국내부문과 국제부문으로 나눌 수 있다. 실제로 자신의 시설에 적합한 회의를 선택하기 전에 회의 개최 기업이나 협회(단체)가 국내적 조직인가 국제적 조직인가를 확실히 구분해야 하며, 여기에 따라서 마케팅 접근법도 두 가지로 구분하는 것이 중요하다.

　여기서는 국내 차원의 회의에 있어서 직접적 접촉과 간접적 접촉 측면을 보기로 한다.

1. 직접적 접촉(Direct Contact)

1) 협회시장(Association Market)

　이 시장은 전문적 성격이나 과학, 교육, 상업적 성격의 조직과 특수한 이익을 위해 결성된 모든 단체를 포함한다. 대부분은 연 1회 총회를 가지며 보다 큰 조직들은 많은 지역적 모임이나 위원회를 연다. 과학이나 의학 분야의 단체들은 연중 세미나나 특정 주제의 미팅을 개최한다.

　조직의 크기, 활동이나 관심 분야가 반드시 개최하는 회의의 수나 규모를 나타내지는 않지만, 협회시장의 최대 장점은 그 단체들이 상임사무국을 갖고 있고, 그 사무국이 그 단체가 추진하는 회의와 누가 그것을 기획하는지를 잘 알고 있다는 것이다. 협회회의에 참석한 대표자의 수는 다양해 국제로터리클럽과 같이 수천 명이 참가하기도 하고, 전문적인 내용의 행사에 아주 소규모의 인원이 참석하기도 한다. 또 해마다 행사장소를 옮기는 경우가 많다.

2) 기업시장(Corporate Market)

이 시장은 모든 종류의 판촉 활동과 더불어 고용자, 고객, 판매원, 주주를 대상으로 한 회의를 개최하는 모든 기업을 포함한다. 여기에서 회의의 범위는 다음과 같다.

① 최고간부급 회의
② 경영, 기술, 교육 훈련 과정
③ 지역적 또는 국가적 차원의 판매력에 관한 회의
④ 주주총회 등

이 시장에 접근할 경우와 장애 요소 및 협회시장과의 가장 큰 차이점은 회의기획을 맡는 담당자를 둔 기업은 거의 없다는 것이다.

대규모 기업에서 회의결정권자가 누구인지 찾아내기란 어려우며, 대부분의 기업회의는 중앙조직에서 통제되는 것처럼 보이지만 주의 깊게 조사하면 그렇지 않은 경우도 많다는 것을 발견하게 된다. 기업회의시장은 광범위하며 마케팅의 성과를 거두기가 어렵지만, 시장을 세분화하여 지속적인 마케팅을 통해 기업회의의 요구조건을 충족시키는 것은 가능하다고 본다.

2. 간접적 접촉(Indirect Contact)

1) 국제회의 전문용역업체(PCO)

PCO의 수는 얼마 되지 않으며 대부분 소규모 고객을 상대로 일하지만, 컨벤션 시설 마케팅에는 커다란 영향을 미치므로 PCO가 자사의 회의시설을 잘 파악하고 있어야 한다.

2) 강의나 세미나 기획자

많은 상공업 관련 단체들은 필요에 따라 강의나 세미나를 개최하는데, 통상적으로 그들은 사전에 관련업계의 대중매체나 DM으로 세미나에 대한 홍보활동을 전개하므로 이를 이용하여 마케팅 활동을 전개할 수 있다.

한편, 국제적 차원의 회의에 있어서 시장 성격에는 여러 가지 특징이 있다. 특히 컨벤션시장은 지역에 따라 차이점이 있다. 예를 들면, 유럽시장의 조직들은 대부분 동시통역시설과 통역 인원을 요구한다. 한편으로 다른 연수 관련 회의나 세미나, 강의 등은 영어로만 진행되거나 몇 개의 공식 언어가 정해져 있다. 북미나 북유럽의 회의장은 전문적 회의장소와 첨단장비를 갖춘 고급 편의시설을 선호하는 경향이 있다.

회의장소는 우선 국내시장에서의 유명세를 획득해야만 국제회의장에서 바이어들에게서 추천을 받을 수 있다. 다시 말하면 국내시장에서 형성된 컨벤션센터의 명성이 국제회의 유치에 영향을 끼친다는 것이다. 국제교역을 해 온 도시는 국제회의 유치에 더욱 많은 기회가 될 것이며, 과학, 의학, 기술 분야에서 첨단 연구부서가 있는 대학도 국제심포지엄이나 세미나 유치가 더욱 쉬울 것이다.

이렇게 시장의 성격을 파악하여 그 토대 위에서 마케팅전략을 세우는 것이 효과적인 방법이 된다.

제3절 ▶ 회의시장의 마케팅 홍보전략

회의시장의 마케팅도 다른 상품이나 서비스를 마케팅하는 것과 원칙에서 다를 것은 없다. 먼저, 무엇을 제공하고자 하는가를 결정하고 세분시장(Market Segment) 혹은 거래처와 판로를 정하며, 마지막으로 예상 고객에게 상품을 홍보한다. 그러나 회의기획자(Conference Organizer)를 대상으로 한 홍보는 타 산업의 바이어를 대상으로 한 마케팅보다 더욱 어려운 면을 갖고 있는데 그 이유는 다음과 같다.

① 바이어를 찾기가 어렵다. 회의기획자와 같은 직함을 갖는 경영간부는 매우 드물며, 회의 개최는 최고 간부에서부터 비서직에 이르기까지 누구나 결정할 수 있다.

② 고객과의 신뢰성을 축적하기 힘들다. 회의 개최를 맡는 사람이 다음 회의 이전에 자리를 옮겨 버리기가 쉽다.

③ 수요를 예측하기 곤란하다. 회사나 관련 단체 등에 의해 열리는 회의의 수, 형태, 시기 등은 매우 다양하다.

이러한 문제들로 인해 '회의산업에 투자하는 것은 가치가 있는지' 의심하게 되지만, 회의시설을 유리하게 판매할 수 있다면 그것은 분명히 가치 있는 일이 된다.

최근에 세계 각국에서는 회의시설에 대한 상당한 투자가 이루어지고 있는데, 이것은 회의산업의 시장성에 대한 인식이 높다는 것을 나타낸다. 몇몇 도시와 휴양지는 수백만 달러를 들여 컨벤션센터를 건설하고 또 다른 도시들은 기존의 시설들을 개선해 왔다. 호텔산업은 회의시설 마케팅에서 아주 중요하다고 인식되었다. 또 숙박시설을 갖춘 많은 회의시설이 증가일로에 있는데, 실내 회의시설을 갖춘 다수의 업체가 회의산업 시장의 잠재력을 인정하고 있다.

따라서 컨벤션 바이어들을 대상으로 회의시설 홍보가 더욱 중요성을 띠게 되었다. 가장 좋은 홍보방법은 그 회의시설을 사용해 본 사람들에 의한 직접적인 추천에 의한 것이겠지만, 이것은 시설을 갖춘 후 어느 정도의 시간이 지나야 가능한 것이다. 이러한 맥락에서 시장을 세분화하여 회의시설 마케팅에 필요한 몇 가지 홍보전략을 보기로 한다.

1. 디렉토리 조사

디렉토리(명부)는 광고와 목록화 작업에 사용될 수 있다. 그리고 장차 고객이 될수 있는 업체나 관련 단체의 리스트를 담고 있으므로 조사 관련 업무의 중요한 수단이 된다.

2. 언론매체와 홍보

새로운 시설이나 서비스 또한 자신의 회의장에서 열렸던 행사 등에 관한 사진이나 보도자료를 발행하는 것은 비용을 절감하면서도 준비하기는 쉬운 일이다. 신문이나 잡지에 정기적으로 보도자료나 사진을 제공하는 업체들에 대해 가장 좋은 평판의 기사가 실리게 된다.

3. 브로슈어

브로슈어는 회의장이나 서비스에 대한 매력적인 세일즈 수단이 되며 다음과 같은 다양한 방법으로 사용될 수 있다.

① DM
② 광고 게재 시 독자 쿠폰 첨부
③ 전시회, 박람회 등에서 배포
④ 세일즈 콜 이후 가능성 있는 고객에게 배부

브로슈어의 디자인이나 프린트에 인색해서는 안 되는데, 이것은 브로슈어 제작에 비용을 투자해야 한다는 뜻이 아니라, 독창적인 디자인이 비용 절감의 효과를 가져온다는 것이다.

대부분의 회의시설에 관한 브로슈어는 다음 두 가지 부분으로 되어 있다.

① 설명(묘사)적인 부분 : 회의실, 컨벤션센터, 홀, 세미나 룸, 대학의 강의실, 객실 등의 사진 게재
② 정보 제공 부분 : 층별 구조, 장비, 가격, 교통안내도 등에 관한 세부 사항 수록

비용을 절감하기 위해서 정보제공 부분은 데이터(특히 가격구조)가 자주 바뀌고 정기적인 개정이 필요한 경우에는 분리해서 인쇄되어야 한다. 몇 가지 언어로 수록되어 있다면 언어별 문장 내용은 다를 수 있지만, 사진은 모두 같은 것으로 수록되어야 한다. 이것이 인쇄비용을 상당 부분 절약하게 할 것이다. 회의실 사진은 회의 참석자들이 참석해 있는 상태의 것이면 더욱 효과적이다.

브로슈어는 배포(봉투, 우표, 배달비 등)하는 데 드는 비용이 이를 만드는 비용보다 더 비싼 경우가 많다는 것을 기억해야 한다. 용지와 봉투규격은 선별적으로 이루어져야 하는데 잘 쓰이지 않는 규격에는 추가비용이 들고 어려움이 따른다.

컨벤션에 관한 브로슈어는 다음의 내용을 담고 있어야 한다.

① 회의장소의 명칭, 주소, 전화번호, E-mail 주소, 팩스 번호
② 위치 안내지도
③ 회의시설에 관한 다이어그램
   • 방 크기
   • 출입문의 위치, 높이, 넓이 및 전기 플러그 위치
   • 전시시스템에 관한 세부사항
④ 천장높이와 조명에 관한 세부사항
⑤ 다음 각각의 사항에 관한 인원수용 능력
   • 극장 스타일의 의자 배치
   • 강의실 스타일의 의자 배치

• 착석연회

• 입석 뷔페 및 칵테일 파티

⑥ 10명 또는 그 이상 앉을 수 있는 세미나 룸의 수와 수용능력 그리고 10명까지 앉을 수 있는 Syndicate Room(소규모 방)의 수와 수용능력

⑦ 숙박시설의 편의성

트윈, 더블, 싱글, 스위트룸 각각의 수 및 목욕실 유무와 더블룸, 트윈룸이 1인용으로 사용될 수 있는지를 나타내는 전체적인 객실의 현황

⑧ 시설, 장비의 유용성

노트북, 복사기, 전자칠판, 팩스, 시청각 장비 중에서 호텔에서 사용할 수 있는 것과 간단한 절차로 임대할 수 있는 것들도 나열할 것. 또한 능숙한 운영자가 현장에 있는지, 아니면 별도로 고용해야 하는지 명시할 것

⑨ 가격과 그 내용

4. DM

DM(Direct Mail)의 범위는 확보된 예산 규모에 달려 있으며 우편물 발송에 의한 판촉에는 대상자로부터 회신을 받도록 하는 것이 좋은데, 그래야만 추후 다시 접촉 가능한 기회가 생기기 때문이다. 사적인 이름으로 보내는 서신은 가독성이 더 높으며, 자신의 입지를 강화하기 위해서는 자신이 유치했던 고객들이 참석한 중요한 컨벤션이 편지 속에 언급되어야 한다.

우편물을 보내야 할 주요 대상은 아래와 같다.

① 과거의 연줄이나 고객 및 해당 회의장소에서 회의를 개최하는 데 관심을 표명한 예상 고객

② 광고 게재 쿠폰 응답자

③ 박람회, 전시회, 워크숍 등에 참석했던 방문자들

④ 입수된 우편물 목록

⑤ 지방상공회의소, 조합 등의 명부

⑥ 산업 관련 잡지의 정기구독자 명부

저렴한 방법으로 바이어들의 반응을 측정하기 위해서는 처음부터 주된 브로슈어를 보내는 것보다는 회신용 봉투를 동봉하여 판촉 광고전단만을 미리 배포하는 것이 좋다.

5. 광고

광고는 비용이 많이 소요되며, 광고가 회의장소를 찾고 있는 바이어에게 알맞은 시기에 접근될 가능성은 높지 않다는 것에 주의해야 한다. 종종 신문·잡지들은 특별한 회의시설에 관한 부록기사를 게재한다.

그러나 광고예산을 세우기 전에 그 출판물이 자신의 회의시설에 대해 독자에게 올바르게 전해졌는지를 확실히 해야 한다. 특정 지역의 다수 시설에 대한 판촉을 위해서는 협회나 호텔그룹 등과 같이 다른 사람들과 협력하는 것이 효과적이다.

언론매체의 지면 할애 비용뿐만 아니라 광고 프로덕션 비용도 고려해야 한다. 막판에 가서 광고비용을 싸게 해주는 업자는 없는지 항상 주의를 기울여야 하는데, 그것은 그 업체가 그 매체의 모든 지면을 메우는 데 문제가 있다는 것을 뜻하며, 나아가 그 매체의 질과 효율성에 대한 경고를 의미한다고 볼 수 있다.

광고에 대한 반응을 체크할 수 있는 방법도 연구해야 하는데, 광고 게재 시의 회신용 쿠폰도 간단한 방법이 될 수 있다. 판촉을 촉진하기 위해서는 소개형식의 특별 제의를 하는 것도 좋은 아이디어가 될 수 있다.

6. 전시회

올바른 전시회는 진정한 잠재고객과 접촉할 수 있게 해주며 지나친 압력 없이 서비스들을 제공하는 좋은 기회를 제공한다. 그러나 잘못된 전시 행사에 참가하는 것은 비용만 허비하게 되며 시간만 낭비하는 것이므로 신중히 선택해야 한다. 전시회는 또한 앞으로의 DM 발송이나 추후 세일즈 콜을 위한 연락처를 제공해 준다.

7. 협회 차원의 공동 판촉활동

컨벤션업체가 그 지역MICE 뷰로와 같은 정부 차원의 기관이나 이와 유사한 조직과 공동으로 판촉활동을 하는 것은 적은 비용으로 판촉의 효율성을 극대화하는 방법이 된다. 판촉활동은 인쇄물과 시청각 자료제공부터 리셉션이나 전시회 등에 이르기까지 다양하다. 대부분 도시(지역)에는 MICE뷰로나 그 지역 홍보활동을 맡는 담당자가 있다.

8. 회의장소 수배업체

고객의 수요에 가장 적합한 장소를 선정해 주는 업체들이 있는데, 그 업체들의 주선에 따르는 것도 바람직하다. 그리고 공동 마케팅을 목적으로 설정된 그룹이나 단체도 있다.

9. 개인적인 세일즈 콜

조사연구는 전문적 세일즈활동에서는 필수적인 요소이다. 일단 회의결정권자들을 확인하고 회의를 정하였다면 세일즈 콜을 하기 전에 결정권자들이 원하는 요구사항은 될 수 있으면 모두 파악하는 것이 좋다. 이것은 그 예상 고객과 그의 특정 요구사항에 관심이 있음을 나타내준다.

그리고 세일즈 콜에서는 개인적인 추천(Recommendation)에 의한 것이 최선의 판촉활동이며, 일단 접촉한 후에는 한번에 그치지 말고 계속 연락을 유지하는 것이 중요하다. 특히 자신의 회의장에서 행사에 참여했던 고객과는 반복적인 세일즈를 위한 관계유지가 더욱 중요하다.

10. 회의시설 방문

예상 고객에게 처음부터 회의시설을 보여주는 것이 판촉활동의 이상적인 방법이다. 그러나 컨벤션 바이어나 언론인에게 자신의 회의시설을 방문해 달라고 설득하는 것이 생각보다 쉽지는 않다.

바이어나 언론인은 시간 낭비라고 보는 경향이 있으므로 설득하기 어려우며, 방문하고자 하는 사람들도 VIP 대우를 해주어야 하는 등의 세심한 계획이 있어야 한다. 오찬, 리셉션 등을 위해 해당 그룹을 초대하는 것도 아주 중요한 일이지만, 그런 행사는 사전에 주의 깊게 계획되어야 한다.

시설을 방문한 사람들의 주의력을 끌기 위해서는 사교적인 프로그램을 만들어 그들이 시설을 전부 볼 수 있도록 해야 한다.

11. 유치를 위한 판촉

광범위한 조사, 단체 관련자를 대상으로 한 판촉이나 로비활동만으로는 행사개최의 신청만을 할 수 있을 정도로 국제적 규모의 회의를 유치·개최한다는 것은 쉽지 않은 일이다.

판촉의 범위는 개개의 단체에 따라 다르지만, 단지 문서를 준비하는 것부터 이전의 회의에 참석하는 것, 선물 증정, 판촉 비디오 상영, 공식적인 리셉션 개최 등에 이르기까지 광범위하다고 할 수 있다. 그리고 결정권을 가진 사람은 또한 최종결정을 내리기 전에 회의장소를 직접 살펴보고자 할 것이다.

12. 전화 접촉

전화 접촉 또한 연구조사의 목적으로 사용될 수 있다. 그것은 우편물 발송 리스트를 직접적이고 효과적으로 정리할 수 있게 해주며, 나아가 DM의 후속 조치와 현존 또는 이전 고객과의 관계를 유지하는 데 특히 중요하다.

13. 인적 접촉

앞서 언급하였듯이 회의시설 판촉에 대해서는 고객의 경험에 의한 추천이 가장 효과적인 방법이다. 그러므로 훌륭한 시설, 양호한 서비스를 제공하기 위한 교육 없이는 세일즈를 유지하거나 증가시킬 수 없다.

그 시설의 회의에 참석하는 누구에게나 괜찮다는 인상을 심어주어야 한다. 또 회의 개최 후에 회의기획자에게 회의시설에 대한 조언과 재차 방문해 줄 것 그리고 그 단체에 회의를 수배하는 다른 사람이 있는지 등을 물어봐야 한다. 회의가 끝난 후에 그러한 단체에게 꽃다발이나 작은 선물을 보내주는 것도 아주 좋은 방법이다.

제4절 ▶ 성공적인 마케팅전략

마케팅에서 부가적 서비스 제공, 이를테면 '같은 가격에 더 멀리 갈 수 있는 서비스(going the extra mile)'의 표현은 부가적인 서비스를 제공하기 위한 관광교통업체의 특별한 노력을 잘 설명해 주고 있다. 관광전문가는 고객의 만족을 증진하기 위해 그들의 직업이 요구하는 이상의 노력을 기울인다. 좋은 예는 회의에 참석하는 여행자를 위하여 예비 일정표를 준비하는 회의기획자를 들 수 있다. 예비 일정표는 형식에 구애받지 않는 여행을 하는 고객에게 여러 활동을 제안할 뿐만 아니라, 목적지에서 다른 장소로 어떻게 이동할 것인지에 대해서 알려준다. 또 목적지에서 상영 중인 연극 및 영화와 식당 등에 관해서도 알려줄 수 있다.

목적지 관광기업의 판매담당자는 방문자 또는 컨벤션 사무국으로부터 컨벤션사업을 획득하기 위해서 부가적인 노력을 기울인다. 예를 들면, 그들은 컨벤션기획자가 자신들의 고장을 후원하는 경우, 그들이 지역의 특별한 합창단 또는 오케스트라의 리허설에 참석할 수 있도록 준비한다. 이러한 부가적인 노력은 그들에게 컨벤션사업을 판매하는 데 유리할 뿐만 아니라 미래에 컨벤션 참가자의 재방문을 유도할 수 있다.

1. 성공적 마케팅을 위한 전술

1) 사기 앙양

가장 중요한 성공전략의 하나는 직원들의 사기를 올리는 것이다. 사기가 높은 업체가 성공적인 마케팅전략 수립에 매진할 수 있는 환경을 제공해 준다.

2) 양방향 의사전달단계 유지(Two-way Communication)

사기 앙양 문제와 병행되는 것으로서, 사람들은 어떤 일이 일어나고 있고 또

왜 일어나는지를 알고 있는 경우 거기에 대한 반응을 가장 잘 보이게 된다. 따라서 직원과 대화를 나누고 그들이 어떤 생각을 지니고 있는지 들어봐야 한다는 뜻이다. 직원과의 의견교환은 일반통행로가 아니며, 상의하달식의 일방적 의사전달체계를 갖는 업체는 성공하기 어려울 것이다.

3) 최선의 서비스 제공

컨벤션산업은 서비스산업이다. 고객의 신뢰감을 유지하고 사업에 성공하려면, 할 수 있는 한 최선의 서비스를 제공해야 한다. 앞서 언급한 높은 사기와 건전한 의견교환시스템이 지속적인 서비스 제공에 큰 보탬이 된다. 편의시설, 운송, 판매 등 주위의 유사 분야에서의 성공사례들을 살펴보면 모두 고객에 대한 뛰어난 서비스 제공에서 성공의 기반을 다졌음을 알 수 있다.

4) 비용억제정책

비용억제는 비용삭감과 달리 비효율적인 부분의 비용을 없애고 장래의 성공을 위해 미래지향적인 부분에 투자한다는 것을 의미한다. 사업이 하강국면에 접어들다 보면 자연적으로 비용삭감에 초점이 모이게 된다. 관광산업 중 호황기에도 이윤이 적게 남는 분야에는 비용삭감이 유용하고 생산적인 방법이 될 수 있다. 그러나 지나친 예산삭감은 전체적 사업에 역효과를 가져오기 때문에 호황기에도 주의해서 시도해야 한다.

진정한 성장의 원동력은 세일즈의 증가에서 온다. 사실, 노동력과 최상의 서비스를 제공하는 능력이 업계의 비용에서 커다란 부분을 차지하므로 비용 절감이 잘못 인식된 경우에는 곧바로 세일즈의 감소로 이어지게 된다. 인건비와 판촉비용이 예산의 가장 큰 부분을 차지하므로 이 부분의 예산삭감이 가장 쉽게 이루어질 수 있다. 그러나 성공적인 사례들을 보면 다른 경쟁업체가 비용을 줄이는 불황기에도 인력이나 시설에 투자함으로써 성공한 경우가 적지 않다.

5) 일상적 업무에서의 비용 절감

시간이 지날수록 편리성을 추구하는 과정에서 또는 통제의 분위기가 형성되어 있지 못하기 때문에 불필요한 예산이 증가하는 경우가 많다. 따라서 전기, 전화, 팩스 등의 사용료를 가볍게 여겨서는 안 된다. 교육이나 사전 계획만 주어진다면 장거리 전화, 팩스, 다른 지역으로의 문서 배달 등의 비용은 줄일 수가 있다. 사소한 것이지만 복사기의 사용도 불필요한 사용은 줄여야 한다.

6) 인력관리의 재평가

어떤 업체에서는 인력이나 예산지출과 관련된 인사업무 등이 전체예산의 절반을 차지하기도 한다. 따라서 심한 불황기에는 인력의 손실 없이 일부 인원은 Full-Time에서 Part-Time으로 변경시킬 수도 있다. 일시적으로 인원을 축소하는 경우에는 임금 지급 없이 무급휴가를 주는 것도 고려해 봄직하다.

7) 업무수행에 따른 보상지급

보상지급방법에서의 변화를 시도해 보라. 직원이 전적으로 월급에만 의존하고 있다면 지금은 더 나은 새로운 인센티브 프로그램을 도입할 시기이다. 그런데 그것은 세일즈의 생산성에 초점을 맞추어 직원들에게 새 인센티브 시스템을 잘 설명한 후, 더욱 의욕적인 기회를 부여한다는 맥락에서 주의 깊게 시행되어야 한다.

8) 인력의 빈자리를 새로운 시도의 장으로 이용

대부분의 업체는 인력 감소에 따라 스태프진의 적정비율을 잃기 쉽다. 이러한 인원의 공백은 고객에 대한 서비스의 질을 떨어뜨리지 않고서도 다양한 방법으로 교체할 수 있다. 시간제 아르바이트나 임시고용자의 이용 등도 고려해 볼 수 있다. 이러한 과정을 거쳐 정식직원으로 채용할 수도 있다.

9) 근무시간의 재검토

고객이 필요로 하는 시간에 근무하고 있는가? 많은 지역에서는 저녁이나 주말에 레저상품이 더 잘 팔린다. 인원을 보강하지 않고서도 시간외근무나 휴일 근무를 선별적으로 고려할 수 있다. 세심한 주의를 기울인다면 장시간 근무하는 다른 업체보다 더 좋은 효과를 거둘 수 있다.

10) 외관상의 매력이 마케팅 대상과 일치

부동산업계 사람들은 주택 구입자들을, 구입하고자 하는 주택이 외부에서 어떻게 보이느냐에 따라 그 주택에 대한 이미지를 갖게 된다고 생각하고 있다. 자신의 업체가 인센티브상품 고객들로부터 매력(Curb Appeal)을 유지하기 위해 어떤 계획을 세우고 있는지 점검해 보아야 한다. 또 상용관광(Commercial Travel)에서는 외관상의 매력이 그다지 중요하지는 않지만, 레저상품 이용 등에는 큰 효과가 있다. 위에서 언급한 부동산업계의 규칙이 여기에서도 적용된다. 적당한 예산을 가지고 외관상 번창하고 있는 모습을 보이는 것은 일반 고객에 대한 호소력을 유지하는 한 방법이 된다.

11) 자기 업체의 임금과 복리후생제도에 대해 전문가 의견 조회

연금이나 보험에 대한 비용이 증가함에 따라 복리후생제도를 재검토해야 할 필요성이 있다. 많은 업체가 직원의 복리에 영향을 거의 주지 않고서도 복리후생비를 절감할 수 있음을 발견하였다. 현재 이용하고 있는 회사와 경쟁관계에 있는 보험회사를 찾아보는 것도 좋은 방법이 되기도 한다.

12) 판촉활동비의 증대

마케팅비용은 꾸준히 증가하고 있다. 판촉비가 적재적소에 사용된다면 장래의 사업 성장을 위한 가장 효과적인 수단이 된다. 창조적인 방법으로 그 비용을 늘려나가는 것이 좋으며, 다른 단체로부터 주어지는 공동기금을 활용해 보는 것도 좋다. 만약 어떤 단체들이 그러한 기금을 제공할 수 있는지 파악하지 못하였다면 각 지점망을 통하거나 직접적인 의견조회로 공동기금 확보 여부를 적극적으로 찾아보는 것이 좋다. 처음에는 거절당하더라도 관련 단체에 일정한 시간을 주고 적극적으로 접근해 간다면 그 단체들도 마케팅의 중요성을 인식하여 자신의 의견에 동의하게 될 것이다.

13) 사업전략 개발에 스태프진의 참여를 유도

장·단기적 발전전략을 수립할 경우 스태프진의 사기를 높여주고 원활한 의사전달체계를 유지하여 그들의 능력을 충분히 발휘하게 한다.

14) 사업의 변화 도모

당신의 목표가 현 고객을 상대로 한 사업인지, 아니면 새로운 고객을 끌어들이는 데 있는지를 토의해 보라. 당신의 사업을 다양화할 기회를 찾아보고자 할 것이다. 만약 당신의 사업기반이 탄탄하다면 레저산업을 확장하고자 할 것이다. 사업에 새로운 창의력을 도입하도록 노력하라.

15) 특약공급업자와의 관계 조정

특약공급업자와의 관계를 원활하게 유지함으로써 인센티브 상품판매를 상당히 증가시킬 수 있다. 그러나 대부분의 여행업체는 이러한 소수의 공급자에게 초점을 맞추는 노력을 게을리하고 있다. 특약공급업자에게 초점을 맞추는 노력을 지속적으로 강화하라. 공급업자는 상품에 대한 지식을 갖고 있으므로 그 업자와의 관계가 커미션 등의 관점에서 타산에 맞는 일인지 정기적으로 검토해 보아야 한다.

16) 교육훈련 강화

새로운 현실에 대처하는 가장 좋은 방법은 교육훈련에 대한 투자를 늘리는 것이다. 고객의 수요에 대응해 주고 세일즈의 기회를 늘려나갈 방법의 하나로 상담자들을 교육해야 한다. 아무리 경험이 풍부한 사람일지라도 고객의 질문에 대한 모든 답안을 갖고 있다고 간주해서는 안 된다.

17) 활동적인 취향

상담자들은 한가한 시기에는 전화로 상담을 하고 예상 고객에게 브로슈어를 보내는 등의 활동을 하고 있어야 한다. 고객이 사무실에 찾아오기만을 기다려서는 안 된다. 예상 고객과의 세일즈 상담을 위한 새로운 제안들을 고려해서 사용해야 한다.

18) 수요가 큰 여행상품 판매

컨벤션상담자들은 고객에게 잘 팔리는 여행상품을 부가적으로 판매해야 한다. 예를 들어 고객이 항공여행을 싫어한다면 보다 매력적인 대안을 제시해야 한다. 즉 컨벤션 개최지에서 짧은 여행이나 항공편을 이용하지 않는 상품이라도 판매해야 한다. 그것이 비록 이윤은 적을지라도 장차 고객에게 신뢰감을 심어주고 장기적인 안목에서 볼 때 커다란 역할을 하는 것이다.

19) 부수적인 이익을 염두에 둘 것

많은 상담자가 부수적인 이득을 염두에 두지 않고 상담을 하는 것이 현실이다. 그러나 호텔숙박, 렌터카 등이 항공 티켓 판매에 추가될 수 있고 당일 여행에도 부수적인 것들을 통해 이익을 증가시킬 수 있다.

20) 고객의 신뢰감 획득

항공편을 자주 이용하는 단골고객에게 저렴한 상품을 서비스로 제공하는 것도 바람직하다. 그리고 항공여행을 자주 이용하는 우수고객이 있으면, 비용이 저렴하면서도 내용이 알찬 휴가나 여행계획을 세워주어 그 고객의 신뢰감을 증가시켜 준다.

21) 개인적인 교섭활동

직업알선업자들은 구직자를 위해 더욱 방대한 구직 네트워크를 형성하려고 자신의 친구, 동료, 친척 등을 이용할 것을 언제나 권고한다. 관광업계에도 이러한 개념을 적절히 이용할 수 있다.

친구나 동료의 목록을 작성하여 우편이나 통신서비스를 이용해 체계적으로 접근할 수 있다. 비용이 적게 들면서도 가장 효과적인 광고전략은 입에서 입으로 전해지는 개인적인 커뮤니케이션에 의한 것임을 명심해야 한다.

마케팅을 위한 모든 조치는 장기적 안목의 세일즈나 이윤 관점에서 바람직해야 한다. 중요한 것은 지금 당장이 아니라 미래의 새로운 기회를 포착하기 위한 마케팅이어야 한다는 점이다.

2. 시장세분화와 인센티브여행

마케팅에서는 시장을 세분화하였을 경우 특정 시장의 하나를 세분시장(부분시장)이라고 하는데, 관광 분야의 마케팅에서도 그 세분시장에 초점을 맞추어야 한다. 여기에서는 세분화된 특정 목표를 대상으로 한 마케팅 즉 틈새 마케팅(Niche Marketing) 또는 표적마케팅(Target Marketing)에 대해 논해 보고자 한다.

시장세분화(Market Segmentation)의 개념은 물물교환시대로 거슬러 올라가는데, 사막의 대상들은 본능적으로 자신의 상품을 구매할 가능성이 높은 사람들을 구별할 수 있었다. 즉 그들은 마케팅의 대상을 가려 더욱 가능성 있는 목표를 표적으로 삼고 활동했다. 이러한 표적마케팅은 다양한 종류의 세일즈 기회를 분류하는 데서 출발한다. 여기에서는 인센티브여행과 일반여행사의 마케팅을 표적마케팅에 필요한 세 가지 문제에 적용해 본다.

1) 목표 설정시기

표적마케팅은 행동 지향적인 방법이다. 너무나도 많은 업체가 시장에 대해 자극적인 접근법만을 사용하여 고객이 그들에게 와주기만을 기다리고 있다. 복싱의 받아치기처럼 어떤 사람이든 특정 문제에 반응하는 자세가 어느 정도는 필요하다. 또 변화하는 상황에 대응하기 위해서는 대응적인 자세가 나와야 한다. 그러나 경쟁이 증가하고 있는 상황에서는 경쟁분야와 경쟁방식에 대해서 명료한 입장을 지니고 있어야 한다. 즉 마케팅의 목표설정은 언제나 이루어져 있어야 하며, 대응적인 자세보다는 한발 앞서 행동을 취하는 행동지향적인 접근법이 필요하다. 이것이 장기적인 관점뿐만 아니라 단기적 성장이나 이윤증가도 가져오게 되는 것이다. 어느 정도의 규모와 수지에 알맞을 정도의 이용자 숫자가 성공의 주요 관건이 되는 관광산업에서는 언제든지 목표설정이 이루어지는 행동지향적인 방법이 특히 중요하다.

2) 목표 설정방법

(1) 고객의 특성에 의한 목표 설정

'고객의 특성'은 인구통계학적 세분화(Demographic Segmentation, 인구통계학적 변수로 시장그룹을 나눔)로 불린다. 나이, 수입의 정도, 직업, 가족 형태 등이 목표시장을 분류하는 가장 흔한 방법이 된다. 각각의 카테고리는 더 세분화될 수도 있는데, 가족의 형태는 다시 가족의 규모, 결혼상황, 가족 수 등의 내용으로 분류할 수 있다.

(2) 생활양식에 의한 목표 설정

인구통계학적으로 어떻게 나타나느냐보다는 사물을 어떻게 보느냐에 따른 것이므로 사이코그래픽스(Psychographics, 시장을 분류할 때 쓰이는 소비자의 생활양식 측정기술)라 불린다. 잠재목표시장을 확인하는 방법의 하나로서 생활형태와 관심분야를 고찰함으로써 그 사람이 선호하는 여행상품의 종류를 선택할 수 있게 된다. 예를 들면 취미, 문화생활, 자기발전을 위한 스포츠, 소망 등에 따라 시장을 세분화할 수 있다.

(3) 여행형태에 의한 목표 설정

이것은 생활형태에 의한 방법의 변형이라 할 수 있다. 그러나 생활양식상의 특성에 의해 목표를 설정하는 것이 아니라 특정 여행상품 구매 선호에 따라 목표를 설정하는 것이다.

이러한 목표 설정의 초기형태는 스키, 골프, 전세버스 여행 등에 특화된 여행사가 대부분이었으며 이 분야의 전문가들은 수년 전부터 존재해 왔다. 지금은 특수지역 방문만을 전문으로 하는 여행사도 미국에서만 1,000개가 넘는다. 종합리조트와 휴양지의 증가에 따라 이것을 전문으로 취급하는 여행사도 늘어날 전망이다. 마케팅의 효과를 최대한으로 높이기 위해서는 가능한 시장을 세분하는 것이 좋다. 그러나 이것을 사업 설정 시 우선하기에는 문제점이 생길 수 있다. 사업의 성과를 거둘 수 없을 만큼 시장을 더 세분화해서는 안 되기 때문이다. 따라서 세분시장에서의 한정성과 예상 고객 수나 수요의 크기 사이에는 균형이 있어야 한다.

새 목표시장을 선택하고 이미 알고 있는 시장을 재정비하는 경우에는 자사의 장단점도 잘 파악해야 한다. 자사의 위치, 외관, 스태프진의 경험과 자질 등도 목표 설정과 목표시장 선택에 중요한 결정인자가 된다. 그리고 더욱 좋은 조건의 제시, 더 나은 서비스나 후원, 공동기금, 홍보자료 등과 같은 마케팅의 장점을 확보하기 위해서는 타 업자의 프로그램도 살펴보는 것이 좋다.

3) 목표 설정대상

표적마케팅의 목표 설정대상으로 몇 가지의 세분화 변수를 보기로 한다.

(1) 자동차를 이용한 가족여행

최근 자녀들을 동반한 가족여행이 증가하고 있다. 35세에서 45세까지의 연령층이 자녀와 함께 여행하는 경우가 가장 많다.

(2) 독신자들로 구성된 시장

결혼을 늦추거나 이혼율의 증가, 별거하는 부부의 증가로 독신자의 수는 날로 증가하고 있고, 미국의 경우 부모 중 한 사람만 생존한 가정이 많은데 이 두 경우 일반적인 여행이나 크루즈여행이 효과가 있다.

(3) 자녀 없는 부부

젊은 세대에서 자녀를 늦게 출산하는 사례가 늘고 있으며, 55세에서 69세 사이의 시니어 연령층은 자녀를 모두 출가시켜 부부만이 사는 경우가 증가하고 있다. 이 두 부류의 계층은 수입도 괜찮은 편이어서 마케팅의 대상으로서 적당하다고 볼 수 있다. 이 시장은 여행목적지의 역사적·문화적 유적 등 방문지역에 대한 호기심이 강하다고 볼 수 있다. 그들은 사회적 활동을 원하며 휴식을 위한 여행보다는 새로운 경험을 쌓고자 하는 문화적·교육적 성격의 여행을 선호하고 있다. 그들은 안전과 건강에 관심이 높으므로 체육시설, 온천, 건강식 등을 갖춘 곳을 선호한다.

(4) 사회활동을 하는 가정주부

이 시장도 점점 증가할 전망인데, 맞벌이 부부의 경우 여행 일정을 잡기가 곤란한 점이 문제이다. 여기에는 주말을 이용한 짧은 여행이 좋다.

(5) 주말여행자

최근에 우리나라도 점차 그러한 경향을 띠고 있지만, 미국의 경우 전체 휴가여행의 절반이 3일 이하의 짧은 여행을 하는 것으로 나타났다. 또 휴가여행의 절반이 주말을 낀 여행이었다고 한다. 이 여행은 집에서 가까운 곳으로 가는 경우가 많으며 13%만이 비행기를 이용하는 것으로 나타났다. 이들 여행상품의 이윤은 작지만 단골고객을 확보하기 쉽고 이용자가 주변인들을 대상으로 간접적인 홍보를 해준다는 장점이 있다.

| 사례 | 英 '글래스톤베리 페스티벌' ···20만 명 80개 스테이지 만끽 |

■ 해외에선 이미 음악 페스티벌이 하나의 시장으로 확고히 자리 잡았다

유럽의 대표 음악축제인 영국의 '글래스톤베리 페스티벌(Glastonbury Festival)'은 2007년 한 해 고용효과 13억 원 이상, 공연수입 360억 원, 예산지출 3,800억 원, 소비지출 9,400억 원 등으로 경제효과만 1조 3,500억 원을 훌쩍 넘는다. 매년 6월에 4박 5일간 열리는 이 페스티벌에는 연간 20만 명의 관객이 참여해 80개가 넘는 스테이지에서 다양한 장르의 공연과 서커스, 코미디 쇼 등 각종 이벤트가 열린다.

음악페스티벌 시장규모가 2~3조 원대에 달하는 미국의 경우, 캘리포니아주에서 매년 진행되는 '코첼라 밸리 뮤직 앤 아츠 페스티벌(Coachella Valley Music and Arts Festival)'이 대표적이다. 세계 정상급 뮤지션들로 꾸며진 라인업과 유명 셀러브리티, 패션블로거, 스타들이 한자리에 모인 다양한 페스티벌 룩으로도 유명하다. 연간 관객 10만 명이 참여하며 이국적인 느낌의 볼거리와 설치미술, 기념티셔츠 판매가 활발하다.

연간 6만 관객이 찾는 미국의 '롤라팔루자 뮤직 페스티벌(Lollapalooza Music Festivals)'은 에미넴, 콜드플레이, 뮤즈 등 힙합 아티스트들이 주로 참여하며, 일반티켓보다 3배가량 비싼 VIP 티켓이 매년 매진된다. VIP만이 들어갈 수 있는 존을 만들어 편안하게 즐길 수 있도록 한 점이 특징이다.

또 일본의 '서머소닉 페스티벌(Summer Sonic Festival)'은 매년 8월 오사카와 도쿄에서 이틀간 열리며 7, 8차 라인업까지 공개될 정도로 화려한 라인업을 자랑한다. 날씨가 더워 맥주를 따라주는 스태프가 돌아다니며, 맥주 매출이 굉장히 높다. 매년 20만 명의 관객이 찾는다.

이 밖에 스위스의 '몽트뢰 재즈 페스티벌(Montreux Jazz Festival)'은 야외무대의 경우 무료이므로 길거리에서 지나가는 사람들도 관람할 수 있다. 150개의 크고 작은 콘서트가 10일 동안 진행된다.

[yeonjoo7@heraldcorp.com, 2012.6.5]

제5절 ▶ 효과적인 국제회의 판촉요령

1. PCO 소재 도시의 국내단체

20세기 말까지 세계 여러 국가의 컨벤션뷰로들은 국제회의 판촉활동을 도외시하고 있었다. 그 이유는 그들 국가의 관광지들이 National Business를 유치하기에 컨벤션 판촉과정이 너무 복잡하고 현실적으로 비용이 들기 때문이었다.

그러나 21세기에는 상황이 많이 변하기 시작하였다. 국제회의를 유치하는 데 필요한 엄청난 양의 일들은, 특히 국제기구들의 회의일 경우, 바로 PCO가 위치하는 곳에서 이루어진다. 국제기구 본부들과의 접촉도 정보수집 활동에 매우 도움이 된다. 한 조사에 따르면, 국세난체의 57%가 회의개최지를 선정하기 이전에 유치 희망국으로부터 그 국가의 동 단체에 사전답사 초청을 요청하고 있다. (10%는 개최희망국 정부로부터, 6%는 기타 단체로부터, 단지 27%만이 초청을 요구하고 있지 않다)

그러므로 맨 먼저 해야 할 일은 PCO가 위치한 그 도시에서 성공적으로 운영되고 있는 국내단체와 접촉하는 일이다. 그들 단체와의 사이에 정립해 놓은 관계를 활용하고, 그들에게 그들이 가입해 있는 국제기구의 회의를 유치하도록 하는 가능성을 타진해 보라. 또 마치 국내 행사를 유치할 때와 마찬가지로 지역단체 및 기타 유력인사들을 잘 활용하라. (예를 들어 그 지역 대학의 명사들)

단지 회의가 국제회의라는 사실에 위축될 필요는 없다. 아마도 PCO가 전에 개최한 적이 있는 국내 회의들이 국제회의보다 규모가 훨씬 컸을 수도 있다. 브뤼셀에 본부를 둔 UIA(The Union of Int'l Associations, 국제협회연합)가 제공한 한 자료에 따르면, 국제단체회의의 78%가 500명 규모 이하라는 점은 이런 관점에서 볼 때 주목할 만하다. 국내단체와 마찬가지로 국제단체들은 이사회, 소위원회, 운영회의 등 여러 종류의 회의가 있으며, 이들 소규모 회의들은 종종 대규모 회의들을 유치하는 데 있어 매우 훌륭한 디딤돌이 되기도 한다.

2. 국제회의에 관한 정보

국제회의에 관한 유용한 정보는 협회 및 간행물에서 입수한다.

1) CINET

점차 증가하는 IACVB회원 규모와 더불어 CINET 시스템 내의 국제회의 수도 증가해야 하며, CINET Quality Control Committee가 할 일은 정보의 질적 향상을 꾀하는 일이다.

2) UIA[1]

UIA는 국제기구 및 회의에 관해 방대한 정보를 수집한다. 국제기구연감(Yearbook of International Organizations)은 UIA가 다양한 방식으로 분류된 수천의 국제기구들에 관한 세부정보를 매년 3권의 책으로 발간해 내며 이는 필수참고자료이다.

더욱이 UIA는 매 분기마다 '국제회의 캘린더(International Congress Calendar)'를 발간 하는데, 그 내용은 세계 각국에서 개최되는 국제회의를 국가 및 도시별로, 일자 및 국가기구명, 회의명, 회의주제를 알파벳 순으로 분류한 것이다. UIA는 회원제로 되어 있고, 모든 회원들은 무료로 캘린더를 배부받고 있으며 연감을 구매할 수 있다.

3) ICCA[2]

국제회의컨벤션협회 ICCA는 100여 개국에 1,020여 곳의 회원을 보유하고 있으 며, 회원 범주로는 여행사, 항공사, PCO, 호텔, 컨벤션센터 또는 컨벤션뷰로/국가 관광국 등이 있다. 또 ICCA는 국제회의에 관한 광범위한 컴퓨터 데이터베이스를 갖고 세계 각국에서 개최되는 각종 회의에 관한 세부정보를 수록한 책자(Bulletin)를

---

1) 국제협회연합, Rue Washington 40,100. 브뤼셀, 벨기에, Ms. Ghislaine de Coninck, Head of Congress Department & Services.
2) International Congress & Convention Association, J. W. Brouwersplein 27, P.O. Box 5343, 암스 테르담, 네덜란드, Mr. Dick Ouwehand, Executive Director.

회원들에게 정기적으로 발송하고 있으며(회비에 포함), 회원들은 특정 기준하에 일정 비용을 지급하고 자료를 요청할 수 있다.

3. 비용 절감

　판촉 및 마케팅 활동의 하나로 해외여행을 기획할 때 결코 돈을 많이 들일 필요가 없다. 이에 비용 절감 증대를 위해 몇 가지 비결을 소개한다.

① PCO가 속해 있는 지역의 항공사와 호텔에 물적 원조를 요청하라. 국제적 체인에 속해 있는 호텔의 매니저 또는 판촉담당자는 그 지역 내 호텔 객실과 마찬가지로 다른 나라에 있는 호텔 객실도 기꺼이 제공해 줄 수 있을 것이다.

② 국제적인 호텔 체인들과 항공사들은 세계 각국에 판촉사무소를 두고 있으며, 그들과 긴밀한 협조관계를 유지함으로 인해 상당한 이익을 얻을 수 있다. 또 PCO가 국제활동을 처음으로 시작하는 단계에 있다면, 그들은 PCO보다도 훨씬 많은 기업과 단체 리스트를 보유하고 있으며, 당신이 설치해 놓은 관광 관련 접촉 단체보다 더 많은 거점을 확보해 놓고 있기에 당신은 이러한 이점을 함께 누리게 될 것이다. 이 지사들과 긴밀한 협조관계를 유지하는 것이 매우 바람직하다.

③ NTO 해외지사의 협조를 구하라. NTO는 관할지역 내 각종 정보제공은 물론 판촉행사를 구성하는 데도 매우 유용한 도움을 줄 수 있다. 이는 특히 지사가 출장 여행에 관련된 부서나 전담 요원을 두고 있을 때는 더욱 그렇다.

제6절 ▶ 디지털 전환과 새로운 마케팅 수단의 이해

디지털 전환과 마케팅과의 연관에 대한 개념을 정리하고 응용할 수 있도록 적용된 사례를 살펴보기로 하자.

1. 소셜미디어 마케팅과 SNS 마케팅

1) 소셜미디어 마케팅

소셜미디어란 사람들이 의견과 경험, 생각을 공유하기 위해 사용하는 온라인 플랫폼을 의미한다. 대표적인 소셜미디어에는 블로그, 네트워크(페이스북, 트위터, 인스타그램 등), 팟캐스트, 위키 등이 있다.

소셜미디어 마케팅(social media marketing, SMS 마케팅)은 소셜미디어 플랫폼과 웹사이트를 사용하여 제품이나 서비스를 제공하는 마케팅이다. 즉, 인스타그램, 유튜브, 페이스북, 틱톡 등 다른 사람들과 교류할 수 있는 앱 서비스, 일명 '소셜미디어'를 활용하는 마케팅 기법을 말한다. 이는 때때로 소셜 마케팅이라 부르기도 한다. 소셜미디어 시대에는 대중이 네트워크로 연결되면서 대중적 집단의 연결이 강해졌고, 소비자가 메시지를 생산하고 유통한다. 과거에는 기업에서 소비자로 수직적으로 정보가 흘러갔지만, 소셜미디어 시대의 메시지는 열린 구조 내에서 수평적으로 이동하기에 상호작용이 활발하다.

인터넷을 활용해 소규모 기업의 시장진입이 쉬워졌고 마케팅 활동에서 물리적 제약도 제거되었다. 차량 중개 서비스인 우버나 숙박 공유 사이트인 에어비앤비와 같은 기업이 거대 택시회사나 대형호텔을 상대로 시장에서 경쟁하는 시대가 열렸다. 전시 · 컨벤션에서는 행사 개최 전과 개최 기간 중 온라인 홍보 마케팅에 주로 활용되고 있다.

2) SNS 마케팅

SNS 마케팅은 TV, 신문 등과 같은 전통적인 대중매체를 통해 광고나 홍보를 하던 기존의 마케팅과는 다르게, 사용자 간 관계를 형성할 수 있는 웹 기반의 플랫폼인 소셜 네트워크 서비스를 활용하여 고객들과 소통하는 마케팅 전략이다.[3] SNS(Social Network Service)라는 약어는 우리나라에서만 사용되고 해외에서는 사용되지 않는다. 이 단어 대신 앞에서 보았듯이 '소셜미디어'라는 단어를 사용한다[4].

▶ SNS의 종류[5]

구분	예
모바일 메신저	카카오톡, 라인, 텔레그램, 페이스북 메신저, 네이트온, 스카이프, 와츠앱, 디스코드
마이크로 블로그	페이스북, 트위터, 인스타그램, 링크트인, 키키오스토리, 싸이월드, 팀블러
블로그	네이버 블로그, 다음 블로그, 블로거, 티스토리, 이글루스
미디어 플랫폼	유튜브, 카카오TV, 아프리카TV, 네이버 V앱, 트위치

2. 언택트 마케팅

1) 언택트 마케팅의 개요

언택트 마케팅은 모바일 기술과 AR, VR 등 실감형 기술이 보편화되면서 주로 무인결제 시스템이나 모바일 무인 매장 시스템에서 활용된다. 언택트 마케팅은 고객과 마주하지 않고 서비스와 상품 등을 판매하는 비대면 마케팅 방식으로, 첨단 기술을 활용해 판매직원이 소비자와 직접 대면하지 않고 상품이나 서비스를 제공하는 것이다.

---

3) 서구원(2015), 소셜미디어와 SNS 마케팅, 커뮤니케이션북스, p.7
4) 영미권 국가 사람들은 일상에서 SNS라는 말을 사용하지 않는다. 영미권 국가의 일상 생활권에서는 SNS가 아닌 Social Media(소셜미디어)라는 표현을 쓰며, 이들에게 'SNS'라고 언급하면 보통 문자 메시지의 뜻을 가진 SMS와 연관지어서 생각한다. 이렇다 보니 SNS라고 하면 못 알아듣는 경우도 많다. 통상적으로 SNS(Social Networking Service)는 소셜미디어(Social Media)의 한 종류로 분류된다.
5) 박춘엽 · 박병연 · 오점술(2018), 4차 산업혁명의 핵심전략, p.17

접촉(contact)을 뜻하는 콘택트에 언(un)이 붙어 '접촉하지 않는다'는 의미로, 사람과의 접촉을 최소화하는 등 비대면 형태로 정보를 제공하는 마케팅을 말한다. 즉, 키오스크 · VR(가상현실) 쇼핑 · 챗봇 등 첨단기술을 활용해 판매직원은 소비자와 직접 대면하지 않고 상품이나 서비스를 제공한다.

하지만 기존에 사람이 하던 일을 기계가 대신하면서 향후 일자리 감소와 언택트 디바이드(untact divide) 문제가 일어날 우려가 제기되고 있다. 언택트 디바이드는 언택트 기술이 늘어나면서 이에 적응하지 못하는 사람들이 불편을 느끼는 현상으로, 특히 디지털 환경에 익숙하지 않은 노년 계층에서 두드러질 것이다.

2) 언택트 마케팅의 사례

언택트 마케팅은 코로나19 시대에 그 진가를 발휘하였다. 언택트가 필수적일 때 도입된 비대면 셀프 체크인, 음성인식 및 화상 안내서비스, 디지털 백신 여권, 정맥인식 도입, 인공지능 기반 맞춤형 여행 일정 제공 서비스, AI로봇 서비스뿐만 아니라 비대면 랜선여행 360도 VR, 아바타 여행, 토이스토리 랜선 여행, 파노라마 서울, 온라인 지역축제 등 그 도입 사례는 수없이 많다.

언택트 마케팅을 더욱 활성화한 것은 AI이다. AI는 코로나 팬데믹으로 그 수요와 이용이 더욱 다양해지고 있다. 식당이나 레스토랑의 경우 바텐더 로봇, 커피를 만드는 바리스타 로봇, 직원을 대신해 주문을 받고 음식을 나르는 서빙 로봇 등 역할과 기능도 다양하다. 대명리조트의 스마트체크인, 롯데호텔의 L7, 나인트리프리미어호텔명동Ⅱ 등 호텔숙박업계에서는 이미 무인 입실 시스템이 보편화되었다. 이는 기업 측에 운영비 절감과 관리를 더욱 용이하게 만들었다. 또 패스트푸드 업계에서도 언택트 마케팅을 적극적으로 시행하고 있는데, 다수 매장에서는 키오스크(안내 단말기)를 통해 주문 및 결제를 처리하도록 하고 있다. 항공사도 마찬가지이다. 이러한 비대면 서비스 수요는 포스트 코로나 이후에도 더욱 발전하고 계속될 것이다. 무인 관리 자동화 기술은 유통을 비롯해 공항, 여행, 엔터테인먼트 산업으로 확대되어 사용되고 있다.

언택트 마케팅은 고객의 수요를 읽고 맞춤형 서비스를 제공한다. 소비자가 어떤 제품을 주로 살펴보고 있는지, 어떤 제품을 구매하는지 등을 확인할 수 있다. 고객의 정보를 반영해 고객에게 필요한 상품을 추천하거나 안내하며 할인행사나 사은품 등 마케팅 정보를 제공할 수 있다. 프랜차이즈 커피브랜드 '달콤커피'는 로봇 바리스타 '비트'를 앞세워 언택트족을 공략한다. 로봇 바리스타를 통해 고객이 설정하는 대로 47가지 메뉴를 제공하고 5G와 AI 기술을 활용해 커피 만드는 과정을 보는 재미를 준다.

그러나 언택트 마케팅이 성공하려면 기업은 눈앞의 인건비 절감만을 목적으로 하기보다 고객이 원하는 안락한 경험을 제공하는 것에 목적을 두어야 한다.

3. 콘텐츠 마케팅

디지털 환경에서 콘텐츠의 역할이 브랜드에 대한 소비자들의 관심과 참여, 더 나아가 충성도를 높이는 마케팅 기법으로 콘텐츠 마케팅이 주목받게 되었다. 콘텐츠 마케팅은 분명하게 정의된 고객 집단에게 흥미롭고 적절하며 유용한 콘텐츠를 창조하고 관리하고 배포하는 마케팅 전략을 말한다. 콘텐츠 마케팅은 소비자와의 관계 형성을 위해 브랜디드 콘텐츠를 활용하는 기법이다. 브랜디드 콘텐츠란 기업이 특정 브랜드를 핵심적 구성요소로 삼아 새롭게 제작한 콘텐츠이다. 구체적으로 영화, 게임, 비디오, 음악, 공연, 방송, 뉴미디어, 출판, 지식 정보, 캐릭터 등의 단독 혹은 조합된 내용물이라고 할 수 있다.

인터넷이 확산되고 기업들이 자사의 홈페이지나 블로그 혹은 소셜미디어와 같은 온드 미디어(Owned Media)를 확보하게 되면서 다양한 온라인 콘텐츠를 비교적 적은 비용으로, 지속해서 제작하고 배포할 수 있게 되었다.

마케터는 때때로 자사의 브랜드 자산이나 판매 실적에 직접 도움이 되지 않더라도 고객에게 가치가 있는 콘텐츠를 창조할 필요가 있다. 그래야만 고객과의 접촉을 이어갈 수 있다. 기업이 보유한 미디어 안에서 소비자들은 여러 가지 흥미로운 콘텐츠를 소비하고, 더 나아가 해당 플랫폼을 즐기면서 자연스럽게 브랜드를 경험하게 된다. 그리고 이 과정에서 브랜드가 전하고자 하는 메시지를 꾸준히 받아들이게 된다는 것이다. 이것이 바로 콘텐츠 마케팅 전략의 핵심이다.

4. 빅데이터 마케팅

1) 개요

빅데이터는 인공지능 발전을 뒷받침하는 4차 산업혁명의 기초자원에 해당한다. 빅데이터의 특징은 자료의 크기(volume), 처리 속도(velocity), 다양성(variety)이라는 3V로 압축된다. 즉 자료의 방대한 양, 정형화된 혹은 비정형화된 다양한 형태의 자료, 실시간적 처리 속도로 인해 기존의 데이터와는 양적, 질적으로 다르다는 점에서 빅데이터라는 이름이 붙게 되었다. 여기서 정형화된 데이터란 인구 통계, 구매 기록, 소비자 리뷰 점수, 신용카드 사용기록과 같이 수치화된 데이터를 말한다. 비정형화된 데이터는 손수 제작물(UCC: user created contents), SNS에 올라온 글이나 사진 등이다. 이러한 빅데이터의 특성으로 인해 데이터의 정확성과 예측력도 과거와 비교할 수 없을 정도로 매우 높아졌다.

2) 빅데이터 마케팅의 발전

빅데이터 마케팅은 빅데이터에 의존해 고객의 구매 정보를 분석, 구매할 가능성이 높은 고객을 바로 표적으로 하는 이른바 추천 마케팅이다. '마이크로 마케팅(Micro Marketing)'이라고도 한다. 빅데이터 마케팅은 전형적인 표적마케팅이다. 빅데이터 마케팅의 선두주자는 미국 최대의 온라인 서점 아마존(amazon.com)이다. 단골의 취향을 파악해 책을 추천해 주는 동네 서점의 판매 방식을 온라인에서도 구현하겠다는 아이디어를 적용한 아마존은 가입자의 구매 이력 등을 분석해 앞으로 구매 가능성이 큰 제품을 추천하고 미리 쿠폰을 제공하는 식으로 전체 매출을 30% 가량 끌어올렸다.

빅데이터 마케팅으로 빅브라더 사회가 도래했다는 비판도 있지만, 소비자는 자신만을 위한 마이크로 마케팅이란 혜택을 받을 수 있으므로 빅데이터 마케팅이 이득이라는 주장도 있다. 예컨대 네이버 뮤직 라디오의 음악 추천 시스템, 미처 생각하지는 못하나 꼭 필요한 제품까지 추천해 주는 아마존의 서비스, 소비자가 좋아하는 브랜드의 쿠폰만 보내주는 백화점 서비스 등이 그런 경우라는 것이다. 여기에 스팸 광고에 대한 소비자들의 염증이 빅데이터 마케팅을 추동시키는 동력으로 작용하고 있다는 해석도 있다.

3) 빅데이터 마케팅 사례

패스트푸드 체인점 타코벨(Taco Bell)은 신제품 출시 전에 소셜미디어를 통해 시장의 반응을 조사한다. 최초 사용자가 맛본 신제품의 기본적인 콘셉트가 매력적인가를 확인하고, 소셜미디어의 게시 글과 댓글을 분석해 제품에 대한 선호도와 대중적 평가가 어떤지를 살핀다. 과거에는 시장조사 및 최종 결정에 2달이 걸렸다면, 지금은 실시간 자료를 가지고 신속한 의사결정이 가능해졌다. 이러한 분석을 통해 신제품의 최종 매출이 얼마나 될지를 90% 이상 정확하게 예측할 수 있게 되었다.

서비스 로봇에 자체 개발한 AI 기술을 접목한 KT는 서울, 제주, 부산 등 전국 60여 개 호텔 1만여 객실에서 기가지니 AI 서비스를 제공하고 있다.

SK텔레콤은 통신데이터를 이용해 중앙정부·지방자치단체와 빅데이터를 구축하고 있는데, AI와 머신러닝(기계학습) 분석기법을 기반으로 관광객을 38개 유형으로 분류해 기존 서비스를 개선하고 잠재고객을 찾아내 홍보 및 마케팅도 맞춤형으로 하고 있다. 인천광역시는 맞춤형 관광 추천에 필요한 방문객의 행동 예측을 위해 사용하는 데이터를 세분화하였다. 제주도는 관광객 데이터 분석을 한 달 이상 머무르는 장기관광객과 단기관광객으로 나누고, 그 두 가지 유형별로 관광행태를 분석해 각 관광객에 대한 맞춤형 관광 추천을 고도화하고 있다.

5. AR · VR 마케팅

1) AR · VR 마케팅의 개요

증강현실(AR : Augmented Reality)과 가상현실(VR : Virtual Reality)은 쌍둥이 기술에 해당한다. 이러한 증강현실과 가상현실을 활용한 마케팅 기법을 AR · VR 마케팅이라고 한다.

증강현실은 현실 세계를 기반으로 하지만 가상의 정보 기술을 더하여, 실생활과 밀접한 교통이나 광고에의 활용가치가 크다. 가상현실은 이용자가 위치한 현실 세계와 동떨어진 온전한 가상세계를 의미하며, 오락, 콘텐츠산업, 여행산업에서 많이 활용된다. 한편, 증강현실을 활용하면 위치 기반 광고나 특정 매장에서 AR 앱을 작동해 실사 영상 위에 다양한 프로모션을 할 수 있다. 그리고 가상현실 기술을 활용해서 게임, 360도 비디오 콘텐츠, 고소 공포 쇼, 절벽 스키 타기, 스포츠카 경주 등 짜릿한 체험도 손쉽게 즐길 수 있다.

2) AR · VR 마케팅 사례

VR로 체험하는 경험적 요소는 무형의 서비스상품을 판매하는 엔터테인먼트 산업에서 그 활용성이 크다. VR 놀이공원, VR 여행, VR 체험장, VR 축제이벤트, VR 공연, VR 스포츠 등이 대표적이다.

AI는 마케팅에서 홍보, 상품, 최적의 가격 책정과 같은 업무에 도움을 주며 백오피스 분야에서도 의사결정의 중요한 도구로 이용되고 있다. 스타벅스는 고객의 로열티 카드와 앱 활용 데이터를 AI 알고리즘으로 분석해 메뉴를 추천하는 등 개인화 서비스를 제공하고 있다. 호텔과 항공사들은 객실료와 항공권 가격 결정에서 기존에 사용하던 수율관리(yield management)를 넘어서, 고객데이터를 비롯해 날씨와 뉴스, 소셜미디어, 주식 등 AI가 수집하고 분석한 데이터를 반영하는 '초역동 가격 결정(hyperdynamic pricing)' 시스템을 이용하고 있다.

이렇듯 로봇이 인간처럼 구체적 지침에 따라 컴퓨터 작업을 수행하고 기업은 이를 통해 대량의 반복적인 업무과정을 자동화해서 오류도 최소화할 수 있고 고객에게 더 좋은 서비스를 제공할 수 있게 되었다.

6. 인공지능 마케팅(AI)

1) 개요

인공지능은 4차 산업혁명을 대표하는 기술이다. 1997년 딥블루(Deep Blue) 컴퓨터가 체스 챔피언을 이긴 사건은 인공지능의 첫 번째 사례로 기록되었다. 인공지능 기술은 이제 사람의 개입이나 지시가 필요 없는 수준까지 이르렀다. 기계학습 (machine learning)은 인간이 1차로 기본 정보를 분류해서 컴퓨터에 제공해야 했다. 이것을 '지도 학습'이라 부른다. 반면에 딥러닝(deep learning)은 기본 정보를 인간이 미리 구분하지 않고 그대로 제공해도 알고리즘을 이용해 스스로 학습하고 결과를 도출해 낸다. 이것을 '비지도 학습'이라고 부른다. 인간의 개입 없이 인공지능이 알아서 데이터를 분류해 결과까지 도출한다. 너무 많아서 인간이 손대지 못할 데이터라도 딥러닝은 모든 것을 해결해 준다.

2) 인공지능 마케팅의 사례

인공지능의 비약적인 발전은 획기적인 변화를 이루고 있다. IBM에서 개발한 '왓슨(Watson)'은 병원의 환자 진단용이고, 법률 서비스에 인공지능을 접목한 리걸테크 (Legal tech) 산업도 확산되고 있다. 금융·보험업계의 콜센터 대신에 인공지능 상담사, 음반제작, 인공지능 아나운서, 고객 응대용 챗봇, 보이스 쇼핑, 아마존의 예측배송, 실시간 맞춤형 광고 제작 등 인공지능을 중심으로 한 마케팅 혁신이 이미 시작되었다.

인공지능은 사람의 결제 행동을 예측하여 물건을 배송하기도 하고 제품이나 기계에 문제가 생기기 전에 선행적으로 서비스를 제공할 수 있으며 개인의 취향에 맞는 제품이나 서비스를 추천할 수 있다. 전문가들은 인공지능의 도입으로 개인화 마케팅 시대가 본격화될 것으로 전망하고 있다.

최근 서비스기업이나 주택에 인공지능이 작동한다. 기업들이 앞다퉈 AI 도입에 나선 이유는 코로나19로 생겨난 인력 공백을 메우고 장기적으로 인건비를 줄이는 효과를 기대했기 때문이다. 인공지능 스피커가 TV 프로그램이나 음악을 틀어주고 날씨를 확인해 주며 실내온도 조절 등 소소한 일상을 돕는 편리한 서비스를 제공하는 것을 넘어서, 로봇이 호텔운영의 중추적 역할을 담당하는 '보텔(BOTEL, 로봇+호텔)' 시대가 도래한 것이다.

우리나라의 경우 노보텔 앰배서더 서울 동대문 호텔이 2019년 최초로 AI 로봇을 투입했고, 부산 롯데호텔이 딜리버리 로봇 '엘봇(L-bot)' 등 서비스 로봇 5대를 도입했으며, 대구 메리어트호텔은 190개 객실에 음성인식 기반 AI 서비스를 도입했다. 호텔 인터불고 대구는 서빙 로봇 '서빙고(Servinggo)' 10대를 호텔 정문과 레스토랑에 배치했고, 곤지암리조트는 자율주행, 5G(5세대 이동통신), 원격제어 등의 기능을 탑재한 AI 로봇과 중앙관제 시스템을 연동한 AI 시설관리시스템을 도입했다. 인공지능 마케팅의 사례는 계속 늘어날 것이다.

이미 앞의 언택트 마케팅, 콘텐츠 마케팅, 빅데이터 마케팅, AR · VR 마케팅 등에서 인공지능(AI)이 여러 차례 언급된 바 있으니 참조하면 될 것이다.

7. 옴니채널 마케팅

1) 개요

온라인과 오프라인을 유기적으로 연결하여 통합 관리하는 마케팅 기법을 옴니채널 마케팅이라고 한다. 옴니채널(O2O) 마케팅은 온라인에서 시작해 오프라인에서 구매를 종결하든, 그 반대로 오프라인에서 시작해 온라인으로 구매를 종결하든, 순서를 구분하지 않고 온/오프를 병행하는 마케팅 전략이다. 옴니채널 마케팅의 핵심은 소비자가 어떤 채널을 이용하던 구매 전, 구매 중, 구매 후 경험이 매끄럽게 이어져서 편리한 쇼핑이 되도록 하자는 데 있다.

옴니채널 마케팅의 유형으로는 '쇼루밍', '웹루밍(역쇼루밍)', '모루밍'이 거론된다. 쇼루밍은 온라인으로 구매하지만 그 과정에서 오프라인 매장을 쇼룸처럼 이용하는 것을 의미한다. 웹루밍은 쇼루밍의 반대 개념이다. 온라인으로 제품을 검색한 후 최종 구매는 오프라인 매장에서 하는 경우를 의미한다. 모루밍은 쇼루밍의 일종이다. 오프라인 매장에서 제품을 살펴보지만 실제로 구매는 모바일(스마트폰)로 하는 행동을 의미한다.

기업이 대부분 옴니채널 마케팅에 주력하는 이유는, 앞서 쇼루밍과 웹루밍, 모루밍 현상에서 보듯이 소비자의 구매 행동이 복잡해졌고 다양해져서 결국 온/오프 유통의 경계가 없어졌기 때문이다. 따라서 옴니채널 마케팅이 일반화된 셈이다.

2) 오프라인 기업의 옴니채널 마케팅

오프라인 기업이나 매장에서는 근거리 무선통신을 가능하게 하는 '비콘(beacon)' 기술로 웹루밍을 적극적으로 활용하고 있다. 월트 디즈니월드는 '마이매직플러스 앱'과 '매직밴드'라는 팔찌를 만들어 마케팅을 전개했다. 방문객이 팔찌를 착용하면 호텔 객실의 예약과 결제는 물론 호텔 방문 열쇠로 이용할 수 있다. 마이플러스 앱을 설치하면 식당이나 놀이기구를 예약할 수 있다. 매직밴드를 스캐너에 대기만 하면 놀이기구에 탑승하게 된다. 고객들은 매우 편리하게 즐거운 경험을 하게 된다. 온라인과 오프라인의 활동을 하나로 통합함으로써 놀이공원의 대기시간이 크게 줄었고, 고객의 만족도도 크게 올라가게 되었다. 크리스마스 휴가 시즌에는 하루에 3천 명의 고객을 더 받을 수 있게 되어 매출 신장에 기여하였다.

3) 온라인 기업의 옴니채널 마케팅

온라인 마케팅이 활성화되어도 전통적인 오프라인 마케팅을 완전히 대체하기는 어렵다. 인간의 선천적인 오감을 충족시키려면 오프라인 체험이 있어야 하기 때문이다. 중국 허마셴성에서는 로봇레스토랑(ROBOT.HE)을 오픈했다. 처음에 마트에서 신선한 해산물을 골라 결제하고 조리방식을 택하면 해산물은 레일을 타고 마트 옆 레스토랑 주방으로 이동한다. 쇼핑을 마친 고객은 무인 안내기에서 자리를 배정받아 식당에 앉아서 기다린다. 테이블 위에 놓인 태블릿에서는 해산물 조리과정을 실시간으로 보여준다. 완성된 요리는 로봇에 실려 테이블로 옮겨진다. 이 모든 과정이 스마트폰에도 표시되고 앱으로 요리를 추가 주문할 수도 있다. 우리나라 회센터도 이렇게 바뀐 곳이 있다.

8. 메타버스와 가상여행

'메타버스(Metaverse)'는 가상·추상을 의미하는 메타(meta)와 현실 세계를 뜻하는 유니버스(universe)의 합성어다. 아바타를 활용해 사회·경제·문화 활동이 이뤄지는 3차원의 가상세계다. 현실과 같은 상호작용을 할 수 있다는 점이 특징이다.

메타버스에는 네 가지 유형이 있다. 이미 언급한 증강현실(Augmented Reality)과 가상세계(Virtual Worlds), 그리고 일상기록(Lifelogging), 거울세계(Mirror Worlds)이다. 메타버스 관심이 증가하면서 메타버스 발전을 기대한다. 메타버스를 구현한 플랫폼은 대표적으로 포트나이트, 마인크래프트, 로블록스, 동물의 숲 등이 있고, 대한민국에서는 제페토, 이프랜드 등이 있다.

코로나19 범유행 이후 비대면 추세 확산으로 인해 외부 활동이 제한되는 사회적 환경요인은 메타버스를 매우 빠르게 확산시켰고, 일상으로 급속도로 확장 중이다. 지자체에서는 '메타버스 관광지'를 유치하여 메타버스 내에서 관광산업을 실시하고 있기도 하다. 예를 들어 한국관광공사는 2020년 11월에 네이버제트가 운영하는 메타버스 플랫폼 제페토(ZEPETO)에 '한강공원'맵을 개설했다. 우리나라 최초의 메타버스 가상여행이다. 서울시, 부산시를 비롯해 많은 지자체가 메타버스 관광지를 유치하여 관광객을 끌어들이고 있다.

이렇듯 메타버스 가상여행으로 미래 고객을 확보하는 효과를 기대할 수 있을 것이다. 메타버스는 기존 인터넷 비즈니스를 대체할 정도는 아니지만 가까운 미래에 새로운 비즈니스 환경을 제시하게 될 것이다.

[발표와 토론할 주제]

8-1. 회의시장의 마케팅 홍보전략을 사례를 찾아 발표하시오.

8-2. 세계적인 음악 페스티벌의 사례를 찾아 발표하시오.

8-3. 회의산업에서 사용되는 소셜미디어 마케팅과 SNS 마케팅의 사례를 조사하고 발표하시오.

8-4. 회의산업에서 사용되는 언택트 마케팅의 사례를 조사하고 발표하시오.

8-5. 회의산업에서 사용되는 콘텐츠 마케팅의 사례를 조사하고 발표하시오.

8-6. 회의산업에서 사용되는 빅데이터 마케팅의 사례를 조사하고 발표하시오.

8-7. 회의산업에서 사용되는 AR · VR 마케팅의 사례를 조사하고 발표하시오.

8-8. 회의산업에서 사용되는 인공지능 마케팅의 사례를 조사하고 발표하시오.

8-9. 회의산업에서 사용되는 옴니채널 마케팅의 사례를 조사하고 발표하시오.

8-10. 회의산업에서 메타버스를 이용하거나 가상여행으로 참관객을 이끈 사례를 조사하고 발표하시오.

이벤트

Chapter

9 이벤트

제1절 ▶ 이벤트의 정의와 분류

1. 이벤트의 정의

1) 이벤트의 역사

Event는 라틴어에서 유래된 말이다. 오늘날 사용되고 있는 이벤트라는 단어를 국어사전에서 살펴보면 명사의 의미로 첫째, 여러 경기로 짜인 스포츠 경기에서, 각각의 경기를 이르는 말 둘째, 불특정의 사람들을 모아 놓고 개최하는 '잔치', '사건', '행사'로서의 명사적 의미로 사용되고 있다. 이러한 의미 중 두 번째의 잔치나 사건, 행사의 의미로 더 많이 통용되고 있으나 그 대상에 있어서는 불특정다수는 물론이고 특정인을 위한 목적의 다양한 이벤트도 개최되고 있다.

오늘날 세계 각국은 관광과 이벤트를 접목해서 여러 가지 관광효과를 노리는 관광진흥 전략으로서 새로운 이벤트를 개발하거나 기존의 이벤트를 적절하게 관광상품화하는 데 적극적으로 노력하고 있다.

과거 뉴질랜드 관광선전부(New Zealand Tourist and Publicity Department)는 "이벤트 관

광은 국제관광의 가장 중요한 부문으로서 최근 급성장하고 있지만, 뉴질랜드에서는 거의 개발이 안 된 분야'라고 지적하고, 잠재력을 가지고 있는 이벤트관광에 대하여 의욕적인 프로그램을 수립·시행하는 적극성을 보였다. 이러한 취지에서 세계 각국이 세계적 박람회나 올림픽과 같은 대형 이벤트를 유치하기 위해 치열한 경쟁을 벌이고 있다.

공공의 축하 행사로서 급속히 성장하고 있는 이벤트는 사전적 개념으로는 '사건', '행사', '중요사건', '시합', '경기'라는 매우 다양한 의미를 지니고 있다. 이벤트에도 '사건'이라는 사전적 개념이 있기는 하지만, 일반적으로 사건(affair)이나 사고(accident)가 갑자기 일어나는 '나쁜 일'을 의미하는 한편, 이벤트는 '예정된 중요한 일'을 나타내고 있다. 조금 더 구체적으로 실례를 들자면 지진이나 화재, 싸움, 교통사고 등은 이벤트라 지칭하지 않지만, 야유회, 운동회, 학교축제, 야구대회, 경마 등은 모두 이벤트라 부를 수 있다. 나아가 아침마다 전철을 타고 출근하는 것과 우연히 길거리에서 친구를 만나는 행위는 이벤트가 아니지만, 약속 시간에 약속장소에서 남녀가 만나 데이트하는 것은 이벤트의 범주에 들어가게 되는 것이다.

Event : 라틴어 E(out : 밖) + Venier(to come : 오다)
Evenire의 파생어 Eventus에 어원을 두고 있다.

원시시대
　　　종교사상, 제사
　　　풍요기원제, 추수감사제, 제례의식
　1945년
　　　해방, 건국 축하 행사
　1960년대
　　　　경제성장, 국내 최초 무역박람회 개최
　　'88 서울 올림픽
　　　'94 한국 방문의 해, 서울 정도 600년 기념행사
　　　2002 월드컵
　　　　2024- 다양한 이벤트 개최

이벤트에 관해서는 수많은 정의가 있을 수 있지만, 이러한 정의들을 대략적으로 나누어보면 세 가지 큰 줄기로 정리할 수 있다.

첫째, 이벤트 제례론(祭禮論)으로 자연의 예기치 않은 현상, 즉 초자연적인 현상들을 일상생활 속에 끌어들이는 행위인 제례나 전통행사 같은 것으로 보는 견해다.

둘째, 이벤트 미디어론으로 이벤트에는 참여자에게 강한 인상을 주는 직접적인 효과와 동시에 정보의 발신지가 되어 미디어에 파급시키는 간접효과가 있어서 미디어 자체를 이벤트화한다고 보는 논리에서 비롯된 정의이다.

셋째, 이벤트를 일종의 총체적 예술작품이라는 시각에서 접근하는 정의가 있다. 이것은 분열과 소외가 지배하는 세계 속에서 조화와 통일 그리고 참여를 체험할 수 있는 세계인의 축제를 만든다는 차원에서 이벤트를 하나의 예술로 간주하는 견해이다.

이벤트의 정의를 더 짧게 압축하는 것은 쉽지 않다. 일본에서 창간된 『월간 이벤트 리포트』에서는 "이벤트란 광의의 의미로 기한과 장소 그리고 대상을 제한하여 공통의 목적으로 인도해 나가기 위한 모든 행사를 뜻한다"고 정의를 내리고 있으며, 일본 통상산업성 산하에 구성된 이벤트 연구회에서는 "이벤트란 어떠한 목적을 달성하기 위한 수단으로서 행하는 행사"라고 정의하고, 여기서 목적이란 지역진흥, 산업진흥, 국제교류 등을 주로 고려한 것이며 상업적으로 행해지는 문화활동(예 : 상업, 연극 등)은 대상에서 제외한다고 보았다.

이상에서의 여러 시각과 정의들을 종합하여 볼 때, 이벤트는 첫째, '기획성' 둘째, '연출력' 셋째, '사회적 의의'의 3요소를 갖춘 행사들을 지칭하는 것으로서 한마디로 말하면 이 중 셋째 요소를 강조하여 "사회적·시대적으로 의의를 부여할 수 있는 행사"라고 정의하는 것이 바람직하다고 본다.

이벤트의 정의에서도 알 수 있듯이 이벤트는 몇 가지의 주요한 특성을 갖는다.

첫째, 이벤트의 계획성과 비계획성 : 이벤트는 특정의 목적을 가지고 계획적으로 준비되기도 하지만 계획에 없이 갑자기 발생하기도 한다.

둘째, 이벤트의 공개성과 비공개성 : 이벤트는 공식적으로 대중에게 공개되어

진행되기도 하지만 비공개적으로 비밀리에 진행되기도 한다.

셋째, 이벤트는 한시성(일시성)을 갖는다.

넷째, 이벤트는 비일상적이다.

▶ 이벤트의 특성

계획성/비계획성	공개성/비공개성
한시성(일시성)	비일상적

2) 스페셜 이벤트의 특징

이벤트 중에서도 1회에 한하고 반복되지 않는 이벤트 또는 자주 시행되지 않는 이벤트는 스페셜 이벤트(Special Event)라고 한다. 소비자 입장에서 보면 일상생활의 범주를 벗어나 여가 또는 사회적·문화적 활동을 즐기는 기회를 가질 수 있는 이벤트로서 주로 토너먼트, 게임, 올림픽 같은 스포츠이벤트 등 스포츠 및 레크리에이션을 즐기는 형태가 많다.

스페셜 이벤트와 흔히 혼동되는 개념으로 페스티벌(축제)이 있다. 페스티벌은 "일종의 행사로서 사람들이 누리는 모든 문화에서 발견되는 사회적 현상"이고 "주제가 있는 공공의 기념행사"로서 모든 페스티벌은 스페셜 이벤트가 될 수 있지만, 모든 스페셜 이벤트를 페스티벌이라고 부를 수는 없다. 페스티벌 및 스페셜 이벤트의 주요한 특징은 아래와 같다.

① 공공에 개방되어 있다.

② 특별한 주제를 기념하거나 표현하는 것을 주된 목적으로 한다.

③ 1년에 한번 또는 비정기적으로 열린다.

④ 시작하는 날과 끝나는 날이 정해져 있다.

⑤ 행사 자체를 위한 영구적 구조물이 없다.

⑥ 행사의 모든 활동이 주로 같은 지역과 장소에서 진행된다.

 이벤트 구성요소

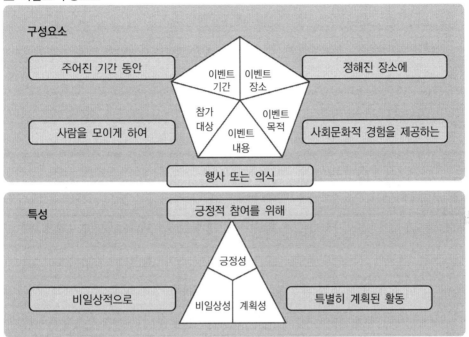

자료 : 안경모(2004)

3) 메가 이벤트(Mega Event)

스페셜 이벤트 중에서도 규모가 매우 큰 이벤트를 '메가 이벤트'라고 부른다. 메가 이벤트는 규모가 크므로 여러 가지 영향을 줄 수 있다. 전 세계인의 관심을 불러일으키는 올림픽 게임이나 만국박람회의 형태가 메가 이벤트의 대표적 형태라고 볼 수 있다.

캐나다 학자들의 정의에 의하면 메가 이벤트는 방문객 수가 백만 명 이상이고 전체 경비가 5백만 달러(캐나다달러) 이상 소요되고 반드시 경험을 동반해야 하는 이벤트로서 명성을 얻는 이벤트만을 메가 이벤트라 할 수 있다고 한다. 때에 따라 메가 이벤트는 소요 경비나 규모 및 이미지보다는 경제적 효과를 중시하는 해석을 따르기도 하고, 그 외에도 메가 이벤트란 반드시 세계적으로 널리 알려진 것이어야 한다는 견해도 있다.

메가 이벤트는 관광 측면에서 이벤트 개최지역에 미치는 영향이 매우 크다. 예를 들면 메가 이벤트 유치를 통해 개최지역의 대외 이미지가 개선되고, 메가 이벤트 준비 개발로 개최지역의 도시경관이 향상되고 개최지역 관광업계가 확대된다.

4) 페스티벌

초기 페스티벌은 종교적인 목적을 위해 개최된 것이 일반적이었으나, 사람들은 페스티벌을 개최하는 데 축하행사, 문화행사, 기념행사 등 다른 이유를 찾기 시작하였다.

페스티벌을 개최하는 지역에서의 막대한 경제적 이득을 인식한 공공단체 및 사기업들은 다각도로 페스티벌을 개발하고 장려하였다. 때때로 퍼레이드가 페스티벌의 한 요소가 되었고 또한 그것이 주요 이벤트행사가 되기도 하였다. 오늘날 전 세계적으로 많은 페스티벌이 개최되고 있다. 브라질, 프랑스, 독일 등의 나라에서는 저마다 전통성을 가진 페스티벌이 해마다 개최되고 있다.

2. 이벤트의 분류

이벤트의 종류는 스페셜 이벤트와 기업 이벤트, 스포츠 이벤트, 기타 이벤트 등으로 나누어볼 수 있다.

이벤트의 분류는 특징에 따라 또는 이벤트의 분류목적에 따라 다르게 나누어볼 수 있다.

1) 일본의 분류

이벤트에 관한 연구가 가장 활성화되어 있는 일본의 분류 例에 따르면 이벤트는 다음과 같이 여러 기준에 의거, 매우 복잡하게 분류될 수 있다.

(1) 공공단체 주최 이벤트의 분류

① 박람회 이벤트 : 국제박람회, 지역박람회

② 견본시·전시회 이벤트 : 트레이드 쇼 페어(trade show fair)

③ 문화·스포츠 이벤트 : 축제(페스티벌), 공연, 스포츠 이벤트

④ 회의 이벤트 : 컨벤션, 미팅, 심포지엄(패널 디스커션), 세미나

(2) 이벤트 달력 기준의 분류

① 축제

② 기념일

③ 스포츠

④ 전시회

⑤ 박람회(국제·전국·지역)

⑥ 콘테스트

⑦ 기업의 홍보행사

⑧ 기타

(3) 판매촉진의 역할에 의한 분류

① 세일즈 이벤트

• 전시회(demonstration show) : 신형 자동차 발표회, 백화점의 시제품 발표회 등

• 트레이드 쇼(trade show) : 즉시 구매성이 강한 상품전시회 등

• 스토어 이벤트(store event) : 시즌 특별세일, 개점·개장 오픈 세일 등

② 홍보 이벤트(publicity event) : 매스컴에 보도되는 것을 겨냥한 이벤트

③ 이벤트 프리미엄(event premium) : 패션 쇼 및 각종 공연 이벤트 등

④ 사회적 이벤트 프로모션(social event promotion) : 기업활동의 원활화와 사회 융화를 위한 이벤트

- 오픈하우스 : 기업의 각종 시설 개방, 혹은 견학 실시
- 자선 이벤트 : 각종 사회복지기관에 대한 물질적인 지원과 직접적인 봉사활동
- 지역서비스 이벤트 : 지역주민 및 지역활동에 대한 여러 가지 편익 제공
- 스포츠 이벤트
- 문화 이벤트
- 출전 이벤트 : 만국박람회 또는 지방박람회 등에 참가

⑤ 매스미디어 이벤트(mass media event) : 방송매체 프로그램이 주체가 된 이벤트

⑥ 유통관계 이벤트(trade relations event) : 자사의 상품을 취급하는 유통업체들과의 관계를 긴밀히 하기 위한 이벤트

⑦ 일반 행사 : 기념식과 파티, 퍼레이드, 호텔 디너쇼 등

(4) 실시 패턴에 의한 분류

① 창조 이벤트 : 오리지널 이벤트

② 지역행사 협찬 이벤트 : 지역의 전통적 축제나 행사 등과 연계시킨 이벤트

③ 전시회 이벤트 : 대규모 박람회나 합동의식과 관련된 이벤트

④ 쇼 어트랙션 이벤트(Show Attraction event) : 사람들의 관심을 끌기 위한 이벤트

⑤ 계열(인맥)조성 이벤트 : 유력한 사람 만들기를 목적으로 한 이벤트

⑥ 게임 콘테스트 이벤트 : 행사장에서 간단하게 참가할 수 있는 이벤트

(5) 기업 이벤트의 기획 의도에 의한 분류

① 제품대책 이벤트 : 자기회사 제품을 수요자 요구에 맞추어 PR하는 이벤트

② 서비스 이벤트 : 수요자에게 서비스를 제공하여 좋은 인상 만들기에 주력하는 이벤트

③ 동원 이벤트 : 많은 수요자 모으기를 첫째 목적으로 하고 세일즈 효과는 2차적으로 하는 이벤트

④ 영업 이벤트 : 이벤트 그 자체로 이익을 내려고 생각하는 이벤트

⑤ 퍼블리시티 이벤트 : 저널리즘을 이용한 이벤트

(6) 판매촉진체계 안에서의 위치 및 분류

① 집객적 이벤트

- 시장형·5일장형 이벤트
- 축제형·쇼(show)형 이벤트
- 게임(경기)형 이벤트
- 문화적·교양적 이벤트

② 매출적 이벤트

- 가격 서비스형 이벤트
- 특정상품 매출형 이벤트
- 복권 서비스형 이벤트
- 경품부 매출형 이벤트
- 실(seal)서비스형 이벤트

③ 사회적 이벤트

- 사회사업협력형 이벤트
- 자선사업형 이벤트

(7) 이벤트의 특징별 분류

① PR(public relations) 이벤트

② 세일즈 이벤트

③ 전시회

④ 스포츠 이벤트

⑤ 문화 이벤트

⑥ 지역활성화 이벤트

⑦ 기념이벤트(창립 또는 완공 등 기념)

⑧ 상점가 활성화 이벤트

⑨ 소매점포 이벤트

이상과 같은 일본식의 분류는 고정적 형태가 없으며 때에 따라서는 편중된 측면이 있어 일반적으로 보편화된 분류기준으로 보기 어렵다. 또 실제 개최된 이벤트들을 보더라도 각 이벤트마다 여러 가지 성격의 이벤트가 복합적으로 얽혀 있어 위와 같은 복잡한 분류기준을 적용키 어렵다.

2) 미주지역의 분류

현재 미국, 캐나다 등 미주지역에서 보편적으로 통용되고 있는 이벤트 분류방법은 다음과 같다.

(1) 주최자 관점에 의한 분류

① 공공기관에 의한 이벤트 : 각종 이벤트를 운영하는 공원 및 레크리에이션 시설 사무국 등이 운영하는 이벤트

② 자원봉사에 의한 지역사회 축제 : 자원봉사대의 스태프 또는 무급의 스태프가 운영하는 이벤트

③ 상업용 이벤트 : 상업적 이윤을 목적으로 기업이 운영하는 오락, 스포츠, 주제공원의 이벤트

④ 사기업 이벤트 : 기업의 홍보나 상품 선전, 세일즈 목적의 이벤트

(2) 개최목적에 의한 분류

① 관광 이벤트

② 비즈니스 이벤트

③ 스포츠 이벤트

④ 교육 이벤트

⑤ 종교 이벤트

⑥ 정치 이벤트

⑦ 지역사회의 이벤트

이상의 분류를 볼 때, 미주지역에서는 주최자가 누구인가, 개최목적이 무엇인가 하는 두 가지 기본적인 사실에 의거, 이벤트를 분류하고 있음을 알 수 있다.

◤ **스포츠 이벤트의 종류**

구분 기준	종류	특성
기업의 참여 형태	기업 주도형	기업이 대회 경비의 전부 또는 대부분을 부담 타이틀 스폰서와 비타이틀 스폰서로 구분
	매체 주도형	매체사가 PR 목적을 위해 개최하는 대회에 기업이 협찬하는 방식
	기타	여러 기업에 의한 공동협찬 형식, 공급자(supplier) 광고협찬 등
스포츠 이벤트의 성격	관전형 이벤트	각종 프로, 아마추어 경기대회 후원 텔레비전 중계 여부가 주요 요소
	참가형 이벤트	일반 시민이 직접 참여하는 대회의 후원 시민들의 참여와 호응을 유도할 수 있는 다양한 프로그램과 프로모션이 주요 요소
스폰서십의 종류	공식 후원자	일정액의 금액을 지급하고 휘장을 광고, 판촉에 이용할 수 있는 권리
	공식 공급업체	물자나 용역 등을 지원하고 휘장을 광고, 판촉할 수 있는 권리
	공식 상품화 권자	일정액의 금액을 지급하고 휘장을 이용하여 상품을 제조, 판매할 수 있는 권리
스폰서 대상	선수 개인에 대한 후원 팀에 대한 후원 경기대회에 대한 후원 스포츠 단체에 대한 후원	
스포츠 이벤트의 지역 범위	세계대회의 후원 지역대회의 후원(유럽 육상선수권대회, 아시안게임 등) 국내대회의 후원	

▶ 이벤트의 분류 1

대분류	소분류		세분류	
축제 이벤트	개최기관별		지역자치단체 주최 축제, 민간단체 주최 축제	
	프로그램별		전통문화축제, 예술축제, 종합축제	
	개최 목적별		주민화합축제, 문화관광축제, 산업축제, 특수목적 축제	
	자원 유형별		자연, 조형 구조물, 생활용품, 역사적 사건, 역사적 인물, 음식, 전통문화	
	실시 형태별		축제, 지역축제, 카니발, 축연, 퍼레이드, 가장행렬	
전시·박람회 이벤트	전시회	전시 목적별	교역 전시	교역전, 견본시, 산업 전시회
			감상 전시	예술품 전시회, 문화유산 전시회
		개최 주기별	비엔날레, 트리엔날레, 콰트리엔날레	
		전시 주제별	정치, 경제, 사회, 문화·예술, 기술, 과학, 의학, 산업, 교육, 관광, 친선, 스포츠, 종교, 무역	
	박람회	BIE 인준별	BIE 인준	인정(전문)박람회, 등록(종합)박람회
			BIE 비인준	국제박람회, 전국 규모 박람회, 지방 박람회
		행사 주제별	인간, 자연, 과학, 환경, 평화, 생활, 기술	

▶ 이벤트의 분류 2

대분류	소분류		세분류	
회의 이벤트	규모별	대규모	컨벤션, 콘퍼런스, 콩그레스	
		소규모	포럼, 심포지엄, 패널 디스커션, 워크숍, 강연, 세미나, 미팅	
	개최 조직별		협회, 기업, 교육·연구기관, 정부기관, 지자체, 정당, 종교단체, 사회 봉사단체, 노동조합	
	회의 주제별		정치, 경제, 사회, 문화·예술, 기술, 과학, 의학, 산업, 교육, 관광, 친선, 스포츠, 종교, 무역	
	개최 지역별		지역회의, 국내회의, 국제회의	
문화 이벤트	문화 주제별		방송·연예, 음악, 예능, 연극, 영화, 예술	
	경쟁 유무별		경연대회, 발표회, 콘서트	
스포츠 이벤트	상업성 유무별		프로 스포츠 경기, 아마추어 스포츠 경기	
	참여 형태별		관전하는 스포츠, 선수로 참여하는 스포츠, 교육에 참여하는 스포츠	
기업 이벤트	개최 목적별		PR, 판매 촉진, 사내 단합, 고객 서비스, 구성원 인센티브	
	실시 형태별		신상품 설명회, 판촉 캠페인, 사내 체육대회, 사은 서비스	
정치 이벤트	개최 목적별		전당대회, 정치적 집회, 후원회	
개인 이벤트	규칙적 반복		생일, 결혼기념	
	불규칙적		파티, 축하연, 특정 모임	

▶ 이벤트의 성장요인

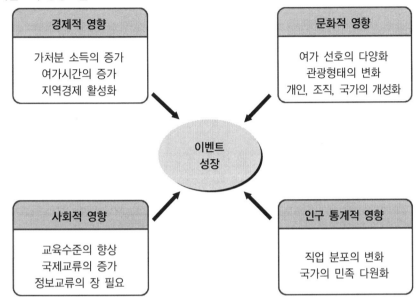

| 경제적 영향 |
| 가처분 소득의 증가 |
| 여가시간의 증가 |
| 지역경제 활성화 |

문화적 영향
여가 선호의 다양화
관광형태의 변화
개인, 조직, 국가의 개성화

이벤트
성장

사회적 영향
교육수준의 향상
국제교류의 증가
정보교류의 장 필요

인구 통계적 영향
직업 분포의 변화
국가의 민족 다원화

3) 고정관광 시설물에 의한 분류

관광 차원에서 이벤트의 가장 궁극적인 목적은 관광매력물을 창조하는 것으로서 이벤트는 일단 방문객의 요구를 만족시켜 관광수요를 창출해야 한다. 따라서 다양한 관광객의 요구 및 취향을 만족시키기 위해 여러 형태의 이벤트가 기획되고 있는바, 고정관광시설물을 이용한 이벤트도 세계적으로 큰 흐름의 하나가 되고 있다. 이러한 분류방법이 통상적인 것은 아니지만, 구미지역에서는 사용되는 고정관광시설물의 유형을 기준으로 이벤트를 다음과 같이 분류하기도 한다.

① 주제공원의 이벤트
② 옥외공원의 이벤트
③ 전시회, 박람회 이벤트
④ 유적지 이벤트
⑤ 문화시설장소의 이벤트

⑥ 시민광장, 거리, 기타 공공장소의 이벤트

⑦ 컨벤션센터의 이벤트

⑧ 스포츠나 레크리에이션시설의 이벤트

⑨ 교육시설의 이벤트

⑩ 교회, 사찰 등 성지의 이벤트

제2절 ▶ 이벤트의 관광효과

1. 관광산업에 기여하는 이벤트의 역할

페스티벌을 포함한 이벤트는 관광에서도 수많은 역할을 하고 있다. 무엇보다도 중요한 것은 점차로 '대체관광(Alternative Tourism)'이라는 새로운 건전관광의 형태로 자리 잡고 있다. 대체관광은 그동안 지적되었던 관광의 부정적 폐해를 최소화하고 자연과 환경의 보전 개발에 기여하는 관광을 말한다.

이벤트는 이 밖에도 다음과 같은 여러 측면에서 관광산업 발전에 기여하는 중요한 역할을 하고 있다.

1) 관광목적지의 매력도 제고

각 관광지의 볼거리와 즐길 거리를 다양화하여 매력도를 향상시킨다.

2) 관광 비수기의 극복

각 나라의 많은 지역에서 관광산업이 당면하게 되는 가장 큰 문제의 하나가 계절성 극복에 관한 것으로 이벤트는 관광 성수기를 연장하거나 새로운 관광시즌을 창출하는 방법이 되고 있다.

기온이 낮은 북반구 지역에서는 겨울 카니발이나 스키 이벤트 등의 겨울 스포츠를 활용하고, 무더운 남반구에서는 문화 이벤트를 활용하여 관광객을 유치하는 등 계절적 어려움을 극복할 수 있으므로, 관광지의 지역주민들은 그들의 고유축제를 비수기에 개최하기를 원하고 있고, 관광객들도 고유의 특색을 가지는 이벤트를 자주 접하는 이점을 누리게 되는 것이다. 이러한 전략이 결실을 거두게 되면 관광 비수기의 위기는 관광산업의 호재로 그 모습을 달리하게 된다.

캐나다 퀘벡의 유명한 겨울축제는 계절적 변수를 극복한 훌륭한 예로, 1954년 이 도시의 비즈니스 단체들이 현대적 형태의 이벤트를 처음 시작하면서 전통적인 관광비수기가 연중 최고의 성수기로 탈바꿈하게 되었으며, 스코틀랜드 카브리지의 고원지역은 지역 전래의 전통성이 깃든 음악축제를 개최함으로써 관광성수기를 9월까지 성공적으로 연장하면서 지역경제에 실질적인 이익을 가져왔다.

3) 관광의 지역적 확대

뉴질랜드 같은 나라는 외래관광객이 전통적으로 일부 주요 관광지에 집중하는 경향을 보이기 때문에 각 지방 고유의 이벤트를 개발하여 그 지방 밖으로부터의 관광수요 확대를 도모하고 있다.

비록 외래관광객을 불러들일 수 있는 큰 규모의 이벤트가 아닐지라도 지방개최 이벤트들도 국가관광 홍보 및 투어 패키지에 그 지방을 포함할 수 있는 중요한 수단으로 작용한다.

미국의 사우스캐롤라이나州와 캐나다 온타리오주의 경우 지방자치단체가 주관하는 각종 페스티벌에 주변 도시로부터 많은 방문객이 찾아오고 있다. 특히 온타리오주는 다양한 페스티벌을 전개하여 작은 도시들임에도 불구하고 외래관광객들이 몰려오는 성공을 거두었다. 즉 이벤트는 관광객의 도시집중화 현상을 주변지역으로 확산시키는 데 적지 않은 역할을 한다는 사실을 알 수 있다.

4) 관광시설의 활성화

리조트, 박물관, 사적지, 레크리에이션시설, 고고학 유적지, 시장, 쇼핑센터, 스포츠시설, 컨벤션센터, 그리고 주제공원의 프로그램에 스페셜 이벤트를 포함하는 추세가 증가하고 있다. 이로 인한 잠재적인 혜택이 다음 4가지로 나타나고 있다.

첫째, 역사적 사건의 재연과 문화 이벤트를 통하여 공연장 및 관광시설을 활성화한다.

둘째, 한번 방문으로 충분하다는 관광지에 재방문을 유도한다.

셋째, 단순히 친구 · 친지를 방문하는 사람들을 관광객으로 유치한다.

넷째, 이벤트 개최로 관광지와 시설물에 대한 홍보 영향력을 강화한다.

각 유형별 관광시설의 활성화에 기여하는 이벤트의 역할은 다음과 같다.

(1) 리조트

여행 및 레저 잡지에 나와 있는 이벤트 캘린더를 보면 이벤트가 리조트에 얼마나 중요한가를 알 수 있다.

미국의 스노 컨트리(Snow Country) 잡지를 살펴보면 아이다호주 Sun Valley리조트의 아이스쇼(Ice Show), 캘리포니아주의 Lake Tahoe리조트의 에어쇼(Air Show), 몬타나주의 Whitefish 리조트의 재즈음악 페스티벌을 비롯해 수많은 리조트에서 열리는 각기 특색 있는 이벤트 목록이 수록되어 있다.

일반적으로 스키로 유명한 겨울철 리조트는 점차로 사계절 관광지로 변모하려는 시도를 꾸준히 하고 있다. 여름철이나 겨울 성수기를 전후한 시기에 홍보효과를 거두고 숙박시설의 객실점유율을 높이며 리조트의 이미지를 고양하는 방법을 여러 각도로 고려하고 있다.

이와 같은 목적을 달성하기 위하여 콜로라도주의 아스펜 리조트는 대중예술제를 개최하여 큰 성공을 거두게 되었다.

(2) 역사 및 문화 유적지

역사 및 문화 유적지를 방문하였을 때 갖게 되는 정적인 경험과 통역안내자의 일방적인 설명은 수학여행 방문객에게는 잠재적인 큰 영향력을 미치겠지만, 일반적으로 통상의 관람객들에게는 이러한 관광지를 다시 방문하지 않겠다는 생각을 갖게 한다.

그로 인해 선진 각국의 역사·문화유적지의 운영을 전담하는 전문가들은 단순하고 고정적인 전시 또는 배열방법의 한계를 벗어나 상호작용하는 관광매력물로 변모시키기 위해 '생생한 역사'를 가미한 페스티벌과 이벤트를 도입하고 있다.

유럽지역에서는 유적지들을 공연장 또는 극장의 무대장치로 활용하는 다양한 이벤트를 실시하여 많은 외국인 관광객들을 유치한 성과가 있다. 그 대표적인 예로 노르망디 상륙작전의 무대였던 노르망디는 역사의 한 페이지를 장식했던 치열한 전투장면을 행사화하여 실제로 전투에 참전했던 역전의 용사들과 내외국인 관광객들의 시선을 끌고 있다.

(3) 주제공원

주제공원은 재방문객들을 겨냥하여 새로운 매력물을 추가하는 마케팅전략을 구사하는데, 페스티벌이나 이벤트를 통해서도 이와 유사한 효과를 거둘 수 있으므로 대규모의 옥내 및 옥외 공연을 할 수 있는 시설과 소규모 공연 시 필요한 관람석 등을 건축할 당시부터 반드시 설계에 포함하고 있다.

미국 플로리다주의 엡콧센터는 제자리에서 보는 프로그램과 움직이면서 보는 프로그램의 관람, 중앙 호수 주변에서 대규모 행사를 관람할 때 생기는 사람들의 이동을 극대화한 세계박람회식 접근방법으로 설계되었다. 특히 어두운 저녁에 레이저 쇼와 폭죽 쇼는 매우 경이로움을 관광객에게 선사한다.

이곳에는 독자적으로 사업을 추진하는 특수 마케팅부가 있어서 주요 시장고객의 거점이 되는 플로리다주를 공략할 뿐만 아니라 졸업생의 날, 장년의 날과 같은 이벤트를 개발하고 고객들을 세분화하여 공략하는 전략을 세울 정도로 쇼 비즈니스 연출자로서 그 역할을 다하고 있다.

주제공원에서 열리는 이벤트는 대부분 새로운 탑승물 등의 오락시설과 결합되어 주제공원이라는 제품의 수명을 연장해 준다.

(4) 컨벤션 및 박람회시설

모든 컨벤션과 박람회 행사들은 방문객이 바라보는 시각에서 일종의 이벤트로, 여러 가지 부대행사와 관광을 체험하면서 축제 분위기를 더욱 느끼게 한다. 컨벤션에 참가하는 사람들은 행사 참석 전에 컨벤션 유치지역의 오락이나 레크리에이션에 많은 관심을 가지며 또한 행사를 개최하는 측도 이 점을 염두에 두어 개최장소를 적절히 선택하는 것이다. 북미에서 가장 큰 규모의 축제(옥토버페스트)가 열리는 캐나다의 키치너, 워털루에서는 연중 내내 열리는 컨벤션과 각종 국제적 모임의 일정 속에 소규모의 옥토버페스트를 포함해 컨벤션의 즐거움을 높이고 그 자체를 선전하는 부대효과를 도모한다. 페스티벌이 열리는 시기에 컨벤션이나 각종 국제모임을 주관하는 관계자들을 대상으로 하는 초청관광행사는 컨벤션 및 국제모임을 유치하는 성공적인 전략의 일환이다.

국제총회를 비롯한 각종 회의가 없는 동안에는 컨벤션시설을 다양한 페스티벌과 이벤트의 장소로 활용할 수도 있다.

(5) 박물관 및 아트 갤러리

빠듯한 예산과 방문객 유입의 저조로 인하여 운영에 어려움을 겪는 대부분의 박물관 및 아트 갤러리는 타개책의 일환으로 관광 전시회 및 이벤트의 유치에 적극적으로 나서고 있다. 이러한 시설을 활용한 이벤트를 계획할 경우 가장 어려운 점은 제한된 공간과 시설을 고려하여 어떻게 많은 사람을 최대한 유치하느냐는 것이다. 이외에도 전시물들이 특수내부시설에 소장되거나 대규모의 주제로 된 이벤트의 부분으로 전시되는 상황이 아니라면 축제 분위기를 연출하는 일은 더욱 어려워진다.

1989년 하계기간 중 몬트리올에서 열렸던 잉카제국과 페루 유적 전시회는 몬트리올시 중앙에 있는 플레이스 데 아트라는 문화시설에서 열렸고 각종 문화활동과 요리축제를 포함하여 45일간에 걸친 이벤트로 연장해 실시되었다. 특히 이 행사는 정부의 대대적인 지원과 기업들의 스폰서 지원으로 큰 성공을 거두게 되었다.

5) 잠재적 관광지로서 이미지 조성

이벤트는 이를 유치한 지역사회의 이미지를 형성하여 잠재적인 관광목적지로 인식시키는 데 중요한 역할을 한다. 비교적 짧은 기간일지라도 행사를 유치한 도시에 전 세계 언론의 관심이 집중되어 홍보 측면에서 무한한 가치를 가지므로 비교적 많은 경비가 들어감에도 불구하고 많은 도시가 이벤트 유치에 열을 올리고 있다. 사우스캐롤라이나州에 있는 찰스턴 지역의 스폴레토(Spoleto)축제의 경우와 같이 경제적 수지 타산은 크지 않지만, 바람직한 지역 이미지를 계속 유지하기 위해 매년 행사를 개최하는 경우도 있다.

세계적으로 널리 언론의 주의를 끌어들일 수 있는 메가 이벤트와는 달리, 대부분의 축제와 이벤트는 범세계적인 언론의 관심을 불러일으키지 못하는 대신에 국가 및 지역 내에서 좋은 홍보효과를 거두고 있으며 매년 미디어에 표출됨으로써 잠재적 관광지로서 이미지 조성에 큰 영향을 미친다.

6) 관광시설 확충 등 도시개발 및 재개발 촉진

세계박람회나 올림픽과 같은 메가 이벤트는 부분적으로 정부의 지원을 받으므로 주요 재개발계획의 촉매제 역할을 담당한다. 그중에서도 관광기반시설의 개발이 가장 활발히 촉진됨은 매우 고무적인 일이 아닐 수 없다. 크녹스빌 세계박람회는 이미지 고양과 더불어 하부구조시설의 개선, 회의시설의 구비, 개인적 투자물 등의 구축과 같은 도시개발 효과를 가져왔다.

볼티모어 박람회는 1960년대에 처음으로 개최되어 도시 재개발과 인구이동을 촉발하였다. 향토축제, 농산물 시장, 음악회, 어린이들을 위한 다채로운 프로그램들이 도시 전역에 새로이 완공된 공공장소에서 이루어졌다. 이후 볼티모어 시내와 항구지역은 축제와 박람회, 레스토랑, 수족관, 컨벤션 및 무역박람회 시설물, 화랑, 과학센터, 호텔 등이 주요한 관광명소로 탈바꿈하게 되었으며 기타 이벤트용 시설물들이 추가로 완공되었다. 볼티모어 관광진흥국은 항구개발과 관련된 기업들과 협력하여 내국인 및 외래관광객을 유치할 만한 특별한 이벤트를 마련하였다. 그 결과 20년 후에 이루어진 관광객 설문조사에서는 거의 절반에 가까운 관광객이 축제를 구경하러 방문하였고 볼티모어를 축제의 도시로 믿고 있다는 결과가 나왔다.

볼티모어시는 미국 메릴랜드(Maryland)주에 속해 있으며 지형학적으로 워싱턴 D. C.(Washinton D.C)와 필라델피아(Philadelphia)의 중간에 위치해 있는 인구 57만 명(2021 기준)의 도시다.

개장 초기 디즈니랜드보다 많은 사람이 방문해 도심 재개발 기업과 언론의 큰 주목을 받는 등의 뉴스는 1979년 수변로에 지어진 유럽 타입의 2동짜리 2층 건물인 하버플레이스(The Harbourplace)와 연관된 것이다. 이 놀라운 사실은 볼티모어 수변공간 재개발의 성공을 확고히 하였으며, 지역 수변공간에서 국제적 수변공간으로 발돋움하는 계기가 되었다. 하버플레이스의 성공을 바탕으로 볼티모어 수변공간은 그 이전의 성공을 더욱 확고히 하면서 새로운 도약의 계기가 되었다.

아스펜도스(Aspendos)는 몹소스(Mopsos)의 주권하에 아르고스(Argos)에서 온 식민지 개척자들에 의해 설립된 고대 그리스-로마 도시이다. 오늘날 남아 있는 유적은 가장 번성했던 로마시대의 유산들이다. 튀르키예 안탈랴(antalya) 지방의 고대도시 아스펜도스는 유리메돈강(eurymedon river) 강변에 위치하여 1000년 전의 역사가 고스란히 남아 있는 곳이다. 이곳은 오늘날 튀르키예의 대표적 휴양도시이다. 아스펜도스 고대극장에서는 세계적인 오페라 발레 페스티벌이 열려서 많은 관람객의 호응을 받고 있다. 아스펜도스 고대극장은 원형극장 가운데서 노래를 하면 관객석 끝까지 전달이 될 만큼 뛰어난 음향효과를 자랑하고 있다. 이곳은 오랜 역사를 지녔음에도 현재까지 옛 모습 그대로 복원·보존되고 있어 매년 국제 오페라 발레 페스티벌을 보기 위해 전 세계에서 8만여 명의 관광객들이 이곳을 찾고 있다.

7) 관광수입의 증대

무역박람회나 전시회, 컨벤션은 상업적 이벤트로서 구매자와 판매자가 만나서 비즈니스를 논의하는 場을 제공하기도 한다.

비즈니스 이벤트를 연구한 각종 보고서에 의하면, 이러한 종류의 이벤트는 참가자들의 높은 소비지출로 인하여 지역사회에 큰 경제적 이익을 초래한다고 하며, 이러한 혜택은 여러 다른 요인들과 맞물려 주요 도시에 다용도의 컨벤션센터를 많이 건립하게 하는 요인이 되었다고 한다.

세계박람회나 메가 이벤트는 전통적으로 전문가들의 총회나 모임을 비즈니스와 결합해 왔고 행사조직위는 종종 이벤트를 상품으로 연결해 언론의 관심과 영향력 있는 인사들의 개인적 방문을 유도하면서 경제적 상승효과를 누려왔다. 또 메가 이벤트에 수반되는 거대한 자본의 투자와 하부구조시설의 개선으로 인하여 일반 경제를 활성화하기도 한다.

8) 자연자원의 보존

자연경관물과 깨끗하고 안전한 자연환경이 관광객들을 유치하고 만족하게 하는 데 중요한 역할을 한다는 것을 보더라도 관광과 자연 보존은 논리적으로 동반자적 관계라고 볼 수 있다.

축제와 이벤트는 공원과 자연보존지역의 중요성을 홍보하고, 보존지역 내에서의 활동 제한과 자연을 보존하기 위한 재정 충당의 역할을 하고 있다.

소위 자연 관광과 에코 투어리즘은 관광분야에서 급속히 성장하고 있으며 이벤트는 관광매력물 가운데 중심이 될 수 있다. 자연 보존에 무관심한 관광객들을 원거리 지역으로 보내는 패키지상품의 경우에는 특히 자연보전을 위한 이벤트의 활용이 중요하다. 여기에서 이벤트는 자연환경을 먼저 경험하게 하면서 그 속에서 학습경험도 가지게 하는 목적을 가져야 한다. 즉 야생 및 자연 서식지를 계획적으로 기념 행사화하는 것은 잠재적으로 파괴적이며 통제 불가능한 다른 접근방법에 대한 대안이 될 수 있다.

▣ 이벤트의 효과

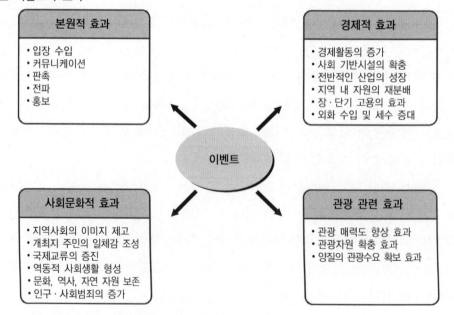

| 사례 | 제28회 부산국제영화제 내홍 · 예산 축소에도 성공적 개최 |

올해(2023) 영화제의 경우 개최 전 조직위원회의 내홍과 논란이 터지며 우려를 높였고, 축소된 예산으로 인해 개최에 어려움이 있을 것으로 예상됐다. 그러나 집행위원장 대행 체제로 영화제를 준비한 끝에 예상보다 성공적인 개최를 이뤄냈다.

공식 초청작은 지난해보다 30편 줄어든 전 세계 70개국 209편(월드프리미어 80편, 인터내셔널 프리미어 9편)이었다. 총 관객 수는 14만 2,432명이었으며, 좌석 점유율은 82%를 기록했다.

부산국제영화제 측은 "축소된 예산으로 인해 우려가 많았으나, 27년간 지속해 온 부산국제영화제의 저력으로 단 한 건의 사고 없이 성공적으로 개최되었다"면서 "좋은 영화를 함께 감상하고 서로 만나 대화 나누는 영화제의 본질에 다시 한번 집중하는 한 해가 되었다"고 자평했다.

올해 영화제에는 주윤발, 뤽 베송, 판빙빙, 고레에다 히로카즈, 하마구치 류스케 등 해외 영화인을 비롯해 수많은 한국영화인이 참석해 GV, 오픈 토크, 야외무대인사 등을 통해 관객과의 즐거운 만남을 가졌다.

작년보다 선정작 규모는 줄었지만 74%였던 좌석 점유율은 올해 약 82%로 높아지며 관객들의 뜨거운 호응을 확인할 수 있었다. 총 209편의 공식 선정작 중, 294회차가 매진되었고 총 142,432명의 관객이 252회의 GV와 다채로운 행사에 참여했다.

[SBS연예뉴스]

2. 관광이벤트의 수와 규모

국제사회에서 '관광이벤트'라 하면 이는 일반적으로 외래관광객 유치를 목적으로 기획된 행사나 외래관광객의 관심을 끌 만한 관광적 매력이 많아 외래관광객의 참여율이 높은 행사를 말한다.

여기서는 주로 이벤트가 활성화된 선진국들을 중심으로 그 수적 규모를 간략히 살펴본다.

캐나다 앨버타주는 축제의 도시라는 별명답게 다양한 축제가 매월 개최된다. 밴프국립공원의 레이크루이스에서 펼쳐지는 아이스 매직 페스티벌은 매년 1월에 3일간 열린다.

국제 아이스카빙 대회가 축제 때 개최되며, 아이들이 즐길 수 있는 Little Chippers Festival도 열린다. 개썰매를 끌어보는 기회도 가질 수 있고 각종 프리 핫음료와 음식도 즐길 수 있다. 그뿐만 아니라 뮤지컬 공연과 같은 문화행사도 마련되어 있다.

매년 5월에는 와인&푸드 페스티벌이 열리며 10월과 11월에도 열린다. 7월에는 캘거리스탬피드 축제가 있으며 8월에는 포크뮤직축제가 개최되어 전 세계인들의 관심을 불러모으고 있다.

한편, 관광이벤트의 규모 면에서는 수많은 관광이벤트가 그 행사 규모와 참관객 크기에서 그리고 경제효과 규모 면에서 괄목할 만하게 성장하고 있는 것이 자명하지만, 안타깝게도 대부분의 관광이벤트는 이에 관한 정확한 계산이나 추정을 하지 못하고 있다. 이는 이벤트가 개방적인 분위기에서 실시되는 경우가 많고, 산정할 수 있는 자원이 매우 빈곤하기 때문이며, 그 외에도 주최자가 참가자들의 숫자를 다른 의도를 가지고 부풀려 발표하는 경우가 많기 때문이다. 또 다른 이유로는 많은 이벤트가 비교적 새로운 것들이므로 몇 년에 걸친 경향 분석이 어렵거나 원천적으로 불가능한 데도 있다.

제3절 ▶ 이벤트산업의 활성화 방안

1. 이벤트 성공의 요건

이벤트나 페스티벌이 성공적으로 수행되기 위해서는 아래의 여러 가지 사항을 충족시키는 수준 높은 내용을 갖추어야 한다.

1) 다양한 역할

이벤트는 관광을 촉진하고 자연관광자원을 보존하며 국가의 문화유산과 예술, 여가활동을 뒷받침하고 지역 개발을 활성화하며 사회나 문화가 추구하는 바를 성취할 수 있는 복합적인 역할을 해야 한다.

2) 축제 분위기

공동가치의 기념행사, 제례, 놀이, 소속감과 유대감을 느낄 수 있는 진정한 축제 분위기를 창출하는 이벤트일수록 일상의 단조로움이나 권태에서 벗어나 즐겁고 유쾌한 감동을 주게 된다. 행사에 참가한 모든 사람 간에 상호작용이 일어나 예상치 못한 축제 분위기가 되기도 한다.

3) 인간의 기본 욕구 충족

사람들의 기본적인 제반 욕구와 그와 관련된 여행 및 여가동기가 이벤트와 페스티벌을 통해 부분적으로 충족이 된다. 축제 분위기와 어느 정도 관련도 있지만, 사람들은 물질적인 욕구, 상호 간이나 사회적인 욕구, 그리고 인간적·심리적인 욕구 등을 가지고 있으므로 이러한 욕구와 동기에 주의를 기울이게 되면 이벤트는 더욱 특별한 의의를 지닌 행사가 될 것이다.

4) 독특함

메가 이벤트는 반드시 보아야 하고 일생에 한 번이나 경험할 수 있을 것이라는 의미에서 관광객을 불러오는 독특함이 있고, 이벤트와 페스티벌은 그들의 행사내용과 홍보활동, 이미지 조성작업을 하여 행사의 독특함을 표현하려고 한다. 이벤트는 일상경험과 생활 장소 범위를 벗어난 것으로서 고정관광자원과 다른 특징을 지니고 있으며 이 행사에 상품판매, 식음료, 특별활동, 여흥 프로그램이 포함되어 그 독특함이 더욱 두드러지게 된다.

5) 진실성

관광객이 구경 와서 지역단체가 실제로 행하는 기념행사에 참가했다는 느낌이 들게 되고, 지역단체가 조직위와 직원, 공연자로 참여하게 되어 진실성이 높아지게 된다.

6) 전통

이벤트는 대부분 지역사회에 기초를 둔 전통적인 것이 되며, 전통과 관련된 신비로 인하여 방문객들에게 매력을 주게 된다. 물론 어느 정도는 신비가 꾸며질 수도 있으나, 이벤트가 주최한 지역사회에 특별한 의미가 없다면, 마찬가지로 관광객에게도 특별한 매력을 주는 전통이 되지 못할 것이다.

7) 유연성

장소와 시간에 따라 이벤트는 최소 하부구조를 채택할 수도 있으며 시장변화와 조직의 요구에 적합한 형태로 만들어질 수 있다. 이러한 특징으로 말미암아 많은 상황에서 방문객이나 주민들에게 고차원의 경험을 선사해 준다.

8) 친절성

행사의 유연성과 주최한 지역사회가 참여함으로 인하여 소비자를 겨냥한 이벤트의 효과를 극대화할 수 있고 각각의 참여자들은 최고의 고객으로 대접받는 것같이 느낄 수 있다.

9) 확실성

관광목적지의 주제 및 이미지를 고려해 볼 때, 이벤트와 페스티벌은 문화와 친절성이라는 주위의 자산을 확실히 보여주는 독특한 능력이 있음을 알 수 있다. 관광객은 이벤트의 효과를 통해서 목적지의 독특함을 경험하게 된다.

10) 주제

이벤트상품이나 각 행사를 주제화하여 축제 분위기와 진실성, 전통, 상호작용, 소비자 서비스 등을 극대화할 수 있다.

11) 상징성

이벤트 자체나 각 행사는 문화적 가치나 정치·경제적 목적과 연관된 상징을 나타낼 수 있다. 이것은 전통이나 진실성과 관계가 있지만, 이러한 상징성은 이기적인 이유로 인하여 조작되기도 한다. 제례행사와 상징을 사용하면 축제 분위기가 더욱 고조되기도 하지만, 이벤트 본래의 목적과 주제를 특별히 강조하기도 하는 것이기도 하다.

12) 적합성

비용을 많이 들인 이벤트들이 관광객과 거주민에게 매력이 있을지라도 여가와 사회문화적 경험을 가능케 하는 평범한 이벤트도 다른 대체수단이 없는 수많은 사람에게 그 중요성이 더해지고 있다.

13) 편리함

이벤트는 미리 계획을 세우지 않고도 언제라도 즉석에서 참여할 수 있고, 이용이 매우 편리한 여가 및 사교활동의 기회이다. 이러한 사실은 일 중심의 세계라 할 수 있는 도시환경 속에서 그 중요성이 증대되고 있다.

2. 이벤트산업의 문제점

1) 이벤트 전문교육기관 활성화

이벤트산업 활성화를 위해 요구되는 요소 중에서도 가장 중요한 것이 이벤트 프로듀서를 포함한 관련 분야의 전문인력 확보이다. 전문인력 확보 여부에 의해 이벤트의 성패가 좌우될 정도이다. 따라서 이벤트 기획에서 영상, 조명, 음향, 연출에 이르기까지 각종 부문에서 전문실무교육을 받은 우수한 인력들이 현장에 투입되어야만 이벤트산업의 활성화를 기할 수 있다.

2) 이벤트 전문기술

이벤트는 군중의 심리 속으로 들어가 그들을 움직일 수 있는 치밀한 기획력을 갖추어야만 성공적으로 운영될 수 있다. 이벤트 전 과정에 걸쳐 예상 가능한 모든 부문에 대해 세부적인 계획이 마련되어 있어야만 어떤 일에도 당황하는 일 없이 신속한 대응으로 원활한 이벤트 진행을 기할 수 있다.

이벤트 기획은 물론 이벤트의 효과를 제고시키는 각종 무대장치, 조명, 음향 등 전시기술에서도 세련된 기술이 필요하다.

3) 이벤트업체의 영세성

우리나라의 이벤트 대행업체들은 대부분 영세하여 인력 및 자금력이 매우 부족하고 결과적으로 전문성도 매우 부족하다. 이벤트업체들은 또한 항시 자금 부족에 시달리고 있으므로 전문인력을 양성하여 활용하기보다는 아르바이트 인력의 활용을 선호한다. 이는 이벤트 운영의 전문성과 직결되는 문제로 행사 당일 거의 사전 교육이나 지침 없이 마구잡이로 동원되는 아르바이트 학생들로 인해 행사 운영에 혼선이 빚어지는 일이 많다.

4) 이벤트 수요 변동 및 비정기성

이벤트 주최자들은 보통 봄이나 가을처럼 날씨가 좋은 때에 집중적으로 이벤트를 개최하기를 희망하고, 또한 한번 실시되었던 이벤트가 몇 해를 두고 계속되는 일 없이 일회적으로 끝나는 경우가 많으므로 이벤트 대행업체들은 고정적인 이벤트 수요를 확보하기 어렵다. 따라서 매우 바쁜 시기에는 일을 제대로 처리하기 어렵고, 한가할 때는 일이 전혀 없는 경우가 있기도 하다.

이렇게 수요의 계절적 변동과 단순형, 일과성 이벤트가 많은 상황에서는 이벤트 대행업체들의 건전한 성장을 기대하기 어렵다.

5) 이벤트 평가의 곤란성

이벤트 운영상의 기술력 그리고 이벤트 종료 후의 효과를 객관적·과학적으로 평가하여 제시하기 어렵다. 또 이벤트를 매우 유효한 관광객 모객 수단이나 각 이벤트가 목적하는 바를 충분히 달성시키는 유효한 수단으로서 대중으로부터 인정받을 수 있도록 하기는 매우 어려우므로, 이벤트 대행업체의 기술적 차별성을 입증하는 것 역시 쉽지는 않다.

6) 주최 측의 목적의식 명확성

행사를 주최하려는 주최 측 자체가 행사가 목적하는 바를 정확히 설정하지 못한 채 이벤트의 기획을 업체에 의뢰하는 경우가 많다.

이벤트를 유행에의 편승 또는 단순한 자기과시, 전시효과 등의 숨은 목적으로 추진하고자 하는 주최자들이 많아지면서 정작 표면에 표방해야 할 목적의식이 흐려지는 경우가 많다. 특히 관광이벤트는 고위층 초청인사가 많아 권위적·의례적으로 흐르게 되면 일반 참관객들의 호응을 받기 어렵다. 관광이벤트는 언제나 관광객에게 즐거움을 줄 수 있는 볼거리와 즐길 거리의 제공이라는 목적을 최우선으로 하여 모든 기획과 운영을 관광객의 편의 위주로 추진해야 한다.

7) 주최 측의 책임체제 명확성

이벤트는 보통 주최자가 일개 개인이나 단체가 아닌 복수가 되는 경우가 많으며, 단일 주최자인 경우도 각계 인사로 구성된 조직위원회가 주최자가 되는 경우가 많고, 다수의 후원자나 협찬회사가 이벤트에 관계하게 되기 마련이다.

이렇듯 다수의 개인 또는 단체가 이벤트에 관여하게 되는 관계로 의견조정이 결코 쉬운 일이 아니며, 또한 책임이 분산되어 결국 아무도 책임질 사람이 없게 되는 일까지 나타날 수 있다.

이렇게 책임 소재가 불명확한 상태에서는 이벤트 대행업체의 정확한 지시체계가 확립되지 않아 사업추진에 혼선을 빚기 쉽다.

8) 자금부담, 자금조달의 곤란

이벤트의 효과에 대한 인식과 신뢰성이 뿌리내리지 않은 관계로 이벤트 투자를 낭비로 생각하는 사람들이 적지 않다. 따라서 특히 지역에서 이벤트를 개최하려는 경우 자금조달에 애로를 겪게 되기 마련이다.

9) 이벤트 하드웨어

이벤트는 아이디어, 기획력 등 소프트웨어에의 의존성이 높은 산업이지만, 행사 공간, 무대장치, 전시장치 등 하드웨어의 의존성도 매우 높은 산업이다. 따라서 특히 메가 이벤트를 유치하거나 자체적으로 기획하여 실시하려면 대형 이벤트시설(예를 들어 국제회의의 경우 전시·회의시설) 및 부대 기술장비의 확충이 필수적이다.

10) 아이디어 권리 확보 미흡

이벤트의 생명은 개성이다. 이 세상에 똑같은 이벤트는 있을 수 없으며, 만일 있다면 그것은 이벤트로서의 존재가치를 상실하는 것이다.

따라서 획기적인 아이디어의 발굴이 이벤트 기획의 첫걸음이 되어야 한다. 그러나 우리는 스스로 독자적인 아이디어를 구상하지 않고 다른 나라, 다른 지방에서 성공을 거둔 이벤트를 무조건 따라서 복제하는 경향이 많다.

복제성 이벤트들이 성공하기는 힘들다 해도 기존 이벤트들의 아이디어 권리를 보호해 주려는 노력은 반드시 있어야 할 것이다. 자기가 개발해 낸 독창적 상품을 누구나 모방할 수 있다고 할 때 힘들게 개발하려고 할 사람은 없을 것이다.

11) 전통문화의 상업화

많은 사람이 관광이 전통문화에 미치는 영향을 심각하게 우려하고 있다. 이러한 관광의 부정적 영향은 제례의식, 음악, 무용, 축제 및 전통의상 같은 것이 포함되는 이벤트성 관광의 영역에서 더욱 확연히 나타나고 있다.

관광지의 주민들이 문화가 관광객들로부터 돈을 벌어들일 수 있는 일종의 상품이 된다는 사실을 알게 되면서 때때로 성스러운 행사를 일반 사람들이 쉽게 재연하고 즐길 수 있는 여흥으로 변모시키는 부작용이 종종 나타나고 있다. 그래서 문화적인 본래 의미는 상실하게 되고 금전적 보상만이 뒤따르게 되는 것이다.

외국의 예로 미국 버몬트의 메이플 시럽축제는 관광객의 편의와 주최자의 수익을 최대한 고려한 변용된 전통축제의 실례 중 하나이며, 스페인의 바스크 축제 또한 관광객들을 위하여 매일 똑같은 행사를 두 번씩이나 행하고 있다.

그러나 이러한 전통문화의 상업화에 반대하여 관광객들의 참관 자체를 거부하거나, 일반 사람들의 시선을 벗어날 수 있는 장소에서 행사를 치르는 곳도 있는데, 캐나다 앨버타주의 인디언들은 종교적 성스러움을 고수하기 위해 고유의 축제행사를 은밀한 곳에서 행하기도 한다고 한다.

12) 사회문제 발생

이벤트는 군중의 집중을 전제로 한 것이기 때문에 사회문제 발생의 소지가 많다. 지역 내 교통혼잡을 가져올 수도 있고 안전사고, 폭력 등의 범죄를 초래할 가능성도 있다.

이벤트는 매우 치밀하게 관리되지 않으면 이러한 사회문제를 발생할 가능성이 있으며, 또한 이러한 면에서 대중의 부정적 시각이 크기 때문에 그 발전에 제약을 받고 있다.

3. 이벤트산업의 활성화 방안

이벤트산업을 활성화하는 방안을 요약하면 다음과 같다.

1) 다양한 소재 및 아이디어 발굴

오랜 전통을 바탕으로 계승·발전되어 온 이벤트는 지속성이 강하고 외래객들에게도 문화적 신선함을 주므로 볼거리가 됨은 물론 타 문화에 대한 이해를 확대하므로 관광이벤트로 적합하다.

또 자연관광자원, 문화관광자원, 사회관광자원, 산업관광자원, 위락관광자원 등 기존의 고유관광자원을 적절히 활용하여 이벤트와 연계시키면 외국관광객에게 무한한 매력과 함께 즐거운 볼거리를 줄 수 있다.

2) 지역 활성화 차원의 이벤트 육성

지방의 활성화 차원에서 관광 개발 및 진흥, 도시의 생활환경 정비, 산업진흥과 특산품 개발, 교육·문화진흥, 지역 간 교류 등을 달성하는 데 아낌없는 지원과 지역주민의 자발적인 협력 및 참여를 이끌어야 한다.

3) 전문이벤트 프로듀서의 양성

이벤트를 기획하는 일에서부터 연출·제작·개최에 이르기까지 스태프를 총괄할 뿐 아니라 제작을 전적으로 책임지는 전문이벤트 프로듀서 양성을 위한 강좌가 활발히 개발되어야 한다.

4) 치밀한 사전계획의 수립

실제 운영에 관한 과학적인 연구와 계획이 선행되어 철저한 사전 준비와 계획이 있어야 한다.

5) 스폰서의 적극적 유치

스폰서의 유치문제는 행사의 성공 여부를 좌우한다. 따라서 스폰서의 유치를 통한 자금조성이 필요하다.

6) 이벤트 내용의 질적 향상

이벤트나 페스티벌이 성공적으로 수행되기 위해서는 ① 다양하고 복합적인 역할, ② 축제 분위기, ③ 기초 욕구의 충족, ④ 독특함, ⑤ 진실성, ⑥ 전통, ⑦ 유연성, ⑧ 친절성, ⑨ 확실성, ⑩ 주제, ⑪ 상징성, ⑫ 적합성, ⑬ 편리함 등의 사항을 충족시키는 수준 높은 내용을 갖추어야 한다.

7) 효율적인 행사장 관리도모

사람이 많이 모이는 이벤트를 기획하고 운영하는 경우에는 행사장의 관리에 가장 신경을 기울여야 한다. 이벤트의 행사장 관리에는 ① 적합한 행사장소 선정, ② 군중 통제 및 안전, ③ 교통수단의 관리, ④ 현장통제, ⑤ 행사지역의 공간적 제한, ⑥ 주제 등을 항상 염두에 두어야 한다.

8) 이벤트의 효율적인 홍보

이벤트를 홍보하는 방법에는 우선 시장세분화에 의한 관광객을 창출하고, 광고, 개별판매, 세일즈 홍보, 미디어 믹스를 활용한 홍보를 효율적으로 활용해야 한다.

9) 이벤트의 효율적인 평가방법 확립

이벤트 전체의 계획과 마케팅 절차를 조정하는 이벤트 평가는 이벤트 주최자가 놓인 환경, 이벤트 또는 개최지역의 잠재시장, 이벤트의 의도적·무의도적 결실, 이벤트를 향상하는 방법을 개선하는 데 도움이 된다. 그러므로 이벤트의 평가를 객관적이고 과학적으로 할 수 있는 효율적인 방법을 마련하여 항시 이벤트를 평가하여 보완하는 체제를 갖추도록 해야 할 것이다.

10) 대형 전시·회의시설 확충

수익성이 높은 대형이벤트 유치를 위해서는 각종 기자재 및 설비를 완비한 대형 전문 전시·회의시설의 확충이 필수적이다.

11) 이벤트 전시기술 향상

이벤트의 기술은 첨단적인 전시기술에 의해서만 지배되는 것은 아니다. 오래전부터 있던 소박한 연출, 기술, 전통적인 수법에 따라서도, 사용방법에 따라서도 새로운 기술을 훨씬 상회하여 신선한 효과를 주는 경우가 많다.

그러나 전반적으로 아직껏 이벤트 운영에 필요한 시스템, 특히 전시기술 면에서 우리의 기술력이 낮은 수준에 머물러 있어 이러한 전시기술의 향상이 시급한 실정이다.

사례 / 이벤트 사례

■ 니스 카니발

프랑스 프로방스알프코트다쥐르주(Provence-Alpes-côte d'Azur) 니스에서 열리는 카니발. 18세기 베네치아 카니발의 전통을 이어받은 유일한 카니발로 알려져 있으며 1878년부터 시작되었다. 이 사진은 125회째를 맞는 니스카니발. (요금 : 입장 시 10유로(어린이는 공짜), 지정석일 경우 25유로)   [http://blog.naver.com/76kamja/63004706]

■ 브라질 리우 삼바 카니발

리우 카니발은 처음 유명한 삼바 클럽들이 모여 만든 그들만의 행사였지만, 삼바를 사랑하는 브라질 사람들의 자발적인 참여로 명실공히 브라질을 대표하는 축제로 발전하게 되었다. 축제는 몇 주에 걸쳐 계속되는데 이때는 밤이 낮보다 훨씬 밝게 빛난다. 이 축제는 뭐니 뭐니 해도 거리의 시가행진과 퍼레이드가 압권이다. 브라질을 대표하는 최고수준의 클럽과 삼바학교에서 이 행진에 참가한다. 이 퍼레이드에선 온통 두 눈이 화려함에 노출되어 정신이 없을 정도다. 화려함이 지나쳐 요란한 퍼레이드 카의 장식들, 몸에 걸친 것보다 머리에 쓰고 있는 것이 훨씬 많은 무희들, 형형색색의 강한 원색의 물결들 … 사람의 마음을 흥분시키는 모든 것들이 총출동한 것 같다. 그리고 각양각색의 몸치장과 20kg은 족히 나가 보이는 큰 장식을 머리에 쓴 무희들이 전혀 불편함 없이 자유자재로 춤을 추는 것을 보고 있노라면 진정한 프로가 무엇인지 알게 된다.   [http://www.rio-carnival]

[발표와 토론할 주제]

9-1. 국내외 스페셜 이벤트의 사례를 찾아 발표하시오.

9-2. 국내외 메가 이벤트의 사례를 찾아 발표하시오.

9-3. 국내외 유명 페스티벌의 사례를 찾아 발표하시오.

9-4. 국내외 스포츠 이벤트의 사례를 찾아 발표하시오.

9-5. 이벤트의 관광효과의 사례를 찾아 발표하시오.

9-6. 우리나라 각지에서 개최되는 영화제 사례를 찾아 발표하시오.

9-7. 국내외 유명 카니발의 사례를 찾아 발표하시오.

Chapter
10 전시회 · 교역전 · 박람회

제1절 ▶ 전시회와 교역전의 의미

전시회와 교역전은 회의시장의 또 하나의 중요한 세분시장이다. 교역전(Trade Show 또는 Trade Fair)은 컨벤션시설을 이용하지만, 컨벤션 회의와는 거의 무관하게 운영되며, 자유 벤더업자의 전시이벤트이다.

한편, 전시회는 항상 컨벤션의 한 부분으로 이루어진다. 전시회는 특정한 산업이나 분야를 일정한 장소에서 일정 기간 새로운 제품이나 서비스를 소개하면서 국내 또는 해외로부터 찾아오는 방문객을 상대로 계약을 체결하거나 거래 상담을 통해 상호 간의 상업활동을 전개하는 중요한 수단이 된다. 전시회와 교역전은 유사하나 약간의 차별성을 가지고 있다.

1. 전시회

전시회(Exhibition)는 전체적인 회의사업의 성장과 더불어 매년 그 수가 증가하고 있다. 전시회는 컨벤션에 속한다는 점에서 교역전과 다르다. 전시회는 주로 협회시장, 특히 산업협회, 기술협회, 과학협회, 전문가협회 등에 흔히 이용된다. 전시회는 앞에서 언급한 것처럼 특정 산업이나 분야를 일정한 장소에서 일정한 기간 새로운 제품이나 서비스를 소개하면서 국내 또는 해외로부터 찾아오는 방문객을 상대로 계약을 체결하거나 거래 상담을 통하여 일반 잠재 소비자에게 능동적으로 판매 활동을 전개해 나가는 마케팅 수단이다.

이러한 전시회는 두 가지 유형이 있는데 전문전시회와 소비자전시회이다. 전문 전시회는 기업인이나 연구원을 대상으로 소비자전시회는 일반 대중을 상대로 한다.

전시회의 영어식 표기인 'Exhibition'이라는 단어는 17세기 로마에서 개최된 미 술전시회에서 처음으로 사용되었다. 주로 미술전시회에서 사용되어 오다가 오늘 날 많은 국가에서 전문전시회라는 용어로 많이 사용하고 있다. 이외에도 Trade Show 또는 Trade Fair라는 용어도 사용된다. 독일에서는 Messe, 일본에서는 견본 시(見本市)라는 단어를 사용한다.

전시회는 이익 창출과 참가자 유치라는 측면에서 협회에는 매우 중요하다. 전시 자나 출전사에게 컨벤션 내에 상품을 전시하게 하고 돈을 받음으로써 협회는 회의 장소 수배의 비용을 거기에서 상쇄할 수 있다. 전시자들은 그것을 일시금으로 지급 하거나 몇 번으로 나누어 지급할 수도 있다.

벤더의 디스플레이와 부스는 단순한 것에서부터 정교한(비록 교역전만큼 정교하지는 않지만) 것까지 다양하다. 일부 벤더는 가끔 협회대표들에게 호스피탤리티 스위트 (hospitality suite)를 후원 · 제공하고 음료와 식사를 무료로 제공하기도 한다.

전시자들은 자사 상품의 인지 및 가능한 상품을 휴식 장소 근처에 전시하기 위 해 커피 브레이크나 식사를 컨벤션 동안 제공하기도 한다.

전시회의 참가자 수는 컨벤션 참가자 수에 따라 달라진다. 전시회는 일반인에게 는 공개되지 않는다. 교역전시회 기간은 대부분이 적어도 3일 이상이지만 미팅 기간과 관련이 깊다. 국제전시협회(IEA : International Exhibitors Association)는 전시회 분 야에서 주요 조직이다.

▶ 일반적으로 'Exhibition'을 사용

> 독일의 '메세(Messe)'
> 일본의 '견본시(見本市)'
> 미국의 '스테이트 페어(state fair)'
> 프랑스의 '바자(bazar)'

2. 교역전

처음에 교역전(Trade Show)은 주로 상품을 광고하는 데 열려왔다. 교역전에서는 아무것도 판매하지 않았다. 1950년대 이후 교역전은 점차 상품판매시장으로 이용되었는데, 오늘날에 와서는 상당한 양의 상품거래가 교역전 관람자들 사이에서 이루어지고 있다. 벤더(판매자)들이 임대한 부스(booth)라는 공간에서는 컴퓨터에서 보트에 이르기까지 다양한 상품이 전시되어 잠재고객에게 그들의 상품을 선전하고 있다.

오토쇼, 가정과 정원쇼(home and garden show)와 같은 일부의 교역전은 일반 대중에게 공개되지만, 대부분의 많은 교역전은 단지 초청에 의해서만 참가할 수 있다.

1) 국제교역전

현대적인 국제교역전은 유럽재건의 노력이 불붙은 제2차 세계대전 이후에 시작되었다. 독일은 그때부터 국제교역전을 주최하는 주최국이 되었다.

국제교역전은 기업이 해외시장을 테스트하는 이상적인 방법이다. 각 기업은 교역전을 통해 전 세계에서 들어오는 잠재 바이어들과 유통업자들을 만날 수 있다. 바이어들과 판매자들이 한 센터지역에서 만남으로써 개별적인 판매 방문으로 인한 시간과 돈을 절약할 수 있다. 교통비가 들기는 하지만, 교역전은 세계시장에 진입하는 경우 가장 비용을 절약하는 방법이다.

국제교역전은 몇 가지 점에서 미국의 교역전과 다르다.

중요한 첫째 사항은 무척이나 판매지향적이라는 점이다. 사람들이 교역전에 가는 것은 회의에 참석하려는 것이 아니고 비즈니스 때문이다.

둘째로, 국제교역전은 미국교역전보다 참가자가 더욱 많다. 하노버 페어(Hanover Fair)에는 8일 동안에 50만 명이 다녀간다.

셋째로, 개별 교역전시회는 미국교역전보다 훨씬 정교하게 공을 들인다. 예를 들면 1회사에서 단일 교역전시회에 1천 명 이상의 직원이 근무한다. 주요 교역전시회의 부스(유럽에서는 stand)에 전시공간은 물론이고 몇 개의 미팅룸까지 설치하고 있다.

넷째로, 국제교역전은 독특한 국제적 분위기가 있다. 통역자들이 세계 각지에서 오는 방문객을 위해 대기하고 있다는 점이다.

한편, 미국 정부는 상무성과 농업성을 통해 국제교역전에서 미국기업의 전시를 돕고 있다. 해외시장을 개척하려고 하는 중소규모의 기업에게 재정원조가 이루어지고 있다. 미국 정부는 외국인 방문객들의 미국 내 교역전 참가를 독려하기도 한다.

2) 미국교역전

미국교역전은 무역부스(trade booth)로 특징지어진 콘퍼런스의 확장과 더불어 성장하였다. 미국교역전은 국제교역전보다 회의참석을 더욱 강조하고 있고 판매지향적은 아니다. 또 참가자의 수도 작으며 비형식적이지만 주최하는 市의 호텔 측에는 중요한 사업 원천이 된다.

미국교역전은 뉴욕의 자비츠센터(Javits Center), 시카고의 맥코믹(McCormic Place), 라스베이거스 컨벤션센터 등 대형 컨벤션센터에서 개최되고 있다. 그리고 수많은 컨벤션호텔은 소규모 교역전을 위한 전시공간을 갖추고 있다.

교역전 뷰로(Trade Show Bureau)는 교역전 산업에 대해 조사하고 교역전 계획에 관련된 각 기업에 정보를 전달하는 조직이다.

➡ 교역전의 파급효과

경제적 효과	• 전반적인 고용증가, 세수 증대, 국민 총소득의 증대 • 개최지역 내 정보의 고도화, 집적화. 이를 통해 지역 내 서비스 산업 육성, 새로운 비즈니스 창출의 계기 마련 • 참가자들의 장기 체재일수, 높은 외화 소비 수준. 이를 통해 외화 획득 및 지역경제 활성화 차원에서 일반 관광객 유치보다 유리
사회문화적 효과	• 참가자들에게 개최국의 사회문화적 특성을 알리는 계기 • 국가홍보에 도움, 긍정적 이미지 전파 기회
지역 인프라 확충	• 개최활동에 필요한 개최지역 사회 기반 환경의 정비와 확충 • 지역 교통망과 숙박시설 확충, 공항 · 항만시설의 정비, 지역 내 생활환경과 기반환경 개선 • 지역주민의 직 · 간접적인 교류 증대, 지역주민의 자긍심 고취
관광효과	• 개최지역의 컨벤션기획자, 호텔, 여행사, 항공사, 쇼핑센터 수요 창출 및 이익 증대

제2절 ▶ 전시회 개관

1. 전시회 발상지

전시회는 독립적으로 개최되거나 컨벤션의 한 부분으로 이루어진다. 유럽에서 전시회는 교역의 장으로 시장에서 발달해 왔다. 따라서 전시회의 역사를 알려면 그 발상지인 유럽에 눈을 돌릴 필요가 있다. 교역의 장(場)으로서의 시장을 그 기원으로 하는 전시회의 어원은 축제라고 하는 의미의 라틴어 fariae라고 한다.

유럽에서는 로마제국이 5세기 후반에 멸망하기 시작하면서 7세기경까지 상업활동은 일시적으로 정지하게 되었다. 그 후 아랍인, 유대인, 색슨인 등에 의한 상업지배가 있었고 주로 교회를 중심으로 물물교환의 장소가 설치되었다. 이것이 발전해 지방 시장이 탄생하고 사람들이 모이기 쉬운 장소나 축제 때 시장이 열리게되었다. 드디어 때와 장소가 고정되고 상법의 토대가 이 시기에 만들어지게 되었다. 629년에 프랑스의 파리 근교에서 전시회의 원형이라 할 수 있는 것이 행해졌던 기록도 남아 있다.

중세에 접어들자 11세기 독일 쾰른에서의 이스타 견본시장, 12세기에 프랑스 샹파뉴 지방에서 개최된 견본시장 등 유럽 모든 나라의 산물이 전시되게 되었다. 전시품은 주로 생활용품으로 러시아의 모피, 영국의 직물, 독일의 이불, 동양 여러 나라의 향료와 카펫 등이었다.

14세기에 접어들자 샹파뉴 지방의 견본시장은 사양길로 접어들고 대신 플란더스 지방에서 견본시장이 유명해지고 그것이 프랑스의 리용이나 스위스의 주네브로 퍼져 갔다. 전시회의 발전은 동시에 수송수단의 발달에 영향을 주었다. 다만, 이 당시는 아직도 로마시대 전시의 양식처럼 종교적 제사의 요소가 강했고 오락으로써 개최된 것이 많았다. 영국에서는 상업활동이 그다지 발달하지 않았지만, 옥스퍼드, 아폰, 에본 등지에서는 오락적 색채가 짙은 전시회가 열렸다.

Exhibition이라는 말이 사용된 것은 17세기에 들어오면서 로마에서 행해진 미술전람회가 최초였다고 한다. 1662년 파리에서 왕실회화 · 조각 아카데미가 미술전을 열었고 1699년에는 파리의 루브르에서 일반미술전이 거행되었다. 런던에서도 1761년에 왕립예술협회가 예술 장려책으로써 미술전람회를 개최하는 등 붐을 이루었다.

최초의 산업견본시는 1791년에 파리에서 개최되었지만, 이것은 프랑스 군주제 붕괴를 축하한 것이었다. 그리고 유럽에 산업혁명이 일어나자 전시회의 성격도 크게 변하였다. 인구의 급증도 그 원인이었다. 농산물과 식품에 관한 견본시장이 보호되고 특히 영국에서는 가축의 육성에 관한 견본시장과 공업생산물을 주체로 한 것을 중심으로 해서 이를 계몽하기 위해 견본시장이 큰 의미를 가지게 되었다. 리스, 버밍엄, 더블린 등에서 열리게 된 산업견본시장은 기계화의 물결을 타고 유럽으로 확산되어 라이프치히 무역쇼, 밀라노 견본품전시회, 파리국제산업전 등이 유명하게 되었다.

2. 세계 최초의 만국박람회

1850년대가 되자 관리나 조직 면에서 뛰어난 견본시장이 영국의 맨체스터, 리버풀, 버밍엄 등의 공업중심지에서 개최되었다. 이와 같은 견본시장의 영향을 받아서 1851년에는 빅토리아 여왕의 부군 앨버트 공이 모든 문명국에게 참가를 호소해 본격적인 국제견본시장이 런던의 하이드공원 내의 수정궁에서 개최되었다. 이것이 세계 최초의 만국박람회이다.

이 최초의 만국박람회는 약 7만 4천㎡의 광대한 회의장에 1만 3천의 출전사와 6백만 명의 고객을 모아 성공했다. 이 성공에 이 만국박람회는 그 후 만국박람회에서 원조의 지위를 확립했다. 앨버트 공은 이 대성공을 기초로 1862년에도 같은 종류의 전시회를 개최하려고 했지만 성공하지 못하였다.

1860년대에는 네덜란드, 스페인, 인도 등지에서 주로 농업을 중심으로 한 견본시장이 행해졌다.

한편, 영국에서는 1862년 만국박람회의 실패 이후 1920년대 전반까지 거의 뜻있는 전시회는 열리지 않았다. 1924년 런던 웸블리에서의 大英전시회도 실패로 끝나고 경제불황이 겹치자 대규모 전시회를 주최해서 기록을 세우는 것에서부터 소규모이고 특색을 가진 전시회로 개최법도 변하게 되었다.

프랑스에서는 영국의 만국박람회에서 큰 영향을 받아 프랑스-독일 전쟁 후 1878년 파리의 중심지에 약 66에이커의 회의장에 당시 최대 규모의 전시회를 개최하여 성공했다. 이 전시회는 5만 2,835개의 출품물과 1,600만 명의 고객유치를 기록하였고 그 덕분에 프랑스는 경제보호주의적인 사상을 타파할 수 있었다.

벨기에에서는 1958년에 도시계획의 하나로써 정부가 3억 달러를 원조하여 브뤼셀에서 당시 가장 돈을 많이 드린 전시회가 개최되었다. 이 전시회에는 세계 45개국이 참가하고 4천만 명 이상의 고객 입장을 기록하였다. 그러나 이와 같은 경향에 대해 소련에서는 1930년에 1만 7,500명에 이르는 전시회가 경제적·정치적 목표에 맞지 않는다는 이유로 중지되었다.

이처럼 20세기에 들어서는 세계 가운데에서 빈번하게 전시회가 거행되었고 결국 1928년에 세계 35개국이 모여 국제박람회기구(BIE : Bureau Internationale des Expositions)가 설립되었다. 이 조직은 전시회의 빈도와 조직운영방법에 대해서 국제적으로 조정하는 것을 목적으로 하여, 전시형태에 의해 응용과학을 다루는 특수견본시장과 일반상품의 진보를 위한 일반전시회 등 2개 부분으로 나뉘어 있다.

BIE의 허가 아래 1962년 미국 시애틀에서 개최된 21세기전과 1964~65년에 행해진 뉴욕세계전은 너무도 유명하다. 그 외에 BIE는 1967년 몬트리올 만국박람회, 1976년 오사카 만국박람회에도 관여했다. 이와 같은 국제적인 전시회는 주최국이 재원을 부담하는 것이 일반적이다.

한편, 미국의 전시회 역사는 비교적 짧아서 1876년 필라델피아에서 열린 것이 최초의 대규모 전시회였다. 이것은 미국독립 100주년의 기념행사로 열려 참가 35개국 약 8백만 명의 입장자가 기록되어 있다. 이 전시회에서는 벨의 전화, 에디슨의 전신기, 타자기, 재봉틀 등 당시의 최첨단 기술이 진열되어 크게 화제가 되었지만, 재정적 측면에서 꽤 문제가 있었다.

그 후 1893년 콜럼버스의 미국 발견 400년을 기념해서 시카고에서 개최된 전시회에는 엔진, 발전기 등이 출전되어 2천만 명을 넘는 입장객을 기록했다. 이 성공 덕분으로 샌프란시스코, 포틀랜드, 애틀랜타, 내슈빌, 오마하 등지에서 계속해서 대규모 전시회가 개최되게 되었다.

1901년에는 미국뿐만 아니라 서구권의 산업과 경제의 촉진에 공헌한다는 목적으로 버펄로 · 팬아메리카전이 개최되었다. 회기 중 그 전시회에 사용된 전기는 모두 나이아가라폭포를 이용한 수력 발전에 의해 공급되었다.

1993년 이후부터를 살펴보면, 1998년에 포르투갈 리스본에서 열렸었고, 2000년에는 독일의 하노버, 2002년에는 스위스, 2004년에는 프랑스에서 개최예정이었지만 취소되었다. 2005에는 일본의 아이치, 2008년에는 스페인의 사라고사에서 개최되었고 2010년에는 중국의 상하이에서 개최되었다.

3. 일본의 전시회

일본 전시회의 역사는 외국에서 견본시장에의 참가라는 형태로 막을 열었다고 할 수 있으나 그 역사로는 메이지(明治) 5년의 교토박람회가 처음이다. 이 박람회는 메이지 유신 이후 교토의 정치적 지위 하락, 산업경제력의 몰락, 민심의 실의 및 침체로부터 산업의 부흥 · 장려 등을 목적으로 개최된 일본 최초의 본격적 전시회라고 할 수 있다.

그 후 일본의 경제계가 현저하게 진흥 · 강화됨에 따라 여러 가지 박람회와 전람회가 유행하였다. 그러나 도매업자가 소매업자를 대상으로 해서 거래를 목적으로 했던 견본시장형식의 전시회가 대두된 것은 다이쇼(大正) 시대이다.

일본에서 전시회의 본격적인 역사가 시작된 것은 실제로 제2차 세계대전 후이다. 패전에 의한 괴멸로 생산능력을 잃은 일본은 쇼와(昭和) 20년대(1945~54년)의 부흥기를 거쳐 30년대의 고도성장기에 이르는 동안 국민들의 노력으로 산업을 활성화하고 무역도 확대되어 갔다. 이와 같은 시기에 수출진흥은 불가결한 국가정책이었고 각 산업계도 국내수요의 개척은 신경 쓰지 않고 수출진흥에 힘을 기울이게 되었다. 민간무역의 재개는 생산의 부흥과 함께 업계 모두의 광고 선전·계몽보급 활동의 중요성을 호소했다. 이러한 환경하에 전시회의 개최는 국민에게 화려하고 밝고 풍요로운 이미지를 가져오고 사람들에게 산업진흥의 의욕을 점점 타오르게 하는 역할을 해온 것이었다.

1948년에 민간무역이 재개됨에 따라 그다음 해에는 무역진흥박람회가 개최되었다. 이 전시회는 외국바이어와 무역관계자의 관심과 주목을 받은 것뿐만 아니라 일반인 입장객도 많아 무역진흥의식의 보급에 큰 성과를 올린 것이었다.

일본에서는 '2005년 만국박람회(아이치엑스포)'가 열렸다. 우리나라를 비롯해 120개국과 4개 국제단체가 참가한 아이치엑스포에는 총 1,500만 명(해외 150만 명)이 입장하였다. 아이치엑스포는 장기불황에 허덕이는 일본경제에 활력소가 되었으며 박람회의 주제는 '자연의 예지'로 지구와 환경, 미래를 보여주는 것이었다.

이상이 옛날 로마제국시대까지 거슬러 올라가 알아본 전시회의 세계사이다. 시장이라는 가장 원시적인 형태에서 시작했던 전시회는 현대에서는 가장 중요한 대중매체의 하나로 인식되고 있지만, 그 역사는 의외로 일관성이 없고 하나하나의 전시회가 시행착오의 전철 속에서 천천히 진보한 것처럼 받아들여진다. 사업의 발전이 세분화되어 있는 지금, 전시회도 규모와 빈도에 의지했던 것에서 벗어나 전문화가 현저해졌다.

이처럼 전시회는 그 시대의 사회구조에 따라 그 형식은 과거를 답습하는 것도 아니다. 이것이 견본시장의 역사에 일관성이 없는 원인이라고 할 수 있을 것이다.

▶ 전시회의 기능

① 판매기능

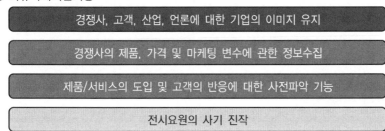

예상고객의 확인, 신시장 개척

잠재고객, 의사결정권자와의 접촉기회

제품, 서비스에 관한 정보의 전파

실질적인 제품 판매 및 계약

고객과의 접촉을 통한 문제의식 및 서비스 기회 제공

② 커뮤니케이션기능

경쟁사, 고객, 산업, 언론에 대한 기업의 이미지 유지

경쟁사의 제품, 가격 및 마케팅 변수에 관한 정보수집

제품/서비스의 도입 및 고객의 반응에 대한 사전파악 기능

전시요원의 사기 진작

▶ 전시회의 효과

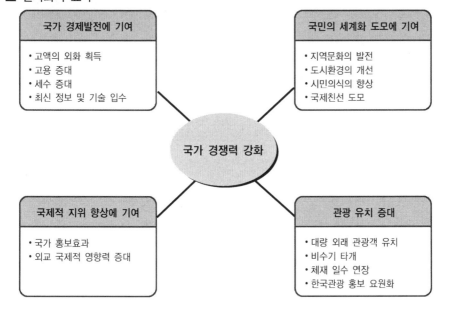

국가 경제발전에 기여
- 고액의 외화 획득
- 고용 증대
- 세수 증대
- 최신 정보 및 기술 입수

국민의 세계화 도모에 기여
- 지역문화의 발전
- 도시환경의 개선
- 시민의식의 향상
- 국제친선 도모

국가 경쟁력 강화

국제적 지위 향상에 기여
- 국가 홍보효과
- 외교 국제적 영향력 증대

관광 유치 증대
- 대량 외래 관광객 유치
- 비수기 타개
- 체재 일수 연장
- 한국관광 홍보 요원화

제3절 ▶ 박람회 개관

1. 박람회의 의의

박람회는 세계 각국이 모든 분야에 걸쳐 과거로부터 현재에 이르기까지 축적된 기술과 양식을 일정 기간, 장소를 정하여 전시를 통해 일반 대중에게 인류문명이 나갈 방향과 전개될 미래상을 제시하여 새 시대로의 출발을 촉진하는 행사이다.

박람회(Exposition)는 농업·상업·공업 등에 관한 온갖 풍물을 한곳에 모아두고 일반인에게 관람시키며 판매·선전·우열심사를 해서 생산물의 개량, 발전 및 산업의 진흥을 도모하기 위하여 개최하며, 여기에는 지방박람회, 내국박람회, 만국박람회 등이 있다.

2. 박람회의 발달

엑스포(EXPO)는 영어의 엑스포지션(Exposition)의 앞 음절을 줄인 말로 통상 박람회로 번역된다. 국제박람회기구(BIE : Bureau International des Expositions)의 협약은 엑스포를 "일반 대중의 교육과 계몽을 목적으로 하고, 인류의 노력으로 한 시대가 달성한 성과를 확인하고 미래를 전망하는 무대"로 규정하고 있다. 따라서 흔히 박람회로 잘못 혼용하고 있는, 단순 상거래 차원의 상품교역전시회를 뜻하는 앞 절의 전시회와는 분명히 구분된다.

기록상 남아 있는 가장 오래된 박람회는 고대 페르시아의 아하스페로스왕이 주변 국가에 위세를 떨치기 위해 벌인 '부(富)의 전시'이다.

박람회는 최초에 농업과 상업이 밀접하게 연계되어 주종을 이루었지만, 중세 이후 레크리에이션의 한 형태가 되었다. 사람들은 여러 상품을 비교하고, 수공예품을 감상하며, 가장 최근의 기술적 혁신을 찾아서 특정 전시장에서 다른 전시장으로 옮겨 다녔다. 많은 사람을 끌어들이기 위해서 여러 박람회에서 음식과 오락물을 제공하기 시작하였다. 세계박람회는 여러 종류의 산업들이 국제적인 무대에서 그들의 상품을 전시하면서 시작되었다.

근대적 의미의 엑스포는 영국 빅토리아 여왕의 남편 앨버트 공이 주도한 1851년 런던엑스포로부터 비롯된다. 그러나 이후 잦은 개최로 참가국의 부담이 과중해지자, 1928년 프랑스 주도하에 창설된 BIE가 개최 간격과 내용에 관한 협약을 제정하여 관리해 오고 있다.

엑스포는 보통 2~3년 간격으로 열려 6개월 미만 동안 인류 노력이 거둔 성과를 소개하고 있다. 전시 분야에 따라 종합과 전문으로, BIE의 공인 여부에 따라 공인과 비공인으로 나눈다.

최근에는 전문성과 종합성을 혼합하고 정보화와 이벤트 관련 산업을 접목해 정신적 가치를 함께 충족시키는 과학 · 예술의 제전으로 승화되는 것이 엑스포의 새로운 조류이기도 하다.

170여 년의 역사를 지닌 만큼 엑스포는 그 자체가 산업 · 과학기술문명의 발달이자 곧 미래사이기도 하다. 1851년 제1회 런던엑스포는 당시 건축기술을 능가하는 4,500톤의 철골구조에 30만 장의 유리를 씌운 수정궁에서 산업혁명의 총아인 기관차, 선박용 엔진 동력기 등을 소개하였다.

1889년의 파리엑스포는 오늘날 지하철 건설의 토대가 된 철골 구조물 에펠탑을 선보였다. 이 밖에 전화기(1876, 필라델피아), 자동차 · 축음기 · 냉장고(1878, 파리), 지하철 · 토키영화(1900, 파리), 나일론 · 플라스틱 · TV(1939, 뉴욕), 자기부상열차(1985, 쓰쿠바) 등이 엑스포에 소개된 당대의 첨단제품들이었다.

엑스포는 또 각국의 민족적 · 역사적 모멘트로 활용된다. 파리엑스포는 프랑스혁명 1백 주년, 시카고엑스포(1933~34)는 도시탄생 1백 주년, 브리스베인엑스포(1988)는 유럽인의 호주정착 2백 주년, 1992년의 세비아엑스포는 콜럼버스의 미대륙 발견 5백 주년을 각각 기념한다.

우리나라는 1893년 시카고엑스포 때 여덟 칸 기와집과 관복, 도자기, 가마 등을 전시하면서 엑스포와 첫 인연을 맺었다. 그러나 일제식민지와 한국전쟁을 거치면서 한동안 참가하지 못하다가 1962년 시애틀엑스포부터 줄곧 참여하고 있다.

◪ 역대 엑스포 개최현황

개최연도	개최지역	의의 및 특색
1851	런던(영국)	세계 최초의 엑스포, 수정궁박람회
1853	뉴욕(미국)	유럽과 미주 간의 문화교류에 공헌
1855	파리(프랑스)	나폴레옹 3세 개최, 미술전, 일용품 전시
1862	런던(영국)	교육부문 전시
1867	파리(프랑스)	참가국의 pavilion방식 개시
1873	빈(오스트리아)	새로운 건축의 설계
1876	필라델피아(미국)	미국 독립 100주년 기념, 전화기 출품
1878	파리(프랑스)	수족관 건설, 축음기, 냉장고 출품
1879	시드니(호주)	농업에 중점
1880	멜버른(호주)	남반구 최초의 공식 세계박람회
1886	런던(영국)	
1889	파리(프랑스)	프랑스혁명 100주년 기념, 에펠탑 건설
1893	시카고(미국)	미대륙 발견 400주년 기념, 한국 최초 참가
1900	파리(프랑스)	움직이는 보도, 지하철 소개
1901	버펄로(미국)	
1901	글래스고(영국)	
1904	세인트루이스(미국)	비행선 무선통신 출품
1905	리게(벨기에)	
1910	브뤼셀(벨기에)	
1915	샌프란시스코(미국)	파나마운하 개통 기념
1924~1925	웸블리(영국)	
1926	필리델피아(미국)	미국 독립 150주년 기념
1931	파리(프랑스)	
1933~1934	시카고(미국)	최초 주제부여 엑스포
1935	브뤼셀(벨기에)	
1937	파리(프랑스)	

개최연도	개최지역	의의 및 특색
1939~1940	뉴욕(미국)	나일론, 플라스틱 출품
1951	런던(영국)	
1958	브뤼셀(벨기에)	
1962	시애틀(미국)	자동판매기, 모노레일 등장
1964~1965	뉴욕(미국)	뉴욕탄생 300주년 기념
1967	몬트리올(캐나다)	캐나다 건국 100주년 기념
1970	오사카(일본)	일본산업 · 기술발전 과시
1974	스포케인(미국)	미국 독립 200주년 기념
1975~1976	오키나와(일본)	해양개발과 해양환경 창조에 공헌
1982	낙스빌(미국)	국제 에너지 파동의 효율적 대처
1984	뉴올리언스(미국)	뉴올리언스 시역 새개발
1985	쓰쿠바(일본)	쓰쿠바 과학도기 완성기념
1986	밴쿠버(캐나다)	밴쿠버시 창립 100주년 기념
1988	브리스베인(호주)	유럽인 호주 정착 200주년 기념
1990	오사카(일본)	오사카시 발족 100주년 기념
1992	세비야(스페인)	콜럼버스 미국 발견 500주념 기념
1993	대전(대한민국)	신흥개발국 중 최초 개최
1998	경주(대한민국)	경주 문화엑스포
1999	강원 속초(대한민국)	관광엑스포
2000	하노버	인간, 자연, 기술을 주제로 개최
2012	여수(대한민국)	여수세계박람회 개최(한국 두 번째 개최)
2014	오송국제바이오엑스포	생명, 아름다움을 여는 비밀
2015	이탈리아(밀라노)	지구에 식량과 생명 에너지를
2017	카자흐스탄(아스타나)	중앙아시아 최초 개최, 이슬람권 최초 개최
2021	아랍에미리트(두바이)	아랍권 최초 개최, 역대 최대 규모 엑스포, 도시 전체가 엑스포장, 최초 개최 연기

▶ 박람회의 종류 예

형태	특징	보기
농업박람회	카니발과 함께 가축, 농업생산품을 전시	아이오와주 박람회
무역박람회	기업들이 특정산업에서 최신의 발명품과 상품을 전시	자동차쇼, 전자쇼
역사박람회	유럽의 르네상스와 중세시대 거대한 박람회의 음식과 오락물을 재현	르네상스 박람회
세계박람회	각 나라의 산업과 문화를 전시	1993년 대전엑스포

▶ 전시박람회의 특징

구분	전문전시회	종합전시회	만국박람회
유사명칭	Trade show, trade fair, 상업견본시, 국제견본시, 전문전시회	Exhibition, Consumer Show, 산업견본시, 산업전람회, 국제전람회, 종합전시회	Exposition, Consumer Show, 세계박람회, 산업박람회, 국제박람회
개최 목적	개별기업의 출품, 참가에 의한 직접적 상거래 (즉석거래가 목적)	개별기업의 출품, 참가에 의한 간접적 상거래 (광고선전이 목적)	각국별 출품, 참가에 의한 인류상호 간의 이해와 복지 향상
입장자격	특정의 공통적 관심을 갖는 입장자에게 한정	일반대중, 혹은 특정 대중에게 개방	무제한 개방
개최 규모	전문박람회<종합박람회<만국박람회		
개최 빈도	매년, 격년 세계 각처에서 개최	2~3년 간격으로 세계 각처에서 개최	박람회 형태에 따라 2, 5, 10, 20년 간격으로 1개 처에서 개최
개최 기간	2주 정도	2~3주간	3~6개월간
PR, 광고, 선전	정상적인 PR, 광고, 선전활동 전개	대대적인 PR, 광고, 선전활동이 전개(실연, 콘테스트, 캠페인 등이 동원)	일체의 광고, 선전이 금지, 다만 각국별 PR만 허용
판매촉진 효과	단기적, 즉석적 효과	장기적, 즉석적 효과	장기적, 종합적 효과
판매촉진의 이니셔티브	개별 기업	개별기업, 기업의 제단체	정책적, 국가적

3. 박람회의 목적

국제박람회 협약 제1조에 의하면, 박람회는 일반 대중의 교육과 계몽을 주목적으로 하는 것으로 인류 노력에 의해 성취된 발전성과를 전시하고 미래에 대한 희망을 보여주며 새로운 발전을 추구하는 데 그 목적이 있다.

즉 한 시대가 이룩한 성과를 확인하고 미래를 전망하는 무대라 할 수 있다. 이러한 점에서 Expo는 개최국과 참가국이 국가 단위로 그 나라의 발전상과 인류사회에 공헌한 업적을 전시하고 앞으로의 발전 가능한 미래상을 전시하는 것으로 문화와 정보의 교류를 통해 인류 상호 간의 이해를 증진하고 발전을 도모하는 데 그 목적이 있다고 하겠다.

4. 박람회의 분류

현재 전 세계에 회원국을 가지고 엑스포를 주관하는 국제박람회기구(BIE)의 현행법에 따르면 박람회는 종합박람회와 전문박람회로 구분된다.

종합박람회(Universal Exhibition)는 여러 분야에서 인류의 노력으로 성취되었거나 성취될 방법과 방향을 조명하는 것을 목적으로 하고, 전문박람회(Specialized Exhibition)는 단일분야나 주제를 가지고 제품이나 기술을 전시함으로써 인류의 방향설정과 계몽을 그 목적으로 한다.

이 두 종류의 박람회는 BIE의 승인이 있어야 개최할 수 있고, 국가의 공식외교 채널을 통하여 참가국을 유치하며, 국민을 계몽하고 국가를 홍보한다는 점에서 같다.

박람회의 합리적 승인절차와 개최 간격을 제한하려는 협약이 진행되는데, BIE의 1988년도 개정협약에 따르면 국제박람회는 그 성격과 기간, 주최국의 의무사항, 개최 규모, 개최횟수에 따라 등록박람회와 공인박람회로 구분하기로 하였다.

등록박람회(Registered Exhibition)는 공식 외교절차를 통해 국가 단위로 참여하며, 광범위한 주제나 전문적 주제를 선택하여 5년 주기로 열리는 것을 기본 골격으로 한다. 또 참가국들은 독자적으로 전시관을 계획하고 건설할 수 있으며 규모에 제한이 없다.

공인박람회(Recognized Exhibition)는 공식 외교채널을 통하여 참가국을 유치하고 전시 테마가 특정되어야 하며, 등록박람회 사이에 3주에서 3개월간 1회에 한하여 개최할 수 있다.

5. 박람회와 견본시장의 차이점

한국을 포함한 선진국들의 경제사회는 지금 '성숙사회'라고 부르게 되었다. 특히 한국은 고령화와 고학력화의 진전과 국제화를 배경으로 경제적 측면에서는 생산 중심주의에서 지식 서비스를 중시하는 이른바 경제의 소프트화가 진행되고 있고, 사회적 측면에서도 물질적 만족을 추구하는 단계에서 생활의 질이 향상되는 내적 가치추구의 시대로 전환되고 있다.

상품판매가 어려운 시대라고 하는 이러한 현상으로 기업은 자사의 개성, 자사 제품의 특성을 소비자에게 명확하게 알리는 기업 이미지의 확립으로 타사와의 차별화를 강조하기 시작했다. 그 강조수단으로써 더욱 효과적인 PR 방법이 전시회인 것이다.

한마디로 전시회라고 해도 정확한 정의를 내리는 것은 유감스럽게도 지금까지 없었다. 전시장으로 부르는 일정의 장소에 상품 및 서비스 등을 진열함으로써 경제·문화 등의 교류를 도모하는 활동에는 견본시, 박람회, 전시회, 쇼, 직매전시회 등의 여러 가지가 있으나 그 정의는 명확하지 않다. 그것은 국가부흥정책의 하나로 외국에서 개최되는 전시회에 참가함으로써 우리나라 전시회의 역사가 시작되었기 때문일 것이다.

그러면 현재 사용되는 여러 가지 호칭을 다른 나라와 비교 · 정리해 보자.

먼저 이와 같은 상품 및 서비스의 진열에 의한 경제 · 문화 활동을 크게 구분하면 경제활동을 위한 견본시와 문화활동을 위한 박람회로 나누어진다. 전시회라고 하는 경우는 박람회와 견본시를 총칭하는 의미로 경제적 요소가 더 강하다.

1) 박람회(exposition, expo, public show 등)

브리태니커 백과사전에 의하면 박람회는 예술 · 과학 · 산업 등의 소산을 조직적으로 표시해서 대중의 관심을 환기하고 주로 산업의 진흥과 무역의 확대에 투자하려고 하는 것으로서 널리 각종 생산적 활동이 진보 · 향상된 것을 실례로 해서 실시하는 회의이다. 부정기적으로 개최되는 것이 많고, 업계 입장객과 일반 입장객 사이에 차이를 두지 않는다. 이런 종류의 전시회장에 출입하는 사람들의 주요 목적은 무엇을 살까 하는 것이 아니고, 지적인 계발을 자극받기도 하고 즐거움을 느끼기도 하는 것이다. 주로 경제적 의의는 전시품을 널리 알리려고 하는 점에 있다. 박람회는 국제적인 것과 총체적인 것 등 일반적으로 대규모인 것을 가리키며, 전시회의기간이 수개월에 이르는 것도 많다.

박람회 중 가장 잘 알려진 것이 만국박람회이다. 대표적인 것은 1985년 3월부터 반년간 일본 쓰쿠바 연구학원도시에서 개최된 과학기술박람회로 20세기 첨단기술을 넓은 회장에 모아 대중들에게 과학기술의 진보를 알려주는 것을 목적으로 열렸다. 우리나라 대전엑스포가 바로 이러한 유형에 해당한다.

박람회 가운데서도 소규모인 동시에 단기적인 것으로 '퍼블릭 쇼'라고 불리는 것이 있다. 또 미술품의 전시회는 특히 전람회라고 불리기도 한다.

2) 교역전(exhibition, trade show, fair 등)

박람회와 견본시의 차이점은 첫째로 박람회는 축제 요소가 강하나, 견본시는 판매자와 구매자가 전시회의장이라고 하는 동일의 장소에 모여 거래를 하기 위해 기획된다는 점이다.

견본시는 보통 1년에 1회 정도 정기적으로 열리며, 더구나 거의 동일의 장소 및 시기에 개최되고, 회기는 통상 수일에서 길게는 수주에 이른다. 개최목적은 상업이나 무역의 촉진을 위해 관계자 이외의 입장을 허용하지 않는 극히 시장적 색채가 짙은 전문가만의 견본시도 있다. 특히 퍼블릭 쇼와 구별하기 위해 교역전(무역쇼)이라고 불린다.

브리태니커 백과사전에서는 박람회 내지 견본시에 상당하는 외국어의 개념은 한국어와는 범위가 다른 것 같다. 중국에서의 박람회는 한국어 또는 일본어와 거의 같은 뜻으로, 그보다 소규모의 것은 모두 전시회라고 부른다.

미국에서는 exhibition 혹은 fair 또는 position을 거의 같은 뜻으로 사용하고 있다. 영국에서는 각각 어느 정도 정확한 의미가 있다. fair라고 말하면 거래와 교역을 주안으로 하는 것으로 한국어의 시장과 같은 의미를 담고 있고, local fair라든가 industrial fair 등으로도 사용되고 있다.

exhibition에는 국가 또는 국제적 시점이 포함된다고 하는 말도 있지만, 이것은 가축을 전시해서 매매하는 경우로 국내의 지방이나 전국적 상공업전시의 주최로 사용되는 것이 많다. 즉 전시회라는 말은 종종 견본시라는 말과 동의어로 사용된다.

6. 국제견본시장연맹

견본시장 가운데서도 뭐니 뭐니 해도 대규모인 동시에 세계 공통인 것은 국제견본시라고 부르는 것이다.

브리태니커 백과사전에 의하면 "국제견본시의 목적은 세계 각국이 각자 무역시장의 개척을 위해 신제품이나 토산품의 견본(샘플)을 모아 일정 기간, 일정 장소에 그것을 전시해서 바이어들에게 상담의 편의를 도모하는 것이다. 또 개최국의 주민에게 출품물을 통해 국력을 PR하고 국제친선도 도모하는 부수적 성과도 있다"고 설명되어 있다. 또 견본시는 상품 견본을 진열해서 선전·소개를 하지 않고 대량거래를 하는 시장이라고 설명하고 있다.

견본시장의 기원은 12세기 중엽 중부유럽 여러 나라 사이에서 시작되었지만, 급속히 발전한 것은 제1차 세계대전 후부터이다. 이때 독일의 라이프치히, 프랑크푸르트, 프랑스의 파리, 이탈리아 밀라노 등의 견본시장이 전통도 깊고 참가국도 많았다.

현재, 파리에 본부를 둔 국제견본시장연맹(International Trade Fair League)에 가맹하고 있는 국제견본시장 수는 85개라고 한다. 일본에서는 우리가 익히 알고 있는 것처럼 1953년에 제1회 국제견본시장이 大阪(오사카)에서 개최되었고, 이후 매년 도쿄와 오사카에서 번갈아 열리고 있다. 연맹에의 가맹도 1956년으로 비교적 빠르지만, 견본시장의 규모, 참가국 수, 내용, 입장자 수, 거래성립 건수 등 모두 해마다 증가 경향을 나타내고 있어 가맹견본시장의 상위를 점하고 있다.

오늘날에도 다양한 종류의 국제적 견본시가 개최되고 있으며 관계자들은 물론 일반 대중에게도 많은 관심을 얻고 있다.

사례	비엔나관광청, 한국 홍보 재개 … 만국박람회 150주년 기념 연중 이벤트

오스트리아의 비엔나관광청이 한국시장 홍보를 재개한다. 비엔나관광청 홍보 대행사인 앤서 측은 "비엔나관광청이 올해 한국을 아시아에서 가장 중요한 시장 중 하나로 보며 한국인 여행객의 방문을 적극 환영한다"고 전했다. (중략)
비엔나관광청은 만국박람회 150주년을 맞이해 2023년의 테마를 만국박람회에

서 영감을 받은 '비전과 새출발로 규정했다. 본 테마 아래 신규 시설 오픈을 포함 박람회를

기념할 수 있는 수많은 전시와 행사로 지난 만국박람회를 되돌아보는 동시에 당시 비엔나 가 글로벌 도시로서 급성장한 개발의 기운이 여전히 살아 숨 쉬는 현재 비엔나의 매력을 전한다.

황제 프란츠-요제프(Franz Josef) 1세의 통치 25주년을 기념해 1873년 5월 1일부터 10월 31일까지 개최된 비엔나 만국박람회는 세계에서 다섯 번째, 독일어권에서는 처음으로 열 린 박람회로 19세기 말 비엔나가 진정한 글로벌 도시로 발돋움하는 데 큰 역할을 했다. 행사장이 된 프라터(Prater)에는 수용인원 2만 7,000명의 원형 전시장 '로툰다(Rotunda)'가 들어서고, 좌우로 약 200동의 건물이 지어졌다. 전 세계 35개국에서 박람회에 참여했고, 반년의 개최기간 동안 약 726만 명에 달하는 방문객을 기록해 그때까지 파리, 런던에서 4차례 개최된 박람회를 능가하는, 당시 최대 규모의 박람회로 기록됐다. (중략)

당시 만국박람회 준비를 위해 비엔나의 주요 명소가 모여 있는 링 모양 구역인 링슈트라세 (Ringstrasse)에 오늘날까지도 비엔나를 대표하는 호텔, 레스토랑, 카페가 자리 잡고 있다. 동시에, 제1 비엔나 알프스 샘물 수도(Mountain Spring Pipeline)의 개통으로 알프스에서 신선한 식수를 비엔나 도시로 공급해 현재까지 이용되고 있는 수도 체계를 갖췄다. 그 외에도 5개 이상의 역과 철도노선 신규 건설 및 개수로 비엔나가 중부 유럽 철도 여행의 허브로서 대중교통을 이용한 도시 관광의 주축이 되었고, 오늘날 비엔나가 자랑하는 높은 삶의 질을 제공하는 도시의 명성을 쌓는 토대가 됐다.

또한, 이 박람회는 비엔나의 산업계가 성장하는 계기이기도 했다. 화려한 샹들리에를 비롯 해 크리스털과 유리 공예로 유명한 제이앤엘 로브마이어(J. & L. Lobmeyr), 은으로 세공한 식기, 액세서리로 유명한 야로진스키 앤 파우고인(Jarosinski & Vaugoin), 피아노 제작사 뵈젠도르퍼(Bösendorfer) 등 현재까지도 세계적인 명성을 자랑하는 비엔나산 전통 수공예 브랜드가 박람회에 참가함으로써 전 세계에 알려졌다.   [티티엘뉴스, 2023.3.6]

[발표와 토론할 주제]

10-1. 국내외 유명 전시회의 사례를 찾아 발표하시오.

10-2. 국내외 유명 교역전의 사례를 찾아 발표하시오.

10-3. 최근의 유명 엑스포의 사례를 찾아 발표하시오.

디지털 전환과 MICE산업

11 디지털 전환과 MICE산업

Chapter

제1절 ▶ 4차 산업혁명과 핵심기술

1. 4차 산업혁명이란?

스위스 다보스에서 2016년 1월에 열린 세계경제포럼에서 클라우드 슈밥 세계경제포럼 회장은 향후 세계가 직면할 화두로 '4차 산업혁명'을 언급하였다. 4차 산업혁명은 디지털 기술을 토대로, 언제 어디서나 인터넷에 접속할 수 있는 모바일 유비쿼터스 인터넷(ubiquitous and mobile internet), 모든 사물에 장착이 가능한 센서, 인간의 지능을 대신하는 인공지능 기술과 기계학습(machine learning)을 핵심으로 한다.

4차 산업혁명(The Fourth Industrial Revolution, 4IR)은 디지털 기술과 바이오산업, 물리학, 정보통신기술(ICT) 등의 기술 융합으로 창조된 혁명적 시대를 뜻한다. 즉 IT 및 전자기술 등의 등장으로 인한 디지털 혁명(3차 산업혁명)에 기초해 물리적 영역, 디지털 영역 및 생물학적 영역의 경계가 희석되는 기술융합의 시대를 의미한다.

▶ 산업혁명의 변화[1]

산업혁명 구분	시기	내용
1차 산업혁명	1784년	증기, 기계 생산
2차 산업혁명	1879년	전기, 노동분업, 대량생산
3차 산업혁명	1969년	전자, 정보기술, 자동생산
4차 산업혁명	?	사이버 – 물리 시스템

2. 4차 산업혁명의 핵심개념

4차 산업혁명은 경제와 산업 등의 분야에 지대한 영향을 미치는 다양한 신기술로 설명될 수 있다. 그 핵심기술에는 인공지능, 로봇공학, 빅데이터, 사물 인터넷과 웨어러블 디바이스, 무인 운송수단(예, 자동차, 드론 등), 3D 프린팅, 나노바이오기술 등 7대 분야를 중심으로 해서 가상현실과 증강현실 등이 있다.

1) 인공지능

인공지능(AI : artificial intelligence)은 과거 인간만이 지니고 있었던 학습의 능력과 추론능력, 지각능력 등을 컴퓨터 프로그램으로 실현하는 기술을 의미한다. 인공지능은 인간의 뇌가 가진 지능의 기능을 컴퓨터 소프트웨어를 이용하여 수행할 수 있게 하는 기술을 다루는 과학이라고 할 수 있다. 이제 단순한 기억을 넘어서 인간의 뇌처럼 습득한 지식을 바탕으로 추론하고 자연 언어를 이해하고 스스로 학습하고 시각적 판단을 할 수 있는 단계에까지 이르렀다.

인공지능이 활용되는 분야로는, 게임, 자연어 처리, 특수 정보를 통합하는 전문가 시스템, 시각적 입력자료를 이해하고 해석하고 사고하는 인공지능 비전 시스템, 수기자료 인식, 지능형 로봇, 자율주행차 등 광범위하다.

전시컨벤션에서 주로 사용되는 인공지능의 예를 든다면, 클라우드 컴퓨팅(Cloud Computing)은 행사 관련 자료와 서비스를 자유롭게 사용할 수 있도록 온라인에 조성한 공유 시스템으로, 방대한 자료를 누구나 쉽게 이용할 수 있다는 장점이 있다.

---

1) 김대호(2016), 4차 산업혁명, 서문, 커뮤니케이션북스, p.x(재인용)

라이브 스트리밍(Live Streaming)은 비대면, 하이브리드(온·오프라인 연계) 행사에서 현장 촬영영상을 온라인 플랫폼을 통해 실시간 송출하는 기술이다. 안면인식(Facial Recognition)을 활용해 행사 등록과 행사장 출입 시 불필요한 접촉 없이 참가자 신원을 확인한다. 위치 기반 서비스(Location Based Service)는 실시간 위치 정보(GPS)를 활용해 참가자 동선 정보를 파악하고 관리하는 기술이며 참가자 의전 및 수송업무에 효과적이다.

2) 로봇공학

로봇공학(robot technology)은 사회 전체의 생산성 향상을 위해 로봇이 기여하도록 하는 기술을 의미한다. 사람 모양을 한 로봇이 이미 인간의 생활에 깊숙이 활용되고 있어서 청소 등 일을 거들기도 하고 환자를 돌보기도 하고 사람과 대화하여 정서적인 상대가 되고 있다.

로봇은 활용도가 매우 높아서 많은 종류가 있다. 로봇을 용도별로 분류하면 먼저 서비스용 로봇과 제조업용 로봇, 극한작업 로봇, 기타 산업용 로봇이 있으며, 서비스용 로봇은 개인 서비스용 로봇과 공공 서비스용 로봇으로 나누어진다.

로봇은 이미 많은 컨벤션산업의 노동을 대체하고 있으며 앞으로 그 범위는 더욱 확대될 것이다. 전시·컨벤션에서 AI 자동 응답 시스템으로 챗봇(Chatbot)을 사용하는데 이것은 AI가 사전학습을 통해 참가자의 정형화된 질문에 실시간으로 대응하고 있다. 또 안내로봇(Guiding Robot)을 활용해 행사 진행 및 안내 임무를 수행하고 이동성과 다국어 안내기능을 갖춰 국제행사에서 주로 사용하며, 통역시스템(Translation System)은 웹과 앱(애플리케이션)을 이용해 온라인에서 통역·번역, 자막 서비스를 제공하면서 어떤 언어이든 관계없이 참가자 간 커뮤니케이션을 가능하게 지원한다.

3) 빅데이터

빅데이터(big data)는 문자 그대로 '많은 양의 데이터'를 말한다. 현재의 디지털 사회에서는 과거의 아날로그 환경에서 생성되던 것과 비교할 수 없을 정도로 많은 자료가 생성된다. 예를 들면 방문객이 인터넷 쇼핑몰에서 구매한 상품의 종류와 금액, 고객이 관심을 보인 상품의 종류, 쇼핑 시간 등이 기록된다. 인터넷 방문자가 구매하지 않아도 방문기록 등의 정보가 축적된다. 매일 여행자가 실제로 구매한 상품의 가격, 종류, 구매상점, 선물 등에 관한 자료가 엄청나게 생성되는데, 이러한 대량의 데이터를 총칭하여 빅데이터라고 한다. 흔히 이러한 자료는 그냥 지나칠 수 있지만, 그 안에 포함된 유용한 정보를 찾아낼 수 있다.

빅데이터는 양(volume), 속도(velocity), 다양성(variety), 기계학습(machine learning), 디지털 발자국(digital footprint) 등의 특징이 있다. 즉 자료의 양이 많다. 그리고 속도는 매우 짧은 시간에 또는 실시간으로 분석하고 활용할 수 있다. 또 빅데이터 자료는 다양하다. 여기에는 문자, 이미지, 소리, 동영상 등이 포함된다. 기계학습은 인공지능이 빅데이터에 나타난 패턴, 규칙성, 또는 특성 등을 찾아낸다. 마지막으로 디지털 자료는 스마트폰 채팅 등 디지털 교호작용의 결과, 추가적인 비용 없이 생성되는 부산물이다. 이와 같은 디지털 활동의 결과로 생성되는 자료를 디지털 발자국이라고 한다.

마이스산업에서 빅데이터는 동선, 프로그램 참여, 반응 및 평가 등 행사 참가자의 형태 정보를 수집해 분석, 행사기획, 프로그램 구성, 마케팅, 부대 이벤트 기획 등으로 가장 널리 활용되는 회의기술이다.

4) 사물 인터넷과 웨어러블 디바이스

사물(thing)과 사물(thing)을 연결하는 인터넷을 사물 인터넷(internet of thing, IoT)이라고 한다. 사물 인터넷(IoT)은 그 활용범위가 엄청나게 확대될 것으로 전망된다. 사물 인터넷을 선점하는 자가 인터넷을 통한 미래에 혁신의 아이콘이 될 것이다.

사물 인터넷은 웨어러블 장치, 스마트홈 관리, 가전제품과 자동차 관리, 개인의 건강관리(원격 의료 관리), 스마트 교통관리, 제조업과 서비스산업, 그리고 스마트 도시 건설에도 적용할 수 있다. 스마트 도시는 인터넷 접속이 언제 어디서나 가능하고 도시 내 모든 시설이 지능화된 다양한 유비쿼터스 서비스를 제공하는 도시의 개념을 나타내는 말이다.

전시컨벤션에서 사물 인터넷으로 NFC, RFID, 비콘, 웨어러블 기술 등이 사용되고 있다. NFC(Near Field Communcation)는 전시컨벤션 행사 참가자 등록 시스템과 연동해 입장을 통제하고 구매기능을 제공하는 초근접 무선통신기술이다.

RFID(Radio Frequency Identification)는 무선 주파수를 활용해 원거리 정보를 인식하는 기술이다. 각종 마이스 행사에서 참가자 등록 시스템으로 활용되고 있다. 또 이 기술은 MICE 행사 참가자의 인적 사항을 데이터화하므로 실시간으로 위치분석이 가능해 손쉽게 행사장 현장을 컨트롤할 수 있다.

비콘(Beacon)은 블루투스 기반 정보통신 시스템으로 전시나 박람회에서 방문객 동선 등 위치 정보 파악에 활용되고 있다.

사물 인터넷과 무선 근거리 통신기술을 이용하여 여행객이 방문지에 도착하면 스마트폰에서 해당 지역의 맛집, 호텔, 관광지 등 관광정보를 제공하는 것부터, 중동 아랍에미리트의 두바이처럼 도시 전체를 하나로 연결하는 스마트 기반시설이 갖추어진 스마트 도시를 구축하는 데 사물 인터넷을 크게 활용할 수 있다.

다음으로, 웨어러블 디바이스는 사람이 몸에 직접 착용할 수 있도록 만들어 놓은 인터넷을 의미한다. 사물 인터넷 장치에 손목시계처럼 줄을 부착하면 손목에 착용 가능한 디바이스, 즉 웨어러블 디바이스가 되는 것이다. 건강관리 팔찌(health bracelet), 스마트 워치, 구글 글라스, 스마트 워치 기반 간편 결제 시스템 등이 그 사례이다. 전시컨벤션에서도 이것을 이용해 행사 관련 정보를 제공하고 있다. 웨어러블 디바이스를 선점하기 위한 기업들의 경쟁이 치열하다.

5) 무인 운송수단

인간이 자동차, 열차, 선박, 항공기 등을 활용한 운송에 직접 관여하지 않고도 안전하고 정확한 운송행위가 가능하도록 하는 기술을 말한다. 무인운송기술이 발전할수록 과거 운송업무에 투여되었던 시간을 절약할 수 있게 되고, 그 사이에 인간은 다른 일을 할 수 있으므로 생산성 향상이 가능하다.

자동차는 기술의 급격한 발전과 더불어 직접 운전자 시대에서, 지금까지 개발된 전자, 인공지능기술 등이 결합하여 자율주행차로 발전하고 있다. 자율주행차(자율주행 자동차, autonomous driving car, self-driving car, driverless car, smart car)는 인간 운전자 없이 운행되는 자동차를 말한다. 세계 각국에서는 현재 주로 운행하는 탄소연료 자동차가 공해를 일으키고 또한 탄소연료 매장량이 유한하다는 한계점을 극복하기 위해 석유 자동차를 대체할 방법으로 전기자동차와 수소자동차를 개발하였다. 아직 해결해야 할 문제가 많지만 앞으로 점차 대중화될 것으로 예상된다.

드론(drone)은 '응응거리는 소리'라는 영어 단어 의미에서 나왔는데, 지금은 무인 항공기(Unmanned Aerial Vehicle, UAV)를 의미하는 말로 많이 사용된다. 무인 항공기에는 사람이 타지 않고 비행체는 지상에서 원격으로 조종된다. 드론은 4차 산업혁명의 주도적 기술은 아니고 응용기술에 해당하지만, 그 활용범위가 넓어서 4차 산업혁명 과정에서 큰 역할을 할 것으로 보이며 관련 산업이 크게 발전하고 있다.

마이스산업에서 드론은 행사장 정경과 내외부 모습을 상공에서 촬영해 제공하는 영상촬영기술, 드론 쇼 공연에 활용되고 있다. 드론의 활용 분야는 군사적 목적, 항공촬영, 수송, 농업, 우주항공, 해양, 환경기상, 재난안전, 교통 등 그 범위가 매우 넓다고 하겠다.

6) 3D 프린팅

3D 프린팅(3 dimensional printing, 3차원 인쇄)이란 컴퓨터의 3D 모델링 소프트웨어로 완성한 입체 모형을 여러 층으로 나누어 한 층씩 쌓아 올려가며 3차원의 모형을 완성하는 인쇄라는 뜻이다. 즉 x(가로)와 y(세로)축에 추가해서 z(높이)축에 따라 이동하며 인쇄하면 입체가 만들어진다는 개념을 이용한 것이다. 3D 프린팅은 과거의 생산방식보다 시간이 단축되고 비용도 절감되며 개인별 맞춤형 생산도 가능하다. 소위 개인 맞춤형 시대에 접어들면서 3D 인쇄기술을 이용하여 자신이 원하는, 자신만의 제품을 만들 수 있게 되었다. 예를 들어 나만의 음식, 나만의 집, 나에게 맞는 인체조직 등이 그것이다. 3D 프린팅 기술은 이미 식료, 의료 등의 개인적

응용을 넘어 기계장치나 부품 등의 생산분야까지 확대되는 추세에 있다.

7) 나노바이오기술

다음은 바이오기술에 나노를 접목한 나노바이오기술이다. 나노바이오기술은 생명체를 구성하는 바이오 물질을 나노미터 크기의 수준에서 조작·분석하고 이를 제어할 수 있는 과학과 기술을 지칭한다. 최근 바이오 의료기술이 크게 발전하였다. 바이오 의료기술에는 유전체를 연구하는 유전체학, 뇌와 의식의 여러 가지 측면을 이해하는 데 사용되는 모든 기술을 말하는 신경기술, 그리고 임플란트 치료와 같은 체내 삽입기술 등이 있다. 특히 체내 삽입기술은 치아 임플란트 이외에도 신장이식, 간이식, 화상환자를 위한 피부이식 등이 있으며 기타 인공와우(달팽이관 임플란트), 피임용 이식, 인슐린 펌프 이식, 심장 세동 제거기 이식 등 생체이식기술 등이 실용화되고 있으며, 이러한 기술들은 한국 의료기술의 고도화로 인해 해외관광객 유치에도 활용될 수 있다.

8) 가상현실과 증강현실

가상현실(VR : virtual reality)이란 실제로는 현실이 아니고 가상이지만 현실처럼 느껴지는 것을 말한다. 흔히 영화에 나오는 장면들이 마치 현실에서 발생하는 것처럼 착각이 들기도 하는데, 전자제품 판매장에는 이렇게 가상현실을 체험하게 하는 매장들이 생겨서 그것들을 체험해 볼 수 있다.

가상현실은 '어떤 상황이나 환경을 컴퓨터를 통해 그것이 마치 실제처럼 느끼게 하는 인간과 컴퓨터 사이의 인터페이스'를 말한다. 요즘은 가상의 시각 체험에서부터 가상의 맛, 가상의 냄새, 가상의 소리, 가상의 촉각도 만들어내기에 이르렀다. 2016년 7월에 포켓몬고(Pokemon Go) 게임[2]이 세계의 주목을 받았다.

---

2) 포켓몬고 게임은 2016년 7월 6일부터 미국, 오스트레일리아, 뉴질랜드, 독일, 영국 등에서 출시된 후 큰 돌풍을 일으켰다. 우리나라는 포켓몬고 출시 제외 지역으로 분류되었으나 강원도 속초, 울릉도 등 일부 지역에서 게임이 가능하다는 사실이 알려지면서 속초행 버스가 매진되는 등 엄청난 열풍이 일었다.

가상현실의 응용분야는 매우 다양한데, 자동차 운전교육, 항공기 조종사 훈련, 3차원 해부도 및 시뮬레이션, 모의수술, 가상 내시경 등의 교육적 목적에 사용되며, 스포츠 분야에서는 VR 패러글라이딩, 각종 VR 스포츠 체험 등이 있다.

한편, 증강현실(AR : augmented reality)은 눈에 보이는 것들이 가상의 이미지와 현실이 섞여 있는 것이라고 할 수 있다. 증강현실은 보통 스마트폰을 이용하는데, 체험자가 자유롭게 움직이면서 체험할 수 있다. 예를 들면 포켓몬고 게임에서 게임플레이어는 스마트폰에 나타난 영상(가상)뿐만 아니라 자신이 실제로 있는 현실도 보는 상황에서 게임을 하는 것이다.

제2절 ▶ 기술혁신과 서비스의 발전

기술 특히 정보통신기술이 컨벤션산업에 미치는 영향은 매우 크다. 오늘날 세계화와 함께 기술 혁신은 모든 산업에 영향을 주는 가장 중요한 추세로 자리 잡고 있다.

1. 새로운 서비스 기회

최근 서비스혁신을 가져온 기본적인 동력이 기술이라는 사실을 부인할 수 없다. 보이스 메일, 콜센터, 자동응답시스템, ATM 기기, 그리고 4차 산업혁명으로 인한 변화 등으로 인한 서비스는 기존과는 다른 양상을 띠고 있고 정보통신기술이 서비스 마케팅에 엄청난 영향을 미치고 있다.

특히 인터넷 사용자의 급증으로 새롭고 다양한 서비스가 무수히 나타나고 있는데, 아마존, 구글, 이베이 같은 인터넷 기반 기업들은 전에 없던 서비스를 제공하고 있고 또한 상상할 수 없던 수많은 애플리케이션 서비스를 스마트폰을 통해 제공하고 있다. 월스트리트 저널을 비롯해 일부 신문사들은 고객들이 자신의 선호도와 필요에 맞게 신문기사를 구성할 수 있는 쌍방향 신문지면을 제공하고 있다.

새로운 기술로 새로운 서비스가 탄생하고 있다. 모바일과 차량이 결합한 서비스로, 커넥티드 카(connected car)는 운전자에게 특정 장소를 안내해 주는 내비게이션을, 차체 내장 시스템에서 선호하는 소매점이 근처에 있는 경우 쇼핑 정보를 운전자에게 제공하고 있다. 여행 중에는 일기 예보 서비스, 전방 경고 서비스, 근처 호텔예약, 식당 추천과 예약까지 할 수 있다. 의료기술 분야에서는 원격 진료 및 처방전 제공 그리고 수술까지 가능하다.

또한, 기술은 제조기업의 서비스화를 이끈다. GE(제너럴 일렉트릭)는 항공 엔진, 전력 등 기존 사업에 소프트웨어 기술을 결합해 디지털 서비스기업으로 변신하고 있다. 캐터필러(caterpillar)는 사물 인터넷(IoT) 기술을 활용해 원격으로 장비를 조정하며 인터넷을 통해 고객에게 양질의 정보와 서비스를 제공하고 있으며, 제품이 판매 후에 어떻게 활용되고 소모되고 있는지를 모니터링하고 예측 정비를 통해 서비스 부품을 판매하는 등 가동률을 높이는 비즈니스 모델을 바꾸고 있다.

2. 서비스 제공방식의 변화

새로운 기술은 고객에게 더 쉽고 더 편리하고 더 생산적인 방식으로 기존의 서비스를 제공할 수 있게 한다. 기술은 기본적인 고객서비스 기능(대금 지급, 질문, 계좌기록 체크, 주문 추적), 거래(소매업 또는 B2B), 그리고 학습 및 정보탐색 등을 제공한다. 기술에 따라서 대면접촉 서비스는 쌍방향 음성응답 시스템으로, 이어서 인터넷 기반 서비스로 그리고 또 무선서비스로 변모하였다. 그러나 아이러니하게 이러한 방식을 한 바퀴 돌아서 다시 원점인 대면접촉서비스로 돌아가는 기업들도 많다.

또한, 기술은 구매를 위한 직접적인 수단을 제공하여 거래를 쉽게 한다. 그 대표적인 예는 인터넷뱅킹이다. 그리고 기술의 발전은 많은 B2B 기업 서비스의 거래와 제공방법을 변화시켰다. 예를 들면 세계적 거대네트워크 1위 기술기업인 시스코시스템즈(Cisco Systems)는 온라인으로 주문을 받고 서비스를 제공한다.

한편으로 기술 특히 인터넷은 고객들이 정보를 찾거나 배울 수 있으며 또한 서로 협력할 수 있는 가장 쉬운 방법이 되었다. 예를 들어 현재 2만 개 이상의 웹사이트가 건강 관련 정보를 제공하고 있으며, 이런 사이트를 통해 질병, 의약품, 진료 문제 등에 대한 답변을 얻을 수 있다.

3. 고객과 직원을 효과적으로 지원

기술은 직원과 고객 모두에게 서비스를 더 효과적으로 제공하거나 받게 한다. 고객은 셀프서비스 기술을 사용해 자신들의 욕구를 더 효과적으로 충족시키고 있다. 은행직원의 도움 없이 온라인 뱅킹, 온라인 쇼핑, 인터넷과 스마트폰을 통해 가능한 수많은 서비스 도구들이 끊임없이 소비자의 삶을 변화시켜 왔다. 소셜미디어를 통해 고객과 기업은 소통하고 협동할 수 있다.

기술은 직원이 서비스를 더욱 효과적이고 효율적으로 제공할 수 있게 한다. 고객 관계 관리(CRM)나 판매지원 소프트웨어는 일선 직원이 더 나은 서비스를 제공하도록 지원하는 기술이다. 직원은 이러한 기술들을 즉각적으로 활용해 제품, 서비스, 고객정보에 접근함으로써 더 나은 고객서비스를 제공할 수 있다.

4. 서비스의 전 세계적 확장

기술은 이전에는 접근하기 불가능했던 세계 곳곳의 고객들에게 서비스가 도달할 수 있게 한다. 인터넷 자체는 경계가 없으므로 인터넷에 접속할 수만 있다면 어디서든지 정보, 고객서비스, 거래 등에 접근하는 게 가능하다. 화상회의 등을 통한 기술은 또한 직원들이 국제적으로 소통하는 것을 가능하게 해준다. 손쉽게 정보를 공유하고 질문과 답변을 주고받을 수 있고 물리적인 제약을 넘어서 가상 팀도 운영할 수 있다. 더 나은 기술을 습득한 기업은 전 세계로 서비스를 확장할 수 있고 언제 어디서든 서비스 생산이 가능해졌다.

제3절 ▶ 디지털 전환과 컨벤션산업

1. 디지털 전환

1) 디지털 전환의 개요

최근 기업들은 자사 제품에 사물 인터넷(IoT), 인공지능(AI), 빅데이터 등의 다양한 정보통신기술을 접목하여 기존 서비스를 혁신하고 경쟁력을 확보하기 위해 노력하고 있는데, 이러한 모든 행위를 통틀어 '디지털 전환'이라고 부른다. 디지털 전환 (Digital Transformation, DT 또는 DX)은 기업이 새로운 비즈니스 모델과 제품, 서비스를 창출하기 위해 디지털 역량을 활용함으로써 시장 환경의 변화에 적응하는 프로세스이다. 이는 기업이 디지털과 물리적인 요소들을 통합하여 비즈니스 모델을 변화시켜 산업에 새로운 방향을 정립하는 것이라고 말할 수 있다. 디지털 전환의 대표적인 사례는 GE(General Electric)와 아디다스가 있다.

2) 디지털 전환의 원동력

디지털 전환이라는 새로운 패러다임을 가능하게 한 원동력 가운데 가장 대표적인 3가지를 보기로 한다.

첫째, 디지털 용량의 증가이다. 현재 우리 사회는 거의 모든 것이 디지털화되어 있다. 노트북이나 컴퓨터에 무엇인가 다운을 받으려면 용량 문제가 크게 걸림돌이 된다. 그런데 기술의 혁신적인 발전으로 반도체 메모리칩의 성능, 즉 메모리의 용량이나 CPU의 속도 등 기술이 크게 개발되었다. 디지털 저장 매체의 출현 및 저장 용량의 기하급수적인 증가로 디지털 전환이 더욱 쉬워지게 된 것이다.

둘째, 커뮤니케이션의 상호작용성이다. 상호작용성의 핵심은 소비자들이 커뮤니케이션 프로세스에 참여하는 것이다. TV 시청에는 채널변경이나 소리변경 등 제한적인 상호작용이 이루어지나, IPTV(Internet Protocol TV)의 경우, 주문형 비디오는 물론 정보검색이나 쇼핑, VoIP(Voice over Internet Protocol) 등 인터넷 서비스를 부가적으로 제공해 사용자와 쌍방향적 커뮤니케이션이 가능하다. 즉 소비자는 수신자 역할을 떠나 발신자 역할까지 할 수 있게 된다. 이렇듯 디지털 기술에 힘입은 상호 확장성의 확장은 스마트폰이나 스마트TV와 같은 제품을 나오게 하였고 금융, 교육, 광고, 방송, 행정, 여행이나 마이스산업 등과 같은 부문에 널리 활용됨으로써 디지털 혁명을 가속하는 원동력으로 작용하였다.

셋째, 디지털 컨버전스이다. 디지털 컨버전스(digital convergence)는 디지털 기술을 바탕으로 기기와 기기, 기기와 콘텐츠, 콘텐츠와 콘텐츠가 융합되어 새로운 형태의 산업과 가치를 창출하는 현상을 말한다. 즉 매체 간의 융합과 그에 따른 콘텐츠의 융합을 가져와, 매체 환경의 변화를 불러왔으며 TV, 라디오와 신문, 컴퓨터, 전화기 등이 통합된 기기들이 하드웨어의 융합을 실현해 사용자들은 이전에는 생각하지 못했던 새로운 가치를 경험하게 되었다. 최근에는 매체와 매체 간의 융합에서 한 걸음 더 나아가, 매체와 다양한 기기 간에 서비스 결합이 이루어지고 있다. 이렇듯 오늘날의 디지털 컨버전스 현상은 혁신적으로 그리고 매우 빠르게 전개되고 있다.

2. 디지털 여행자

디지털 마케팅이란 디지털 기술을 마케팅에 접목하여 고객과의 양방향 소통과 상호작용을 실현함으로써 고객과 지속적인 관계를 유지하고 발전시키는 새로운 형태의 마케팅이다. 또 고객과의 긴밀한 관계 구축 및 유지에 도움을 주는, 통합적이고 목표에 표적화되며 측정이 쉬운 커뮤니케이션을 창출하기 위한 디지털 기술을 사용하는 기법이다.

기술의 급격한 발달과 다양한 디지털 매체들의 등장으로 컨벤션 소비자는 점차 디지털 여행자(Digital Traveller)로 변화하고 있다. 회의참석을 위한 여행정보를 얻는 데는 노트북이나 스마트폰 등을 이용해 유튜브, 인스타그램 등의 소셜미디어를 찾고, 호텔이나 식당, 관광지 등 현지 정보는 트립어드바이저 같은 플랫폼에서 얻고, 체류할 숙박장소는 에어비앤비나 호텔스닷컴 등 숙박OTA(Online Travel Agency)를 통해 해결한다. 디지털 여행자의 정보탐색에 정보통신기술(ICT)이 중요한 역할을 하고 있다. 항공, 차량 등 교통수단 검색과 예약도 ICT 활용이 필수적이다.

기업의 자체 데이터 구축은 필수적이지만, 그러나 소비자의 만족도와 같은 정성적 정보는 AI나 빅데이터로 정확히 파악할 수 없다. 데이터를 통해 고객이 찾은 상품 및 서비스, 숙소, 식당, 체재시간 등은 알 수 있지만, 만족도는 알 수가 없다. 그러므로 정량적인 데이터뿐만 아니라 그 지역의 상세하고 정성적인 정보도 반드시 활용해야 한다.

3. 디지털 전환과 컨벤션산업의 변화

1) 전시컨벤션센터3)

디지털 전환 시대에 전시컨벤션센터들의 변화 노력은 끊임이 없다. 디지털 인프라를 확충하려는 전시컨벤션의 시도는 국내외를 막론하고 마찬가지이다. 시설 규모에 관계 없이 전방위로 빠르게 디지털화, 온·오프라인을 연계한 하이브리드화가 진행되고 있다. 방송국 수준의 영상 촬영 장비를 갖춘 하이브리드 스튜디오를 조성하거나 간단한 화상회의용 콤팩트 스튜디오를 조성하는 곳도 있다.

(1) 코엑스(COEX)

코엑스는 마이스 테크 기업으로 변신하려 노력하고 있다. 2020년부터 디지털 미디어 존, 버추얼·하이브리드 이벤트 플랫폼 등 디지털 인프라를 늘려온 코엑스는 2021년 6월 디지털 이벤트 서비스 사업을 확장하며 기술회사로 변신을 공식화하였다. 4개 전시홀 입구와 로비 난간 등 22개소에 고해상도 LED 스크린을 설치했다. 모바일 화면에 익숙한 MZ세대에 맞춰 세로형 스크린을 설치한 '엑스파이'는 영상과 음향을 동시에 송출할 수 있어 행사와 연계한 미디어 쇼 연출이 가능하다.

---

3) 본 사례는 한경MOOK, pp.138-143에서 발췌·요약하였음.

또 온·오프라인을 결합한 하이브리드 이벤트 솔루션 '코엑스 라이브' 서비스를 시작하여 코엑스에서 열리는 국제회의나 세미나, 전시·박람회 현장을 실시간 웹으로 생중계하는 서비스이다. 그리고 AR(증강현실)기술을 이용한 체험형 서비스인 AR 포털을 선보였는데, 이것은 실제 행사 현장에서는 구현하기 어려운 시설과 제품을 AR을 이용해 구현하는 가상 체험서비스이다.

2021년에 문을 연 스튜디오159는 첨단 방송과 조명, 음향 장비를 갖춘 하이브리드 스튜디오다. 코로나19 이전에 소극장으로 사용하던 아트홀을 6개월에 걸쳐 방송국 스튜디오급 설비를 갖춘 최첨단 시설로 개조했고 대형 500인치 커브형 LED 스크린을 통해 각종 포럼과 세미나 등 컨벤션 행사가 열릴 때 현장 모습을 바로 방송으로 생중계할 수 있다.

(2) 킨텍스(KINTEX)

경기도 고양시에 소재한 킨텍스는 코로나19 때 비대면 온라인 행사가 늘자 회의장에 상설 무대 형태의 스튜디오를 설치했다. 2020년 10월에 전국 전시컨벤션센터 가운데 최초로 하이브리드 이벤트 스튜디오를 열었는데, 이 스튜디오에는 방송국 스튜디오 수준의 첨단 방송 및 영상 장비를 갖추었다. 또 와이드 영상을 구현할 수 있는 대형 LED 스크린은 온라인에서 열리는 포럼, 세미나 등 행사 특성을 반영해 3분할 영상 송출이 가능하도록 설계했다.

그리고 크로마키 스크린, 홀로그램·VR 영상 등 특수방송 촬영 장비와 함께 안정적 온라인 중계를 위한 웨비나[4] 전용 플랫폼도 마련했다. 그동안 스튜디오에서는 DMZ 포럼, 대한민국 기본소득 박람회, 고양 데스티네이션 위크, 세계 디아스포라 네트워크 포럼 등 굵직한 컨벤션 행사를 하이브리드 방식으로 개최했다.

(3) 미국 에너하임 컨벤션센터(Anaheim Convention Center: ACC)

미국 에너하임 컨벤션센터는 하이브리드 행사 운영에 필요한 시설과 장비, 인력

---

4) 웹 사이트에서 진행되는 세미나를 이르는 말. 각자의 컴퓨터를 사용해 참여 가능하므로 비용을 줄일 수 있고, 공간을 효율적으로 사용할 수 있다.

이 모두 포함된 패키지 프로그램인 하이브리드 턴키 솔루션을 내놓았다. 하이브리드 턴키 솔루션은 온·오프라인이 결합한 하이브리드 행사를 지원하는 '모바일 스튜디오 솔루션'과 온라인으로 열리는 가상 행사를 지원하는 '오프사이트(Off-site) 스튜디오 턴키 솔루션' 두 가지이다. 주최자는 준비 중인 행사의 콘셉트와 규모에 따라 두 솔루션 가운데 적절한 타입을 선택할 수 있다.

미국 에너하임 컨벤션센터는 솔루션에 포함된 장비와 시설 정보를 상세하게 제공해 초보자도 쉽게 이해하고 활용할 수 있도록 편의성을 강조하였다. 상품은 카메라 앞에 서는 연사 수에 따라 세 가지로 나뉘며 이용요금은 시간 단위로 부과한다.

또 모바일 스튜디오는 연사 수에 따라 형태가 달라지는 맞춤형 디지털 무대 배경과 라이브 스트리밍, 방송, 최신 영상·음향 장비, 조명, 타이머, 큐라이트(작동 신호 조명), 녹화 등 장비와 서비스로 구성하였다. 이동이 가능한 모바일 스튜디오는 에너하임 컨벤션센터 내에서 거리가 떨어진 행사장을 오가며 하이브리드 행사를 열 수 있다.

(4) 영국 엑셀 런던(ExCel London)

영국 엑셀 런던은 시청각 효과를 극대화한 '하이브리드 스튜디오'를 선보였다. 엑셀 런던 메인 이벤트홀에 들어선 하이브리드 스튜디오는 중소 규모 행사용으로 조성되었다. 이 스튜디오는 무대와 배경, 영상, 조명, 음향 등을 한 번에 제공하는 '턴키(Turnkey) 방식'으로 운영하지만, 주최자가 원하는 형태로 조정이 가능하도록 유연성을 강조하였다. 무대는 코로나19와 같은 거리 두기 방영 기준을 적용했을 때 최대 30명이 설 수 있도록 디자인하였고 영상 촬영과 송출 등 스튜디오 장비 운영에 필요한 전문인력도 제공한다.

하이브리드 스튜디오 패키지에는 주최자 편의시설과 서비스도 포함된다. 스튜디오 인근에는 주최자 사무실과 창고, 휴게 공간 등 지원시설을 조성했다. 맞춤형 온라인 행사 참가자 데이터를 주최자에게 제공하는 데이터 서비스도 패키지에 추가하였다.

(5) 싱가포르 엑스포 컨벤션전시센터(Singapore Expo Convention & Exhibition Center: SinEx)

1999년 설립된 싱가포르 엑스포 컨벤션전시센터(줄여서 싱엑스)는 연간 600건 이상의 행사가 열려 600만 명이 넘는 참관객이 방문했다. 그러나 코로나 펜데믹 시절에는 대면 행사가 불가능하게 되면서 시급히 하이브리드 행사개최에 필요한 디지털 설비 확충에 나섰다.

싱가포르 엑스포 컨벤션진시센터의 하이브리드 시설은 Flex(플렉스)와 Apex(에펙스)로 나뉜다. Flex(플렉스)는 방송 스튜어드 형태의 소회의실 여러 개를 모아 놓은 빌딩이다. 행사 성격과 규모에 따라 모듈러 블록 시스템을 통해 적절한 행사장 형태와 규모를 선택할 수 있다. 수용인원은 20명에서 250명으로 행사 성격에 따라 극장식, 세미나식 등 좌석 배치를 다르게 할 수 있다. 이 센터는 Flex 입구 디지털 마이스 커뮤니티 공간에 QR코드 방식의 명함 교환기능을 추가하였고 인터넷 환경을 개선하기 위해 초고속 와이파이 설비를 보강했다.

Apex(아펙스)는 1만 6천㎡ 규모의 행사장 내에 어디서나 전자기기 사용이 가능한 환경을 갖춘 플러그 앤 플레이(plug and play) 홀로 조성하였고, 홀 전면에 들어선 상설무대에는 3~5개의 화면 분할기능을 갖춘 대형 스크린을 설치하였다.

(6) 오스트리아 메세 빈 전시콩그레스센터(Messe Wien Exhibition & Congress Center)

2021년 설립 100주년을 맞이한 오스트리아 빈의 메세 빈 전시콩그레스센터는 190㎡ 규모의 방송 특화형 스튜디오를 구축하였다. 이것은 36㎡짜리 커브형 4K LED 백월에 각종 방송 장비와 가구가 포함된 방송 스튜디오다. 메세 빈 전시콩그레스 센터는 이 스튜디오를 알리기 위해 홍보 영상을 스튜디오에서 직접 촬영하기도 했다.

영상 촬영을 고려하지 않고 오프라인 행사 위주로 연사를 배치해 천편일률적인 영상만 송출하는 현재 행사의 한계를 극복하기 위해, 그리고 다양한 카메라 워크를 고려하지 않는 영상 촬영으로 인해 온라인 행사 참가자의 몰입도를 떨어뜨리는 요인으로 지목되었던 단점을 극복하기 위해, 메세 빈 스튜디오는 거리 측정기술을 이용해 영상 촬영에 최적화된 연사 위치를 설정할 수 있게 하였다.

(7) 호주 멜버른 컨벤션전시센터(Melbourne Convention and Exhibition Centre = MCEC)

호주 멜버른 컨벤션전시센터는 매년 1,000개 이상의 맞춤형 이벤트를 개최한다. MCEC는 유연한 공간, 혁신적인 메뉴, 최첨단 기술 및 전담팀을 제공하여 잊을 수 없는 경험을 제공할 수 있도록 지원하고 있다.

MCEC는 코로나19 때 도시 봉쇄조치가 262일간 이어지면서 이 기간에 MCEC에서 열릴 예정이었던 대면행사가 모두 연기되거나 취소되었다. 그래서 2021년 8월부터 'MCEC 가상 행사 솔루션'을 도입하였다. 온·오프라인 동시에 행사를 진행할 때 필요한 스튜디오 배경과 조명, 가구, 프레젠테이션 관리기능이 포함된 하이브리드 지원 서비스이다. MCEC는 가상 행사 솔루션에 1996년부터 축적해 온 행사지원 경험과 고성능 디지털 플랫폼의 장점을 결합하여 다양한 행사 형태와 규모에 맞춰 적용이 가능하게 기능의 유연성도 최대한 고려하였다고 한다.

또 온라인 대담 행사용 '프레스룸 스튜디오'와 대규모 하이브리드가 가능한 '클래런던 오디토리움 스튜디오'를 선보였다. 두 스튜디오에는 원격으로 연결한 게스트와 발표자 화면이 실시간 전환되는 기술과 고화질 방송 카메라, LCD폴드백 모니터, 크리스털 클리오 오디오 시스템 등 최고 사양의 방송 영상 음향 장비가 총동원되었다.

[발표와 토론할 주제]

11-1. 전시컨벤션에서 주로 사용되는 인공지능의 예를 (어느 컨벤션에서 어떤 인공지능을 사용하는가) 찾아서 발표하시오.

11-2. 전시컨벤션에서 주로 사용되는 로봇공학의 예를 (어느 컨벤션에 어떤 로봇공학을 사용하는가) 찾아서 발표하시오.

11-3. 전시컨벤션에서 주로 사용되는 사물 인터넷과 웨어러블 디바이스의 예를 (어느 컨벤션에 어떻게 사용되고 있는가) 찾아서 발표하시오.

11-4. 전시컨벤션에서 주로 사용되는 무인운송수단과 3D프린팅 등의 예를 (어느 컨벤션에 어떻게 사용되고 있는가) 찾아서 발표하시오.

11-5. 디지털 전환이 MICE산업에 미치는 영향에 대해 조사하고 발표하시오.

CHAPTER **12**

연회서비스

Chapter
12 연회서비스

1. 연회의 정의

연회 식음료서비스란 연회가 이루어질 수 있는 호텔연회장이나 식당 또는 기타 장소에서 각종 연회를 상황에 맞게 운영하기 위해 제공하는 모든 서비스를 말한다.

연회서비스는 식당서비스와 달리 제공될 메뉴, 인원수, 가격 등이 미리 정해지고 거의 확정된 Function에 의해 식음료뿐 아니라 필요한 장비 비품 준비와 같은 기타 연출과 함께 이루어지기 때문에 계획을 가지고 지배인의 지휘 아래 수준높은 서비스를 원활하게 제공할 수 있다. 따라서 철저한 사전의 준비와 관련 부서와의 협조가 잘 이루어져 조화를 이룬다면 성공적인 연회행사를 운영할 수 있다.

격조 높고 세련된 연회서비스를 위해 연회 식음료의 진행과 실제에 대해서 알아보고 원활한 이해와 TPO(Time, Place, Occasion)에 맞는 서비스를 제공함으로써 고객만족과 감동을 드리는 서비스 연출이 필요하다. 여기서는 연회를 제공하는 입장에서 연회서비스에 대해 설명하고자 한다.

2. 연회의 의의

과거 특수계층의 전유물로 인식되던 호텔에서의 각종 연회 행사가 최근에 라이프 스타일의 획기적인 전환에 힘입어 대중화되기 시작하였다. 이러한 배경은 먼저 국민경제의 규모 팽창에 따른 가처분소득 증가로 인해 생활의 풍요로움에서 여유를 갖고자 하는 욕구로 볼 수 있다. 교육 수준 및 국민의 의식 수준 향상과 핵가족화, 맞벌이 부부 증가, 딩크족, 미시족들의 증가 또한 외식산업분야의 비약적인 성장과 발전의 계기를 마련하였다.

▶ 연회

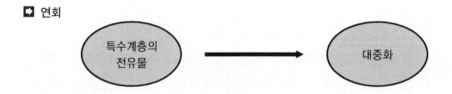

3. 연회의 분류

연회는 분류하는 기준에 따라 다양하게 나눌 수 있다.

1) 기능별 분류

① 식사 판매를 목적으로 한 것 : Breakfast, Luncheon, Dinner, Cocktail party, Buffet, Tea party 등
② 장소 판매를 목적으로 한 것 : Exhibition, Fashion show, Seminar, Meeting, Conference, 상품설명회, Press meeting, 강연회, 간담회, 연주회 등

▶ 준비에 따른 분류

준비내용에 따른 분류	찬 뷔페	• 더운 여름이나 무도회 • 제한된 요리의 양 • 가격이 표시되어 있음 • 칵테일 파티의 형태	더운 뷔페	• 가족 파티에 많이 제공 • 만찬 형태의 행사

2) 서비스 유형에 따른 분류

(1) 테이블서비스 파티(Table service party or Dinner party)

연회행사의 종류 중 가장 품격 있고 격식을 갖춘 연회로서 사교적 모임이나 비즈니스 관계 또는 국제적인 행사 그리고 어떤 중요한 목적이 있을 때 개최하는 연회이다.

테이블 서비스연회에서는 요리의 코스도 5가지나 8~9코스까지 제공되며 이것을 full course dinner 또는 table d'hôte라고도 한다.

① **정식연회메뉴**(table d'hôte menu) : 정식메뉴는 정해진 순서에 따라서 제공되는 메뉴로서 고객은 그 메뉴 내용이 구성하고 있는 각각의 요리품목을 주문할 필요가 없다. 즉 정해진 가격에 의해 정해진 순서대로 제공되는 요리를 말한다. 정식메뉴는 풀코스 메뉴(full course menu)로 제공되는데, 대체적으로 1회분으로 구성되어 있고, 값이 약간 비싼 만큼 품질도 우수하다.

중세시대 식당에는 'Table Master'라고 하는 식탁에서 주인이 손님과 함께 식사를 했다고 하는데, 이처럼 주인과 손님이 같은 식탁에서 식사하던 것을 "table d'hôte"라고 하였다. 이 풀 코스는 중세시대에는 대단히 복잡한 코스로 구성되었으나, 현대에 와서는 비슷한 요리를 통합하여 3코스, 5코스, 7코스, 9코스 등으로 이루어지고 있는데, 대부분 7코스 메뉴가 가장 보편적이면서 품위가 있다. 보통 전채 → 수프 → 생선 → 주요리 → 샐러드 → 후식 → 음료 등으로 순서가 이어진다.

현대인의 감각으로 볼 때 정식메뉴만으로는 고객의 욕구를 만족시켜 주지 못할 수도 있으며, 또한 대부분의 레스토랑은 정식메뉴만을 고집하여 판매하지는 않는 실정이다. 정식메뉴와 비슷한 Daily Special Menu가 있는데, 이 메뉴는 매일매일 주방장이 준비하여 내는 메뉴로서 고객들의 다양한 기호에 맞추어 양질의 재료, 저렴한 가격, 때와 장소, 계절감각에 맞게 짜서 고객에게 매일 변화 있는 메뉴를 제공하는 것이다.

② **일품연회메뉴**(à la carte menu) : 일품연회메뉴란 고객의 기호에 따라 한 품목씩 자유로이 선택하여 먹을 수 있는 차림표를 말하는데, 이것을 일품연회메뉴 또는 표준차림표라고도 한다. 한 품목씩 가격이 정해져 있어 고객이 선택한 품목의 가격만큼 지급하면 된다.

일품연회메뉴는 식당의 주된 차림표로서 그 구성은 가장 전통적인 정식식사의 순서에 따라 각 순서마다 몇 가지씩 요리품목을 명시한 것으로, 현재 각 식당에서 사용하는 메뉴는 일반적으로 거의 다 일품요리 메뉴이다. 이 메뉴는 한번 작성되면 장기간 사용하게 되므로 요리준비나 재료구입 그리고 조리업무에 있어서 단순화되어 능률적이라 할 수 있으나, 원가상승에 의해 이익이 줄어들 수도 있고, 단골고객에게는 신선한 매력이나 맛을 느낄 수 없어 판매량이 줄어들 수 있으므로 고객의 호응도를 고려해 새로운 메뉴계획을 꾸준히 시도해야 한다.

일품요리의 메뉴는 정식요리의 메뉴에 비해 다음과 같은 특징이 있다.

• 가격이 정식메뉴보다 비교적 비싼 편이다.

• 고객의 기호에 따라 다양하게 메뉴를 선택할 수 있다.

• 제공되는 요리품목의 메뉴 구성이 다양하다.

(2) 뷔페파티

뷔페란 참석인원 수에 맞게 뷔페 테이블에 각종 요리를 큰 쟁반이나 은반에 담아 놓고 서비스 스푼과 포크 또는 tongs를 준비하여 고객들이 적당량을 덜어서 식사할 수 있도록 하는 파티를 말하며, 고객이 일정한 요금을 지급하고 기호에 따라 준비된 음식만 골라 마음껏 즐길 수 있는 셀프서비스(self-service) 방식의 연회 식사메뉴이다.

① 준비내용에 따른 분류

• 찬 뷔페(Cold Buffet) : 찬 뷔페는 더운 여름이나 무도회 때 주로 이용되는 뷔페로서 요리의 양이 제한되어 있고, 반드시 메뉴에 가격이 표시되어 있으

며, 칵테일 파티의 형태와 같다.

- 더운 뷔페(Hot Buffet) : 더운 뷔페는 대부분 연회행사의 가족 파티에 많이 제공되며, 한꺼번에 많은 고객을 유치할 수 있는 장점이 있다. 기호에 따라서 양껏 먹을 수 있고, 다양한 요리를 제공하므로 만찬형태의 행사로 행해지며(회갑, 각종 회사의 공식행사 등) 비중 있는 파티에 많이 제공된다.

② 형태상 분류

- Open Buffet : 일반 뷔페레스토랑에서 취하는 방식으로 기호에 따라 양껏 먹을 수 있고 일정한 금액을 지급하는 형태로 대부분 호텔의 상설 뷔페가 이에 해당된다.
- Closed Buffet : 대부분 연회행사에 적합한 형태로 한, 양, 일, 중식, 복합, 칵테일 등 다양한 연회행사를 특정 장소에서 예약한 금액에 의한 손님의 수에 따라 음식이 제공된다.

(3) 장소별 분류

① **연회장 파티**(In house party) : 연회장에서 식사하거나 장소를 대관하여 사용하는 가장 기본적인 형태의 파티이다.

② **출장파티**(Out side catering) : 연회사업 중 가장 각광받고 크게 번창하는 분야가 바로 출장연회로서 가족 모임이 다양해짐에 따라 출장연회의 시장은 점점 넓어지고 있다. 대표적인 출장연회의 형태는 결혼피로연, 생일파티, 기타 가족 모임 등의 개인적인 모임과 기업체에서의 사무실 이전, 개업축하연, 귀빈 방문, 무역박람회 등이 있다.

③ Garden party(Enteraining in the open air) : 현대 산업사회의 복잡함에 염증을 느끼며 사는 현대인들은 무언가 색다른 새로운 공간을 찾고 있다. 그러므로 옥외 파티를 위한 음식은 항상 신선하고 간단한 재료를 이용하여 만들어져야 하며, 대표적으로 바비큐 가든파티, 피크닉 파티 등으로 구분할 수 있다.

④ 포장(Take out) : 연회 음식을 포장해 가는 형식으로서 일식 도시락이 대표적인 메뉴이다.

(4) 목적별 분류

① 가족 모임(Family party) : 호텔행사의 70% 이상을 차지하는 가족 모임은 결혼, 약혼, 회갑, 칠순, 돌 등의 생일모임 등이 있으며, 생일모임의 경우는 계절을 정해서 하는 행사가 아니므로 비수기 호텔경영에 큰 도움이 된다.

② 회사 행사 : 회사 행사에는 이·취임식 파티, 행사 파티, 개점파티, 창립기념 파티, 신사옥 낙성 파티 등이 있다.

③ 학교 관계 파티 : 학교 관계 파티는 졸업파티, 사은회, 동창회, 동문회 등이 있으며, 한 해를 마감하고 준비하는 의미로 개최되므로 대부분 12, 1, 2월에 열린다.

④ 정부 행사 : 국빈 행사, 정부 수립 기념연회, 기타

⑤ 협회 : 국제회의, 심포지엄, 정기총회, 이사회

⑥ 기타 : 신년하례식, 송년회, 전시회, 국제회의, 기자회견, 간담회, 이벤트

(5) 요리별 분류

① Western Course Menu : 양식메뉴는 전채→요리수프→생선→육류요리→야채→후식→음료의 코스로 서브되며, 격식 있는 연회행사에 일반적으로 준비되는 메뉴이다. 한식이나 중식에 비교해 비교적 조리 및 서브가 간단하고 사용되는 기물이 적으므로 호텔 예식 등의 대형행사에서 주로 이용된다.

② Korean Course Menu : 연회장의 한식은 향토색이 짙고 맛이 강한 음식보다는 대부분 깔끔하고 부드러운 음식들로 준비되기 때문에 연세가 많은 분이 많이 참석하는 회갑, 팔순 등의 소규모 생신 모임에서 주로 이용된다.

③ Chinese Course Menu : 중국요리는 재료선택이 광범위하고, 맛이 다양하며, 고급 재료들이 많이 사용되므로 다른 메뉴들에 비해 가격대가 높은 편이

다. 또 식사에 필요한 기물이 많으므로 대규모 행사보다는 약혼식, 회사의 VIP 초대 모임과 같은 소규모, 고급 모임에서 많이 이용된다.

④ Japanese Course Menu : 일식요리는 다양한 재료들을 깔끔하게 장식하는 것으로 유명하다. 코스나 음식의 맛이 부담스럽지 않고 정갈하므로 같은 장소에서 식사 후 바로 회의나 토론을 해야 하는 경우에 많이 이용된다.

⑤ Tea Reception Menu : 티 파티는 일반적으로 행사의 중간에 쉴 수 있는 브레이크타임에 간단하게 개최되는 것을 말한다. 스탠딩으로 커피와 티를 겸한 음료와 과일, 샌드위치 디저트류, 케이크류, 쿠키류 등을 곁들인다. 음식은 1인분 다과를 세트로 차려놓고 자유롭게 먹는다. 기획자는 차의 종류는 어떤 것으로 할 것인지, 쿠키만을 내놓을 것인지, 디저트류를 같이 내놓을 것인지 예산에 따라 판단해야 한다.

⑥ 뷔페파티(Buffet Party) : 연회장의 뷔페파티는 독립된 공간에서 식사할 수 있다는 장점이 있으나, 일반 상설뷔페에 비해 메뉴 수가 부족한 단점이 있다. 대부분 35~40가지 정도의 한, 중, 양, 일식의 종합식으로 준비되며, 돌잔치, 회갑, 고희연 등의 대형 가족 모임에 많이 이용된다.

⑦ 칵테일 파티(Cocktail Party) : 연회행사에서 칵테일 파티는 여러 가지 주류와 간단한 식료 및 음료를 주제로 하고 부재료(시럽, 과즙, 주스, 우유, 달걀, 탄산음료 등)를 혼합해서 색, 맛, 향을 조화롭게 만들며, 오르되브르(hors d'oeuvre)를 곁들이면서 스탠딩 형식으로 행해지는 연회를 말한다. 티 파티는 세미나, 학회, 소모임, 좌담회, 간담회, 발표회 등 일반적으로 회의가 진행되는 중간의 휴식시간에 간단하게 개최되는 파티와 같은 간단한 파티를 말한다.

⑧ 바비큐파티(Barbecue Party) : 옥외에서 행해지는 가든파티의 일종으로 메뉴는 바비큐를 주된 요리로 하여 즉석에서 준비되는 메뉴가 대부분이며, 뷔페스타일로 제공된다.

▶ 요리별 분류

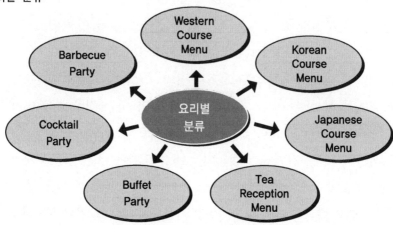

▶ 연회의 분류 정리

A. 기능별 분류
- 식사판매: Breakfast, Dinner, Cocktail Party
- 장소판매: Seminar, Fashion Show, 강연회, 연주회

B. 장소별 분류
- 호텔 내의 파티(연회장 파티)
- 출장파티
- Garden Party, Take Out, Delivery Service

C. 목적별 분류
- 가족모임: 약혼식, 회갑연, 돌잔치
- 회사행사: 창립기념, 이·취임식, 사옥이전 party
- 학교관계: 입학·졸업, 사은회, 동창회, 동문회
- 협   회: 국제회의, 정기총회, 이사회
- 기   타: 신년하례식, 망년회, 전시회, 기자회견, 이벤트

D. 요리별 분류
- 양식, 중식, 한식, 일식, 다과회, 뷔페, 칵테일, 바비큐

E. 시간별 분류
- Breakfast Party   - Afternoon Tea Party
- Brunch Party   - Dinner Party
- Lunch Party   - Supper Party

제2절 ▶ 연회기획

1. 연회기획의 의의

연회기획이란 손님이 원하는 행사의 요구를 파악하고 그 요구에 맞추어 행사에 필요한 모든 사항을 예약, 기획, 주문하는 업무의 총칭이다. 그러므로 연회행사를 위한 사전 준비부터 행사 진행 과정, 서비스방법, 음식 메뉴 선정, 시설설치, 종료 후 고객들의 사후관리에 이르기까지 구체적인 계획서를 작성해서 실행해야 한다.

연회를 의뢰하는 손님은 대부분 부담감을 가지고 있으므로 연회기획자는 행사를 준비하면서 각 행사의 특성을 파악하고 안내하는 단계부터 행사하는 시각까지 작은 부분도 부족한 점이 없도록 준비하여 행사 당일 갑자기 추가되는 사항들이 없도록 세심한 주의를 기울여야 한다.

연회시장을 구성하고 있는 요소는 기본적으로 수요자인 연회행사 주최자와 연회행사의 제반 서비스를 제공하는 업체로 구분하여 볼 수 있으며, 연회시장 구성요소의 변화에 따라 연회시장 규모가 결정된다. 또 연회시장이 요구하는 신규고객들에 의한 진정한 부가가치를 창출하는 데 견인 역할을 할 수 있을 것이다. 그러므로 새롭게 형성되고 있는 중요한 연회시장을 단일 업무로 해석하기보다는 종합적으로 연출하는 분야로 영역을 확대해석하는 것이 바람직하다.

연회행사에 대한 기획과정에서 주의해야 할 사항으로는 연회행사가 항상 특정한 장소에서 이루어지는 것이 아니라, 규모와 행사내용, 성격, 인원, 방법에 따라 각양각색으로 변화해야 한다는 것을 사전에 유념해야 할 것이다.

2. 연회기획 시 고려사항

연회행사에서 가장 중요하게 제공해야 하는 것이 바로 서비스이다. 연회행사를 진행하는 과정에서 기본적인 서비스와 부가적인 서비스로 구분하여 제공하는데,

기본적인 서비스는 종사원들의 인적 서비스와 식음료 업장에서 제공되는 식음료의 판매행위를 말하며, 부가적인 서비스란 기본적인 서비스를 제공하는 과정에서 인간의 정성이 가미된 무형과 유형의 상품이 어우러진 서비스, 즉 고객감동을 일으킬 수 있는 서비스를 말한다.

행사를 의뢰하는 손님에게 기억에 남는 이벤트를 제공하고 연회행사를 성공적으로 진행하기 위해서는 행사유치를 위한 마케팅에서부터 고객이 원하는 메뉴와 행사유치를 위한 특정한 장소와 필요한 장비, 시설 그리고 인적 서비스 등을 잘 고려하여야 한다. 또 연회의 특성상 다양한 부서와 협력업체의 협조를 얻어야 하는 부분이 많으므로 연회기획자는 연회에 관련된 모든 부분을 꼼꼼히 숙지하여야 하며, 매사에 정확한 판단력을 바탕으로 행사의 변경사항을 각 부서에 신속히 통보해 주어야 한다.

1) 고객 감동을 위한 메뉴전략

연회행사에서 가장 중요하게 여겨야 할 부분이 바로 음식 메뉴와 그와 관련된 서비스이다. 연회행사를 성공적으로 치르기 위해서는 행사의 성격에 맞추어 메뉴를 결정하여야 하며, 고객에게 음식을 판매하기 전에 고객에게 어떠한 재료를 가지고 어떻게 조리하여 얼마의 가격으로 판매할 것인가 하는 종합적인 검토가 선행되어야 한다. 또 모든 메뉴는 음식의 안전성을 기본으로 하여 준비되어야 한다.

(1) 고객의 욕구 파악

연회행사를 성공적으로 평가받기 위해서는 행사 성격을 정확하게 파악하고 고객들이 선호하는 것이 무엇인가를 분석해야 한다. 그러기 위해서는 시장조사가 선행되어야 하는데, 이용 고객층의 나이, 성별, 직업, 경제적인 상태 그리고 지역적 · 전통적 · 윤리적 · 종교적 배경 등을 정확히 파악해야 한다. 예를 들어 힌두교인은 소고기를 금식하며 회교도들은 돼지고기를, 미국인은 말고기 · 개고기를, 유대인은 비늘 없는 생선, 호주의 원주민들은 비늘 있는 생선을 금하고 있다. 또 유대인과 회교도를 한 테이블에 배치하는 것은 좋지 않다. 이러한 고객의 욕구충족을 위한 노력이 절실하게 요구되는 이 시대에 자칫 자만하면 고객의 욕구충족이 아니라 오히려 망신만 당하고 그 영향은 엄청난 결과를 가져올 것이다.

(2) 원가와 수익성

경영의 가장 중요한 것이 이윤추구이듯이 연회행사도 가장 중요한 부분이 바로 원가에 따른 수익성 분석이다. 연회행사 유치는 일반 레스토랑의 식자재 원가보다 약 10~15% 정도 낮지만, 상대적으로 많은 인원을 동시에 치르기 때문에 잘못하면 엄청난 손실을 초래할 수 있다. 항상 정확한 구매 산출량과 표준화된 조리법 그리고 원가변동에 따른 시장조사를 정확히 파악하고 그에 상응하는 대체메뉴까지 계획함으로써 적절한 이윤과 매출 신장을 할 수 있어야 할 것이다.

(3) 이용 가능한 식품

연회행사는 1, 2명분의 음식을 준비하는 것이 아니라, 많은 인원의 다량음식을 조리해야 하는 관계로 메뉴계획자는 항상 식재료의 재고 파악과 구매 가능 여부를 사전에 시장조사를 통하여 정보를 수집하는 것이 중요하다.

(4) 조리설비와 장비

연회 주방의 규모와 장비는 메뉴계획에 있어서 크게 영향을 미친다. 또한 조리작업의 효율성과 조리종사자의 안전에 결정적인 영향을 줄 뿐 아니라, 연회행사에 수용할 수 있는 인원의 수를 결정하는 중요한 부분이다. 작업 동선을 얼마만큼 짧게 하고 장비 배치를 어떻게 해야 작업의 능률이 오르는지 그리고 얼마나 인체공학적 근거에 의한 과학적인 시설을 했는가에 따라 고객을 접대하는 종사자의 서비스 질이 결정된다.

(5) 메뉴의 다양성

메뉴의 다양성은 무엇보다도 고객의 욕구충족을 위해서 아주 중요한 판매 도구이다. 연회행사의 성격에 따라 한, 양, 중, 일식, 칵테일파티 또는 일품요리인지,

뷔페메뉴인지, 국제적인 행사에서부터 작게는 가족 단위의 행사 등처럼 다양하듯이 메뉴 또한 다양하게 준비하여 고객의 욕구충족 내지는 감동을 주어야 한다.

(6) 영양적 요소

연회행사에 필요한 음식 메뉴에 대해 조리를 하면서 어떻게 하면 식재료의 영양적 가치가 손실되지 않은 자연 상태를 유지하고 맛있고 소화흡수율도 높일 수 있을지를 고려해야 한다. 고객 개인의 생활 수준, 나이, 성별, 직업 등에 따라 요구되는 열량도 각각 차이가 있듯이 음식의 영양에 관한 관심은 날이 갈수록 관심과 흥미의 대상이 될 것이다.

2) 가격 결정

연회지배인은 원료식품에 대해서 정해진 원가의 기준을 정하고 구매, 셋업, 준비, 서비스, 청소에 따른 노무비, 그리고 광열비, 전기료와 같은 제 경비를 고려하여 가격을 결정한다.

가격교섭의 융통성은 적지만 회의기획자는 정해진 예산에 따라 메뉴를 선택하거나 비용 절감 가능성을 협의할 수 있다. 예를 들면, 수프와 샐러드 둘 다 제공하는 대신에 샐러드를 서브하면 식사가격은 줄어들 수 있는가, 동시 행사가 계획되어 있으면 모든 행사에 같은 메뉴를 선정하면 절약할 수 있는가, 컨벤션센터에서 커피 브레이크를 할 때 종이컵을 사용하면 잔을 사용하는 가격보다 비용을 줄일 수 있는가 등이 주요 협의사항이 된다.

제3절 ▶ 호텔이벤트의 진행

1. 행사요구서의 작성

호텔에서 이벤트를 진행할 때 호텔담당자의 입장에서 제공하는 서비스는 다음과 같다.

행사에 대한 개요가 어느 정도 확정되면 가능한 행사요구서(Function Sheet)를 빨리 작성하도록 한다.

(1) 식사(Food)

지정된(메뉴 제출의뢰서에 의하여 정해진 메뉴) 메뉴와 인원수를 기록한다. 이벤트는 표를 팔아야 하는 행사로서 입장객 수를 확정하기가 어렵다. 따라서 행사요구서 (Function Sheet) 작성 시에 인원수를 확정하기가 어려우면 예상인원을 기록하도록 한다.

(2) 얼음장식(Ice Carving)

일반적인 쇼에서는 얼음장식이 없으나 식사가 뷔페일 경우에는 얼음장식을 할 수 있다.

(3) 음료(Wine & Beverage)

캐시 바(Cash Bar)를 설치하는 것이 좋다. 따라서 호텔 연회담당부서에서는 캐셔 (Cashier)를 배치해야 하므로 행사 10여 일 전에 이벤트행사에 대한 업무 협조전(Inter Memo)을 발송하여 담당부서에서 인원계획을 세울 수 있도록 해야 한다.

(4) 장식 및 배열(Decoration & Set up)

특별이벤트 행사장의 장식과 관련된 사항을 빠짐없이 작성한다. Flower & Flag에 대한 사항도 기록한다.

(5) 프로그램

행사 진행에 대한 모든 프로그램을 작성한다.

① Table No. Tag : Set up 요망

② 음료 가격표 : Set up 요망

③ Menu : Set up 요망

④ 좌석배치도 : 도면을 참조해서 제작 요망

⑤ 보면대 : 보유한 것을 모두 무대 위에 Set up 요망(부족할 때에는 출연자에게 요구해서 확보토록 요망)

⑥ 무대 작업

- 무대조립 : 무대 크기(Stage Size)를 현장에 알려줘 조립토록 요망
- 무대장식(Stage Decoration) : 사전에 홍보팀에 의뢰한 대로 시행

⑦ 조명시설 : 행사의 프로그램을 사전에 알려주어 프로그램에 맞는 조명의 설치와 Color Paper를 갈아 끼울 수 있도록 한다.

⑧ 음향시설 : 행사 프로그램을 사전에 알려준다.

⑨ 피아노 조율 : 440으로 조율하도록 한다.

⑩ 리허설(Rehearsal) : 출연진과 협의해서 사전에 리허설을 할 수 있도록 주선한다.

⑪ 기타 무대시설, 음향시설, 조명시설은 사전에 해당 부서와 별도로 충분한 협의를 하도록 한다.

(6) 테이블 배치계획(Table Plan)

테이블 플랜은 티켓을 만들어 팔기 이전에 결정한다. 테이블 배치계획이 확정된 후에 이를 근거로 티켓을 만들어 판매할 수 있기 때문이다.

단, 테이블 플랜에 변동이 생기거나 테이블당 착석 인원이 처음 계획과 변동이 생기는 때에는 즉시 현장지배인(연회과 행사담당 지배인)에게 알려주어 현장 테이블 배치계획표를 정정하도록 해야 한다.

(7) 기타

행사요구서(Function Sheet)에 기재하는 사항 이외의 것은 사전에 충분한 시간을 갖고 업무 연락을 발송하든가, 아니면 사전에 담당자와의 충분한 협의가 이루어져야 한다.

2. 입장객 수의 점검

입장객 수를 빨리 예상해서 조리부와 연회담당부서에 알려주어야 한다. 행사당일 최종시간까지 판매된 티켓 수를 최종 입장객 수로 볼 수도 있지만, 반납될 표도 있고(특히 강제판매가 많은 경우에는 반납표가 많다) 해서 정확한 판매 수를 확정하기가 어렵다. 따라서 회수 가능한 표는 빨리 회수해서 최소한 행사 시작 6시간 전에는 정확한 입장객에 가까운 숫자를 연회담당부서와 조리부에 통보해 주어야 한다.

이벤트 담당자는 행사 시작 2시간 전에는 테이블이 셋업(Set up)된 상태와 의자 숫자가 정확히 되어 있는가를 확인하도록 한다.

3. 리허설

출연자들은 행사 진행을 원활히 수행하기 위하여 사전에 현장 리허설을 한다. 리허설은 행사 전일, 행사 당일의 오전, 오후에 연습할 수 있도록 준비하도록 한다. 리허설은 출연자들의 행사 연습뿐만 아니라 P. A. System의 음향조절과 조명조정도 함께한다.

리허설 시간에 출연자, 음향, 조명 등의 조정이 가능하고 충분하도록 셋업하여 행사 진행에 차질이 없도록 한다.

4. 음식준비와 식사

행사의 기본계획 수립 당시에 음식 가격과 메뉴가 확정되어 있다. 티 파티(Tea Party), 뷔페(Buffet), 정식메뉴(Course Menu) 등 사전에 확정된 가격과 예상인원 수, 메뉴에 따라 조리부에서 식사를 준비한다.

행사의 여건에 따라 식사는 행사 전에 할 수도 있고, 행사 후에 할 수도 있다. 요리의 질과 양은 호텔과 이벤트의 이미지를 결정하게 되므로 조리부에서 정성껏 조리해야 함은 물론 이벤트 담당자도 항상 메뉴의 내용과 식사에 대해 신경을 써야 한다.

5. 쇼의 진행

패션쇼, 디너쇼, 버라이어티쇼 등은 일단 쇼가 진행되면 출연자 및 연출자에게 맡기는 수밖에 없다. 그러나 쇼의 성격상 수시로 문제가 발생하므로 이를 즉시 처리할 수 있도록 한다. 특히 버라이어티쇼의 경우에는 출연자들이 출연하는 데 이상이 없도록 사전점검을 해야 한다.

6. Table Plan(식탁 및 좌석 배치)

행사 인원수 및 행사 성격에 따라 좌석 수를 여유 있게 배치할 것인지 또는 예상 참석자 수에 맞출 것인지를 결정한다. 행사 성격에 따라 Round Shape, U-Shape, School Shape 등의 다양한 테이블 배치 중 행사의 분위기에 어울리는 배치로 선택한다.

1) Round Table Shape(원형 테이블 배열)

원형 테이블 배열은 연회장에서 많은 인원을 수용하여 식사와 함께 제공되는 일반적인 디너파티나 패션쇼 등의 테이블을 배치할 때 주로 쓰이는 방법이다. 원형 테이블은 2~14인용까지 있다.

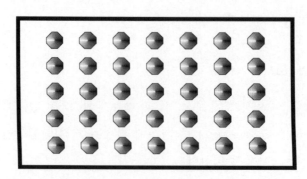

2) U-Shape(U형 배열)

일반적으로 U형 배열에서는 60cm×30cm의 직사각형 테이블을 사용하는 경우가 많다. 테이블 전체 길이는 연회행사 인원수에 따라 다르고, 일반적으로 의자와 의자 사이에는 50~60cm의 공간을 유지하며 식사의 성격에 따라서 더 넓은 공간이 필요한 경우가 있다. 테이블 앞쪽에는 드레이프(drape)를 쳐서 다리가 보이지 않게 하여야 한다. U형 배열의 장점으로는 연회참석자들이 상대방을 볼 수 있는 것이며, 반면에 공간을 너무 많이 차지한다는 단점도 있다.

이 테이블 배치는 빈 공간에 OHP, LCD Projector를 배치하기가 쉬우므로 주로 회의에 이용된다.

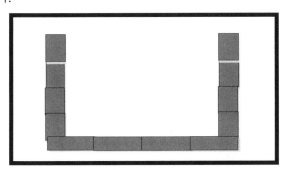

3) E-Shape(E형 배열)

연회 행사 시 U형과 똑같은 배열방법을 취하나, E형은 많은 인원이 식사할 때 이용하는 배치방법이다. 테이블 안쪽의 의자와 뒷면 의자의 사이는 다니기에 편하도록 120cm 정도의 간격을 유지하여야 한다.

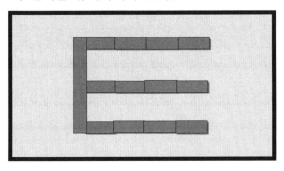

4) T-Shape(T형 배열)

T형 배열방법은 연회고객들이 주빈 테이블(head table)에 앉을 때 유용하다. 헤드 테이블을 중심으로 T형으로 길게 배열할 수 있으며, 상황에 따라 테이블의 폭을 2배로 늘릴 수 있는 장점이 있다. 주빈 테이블(head table) 앞부분에는 드레이프를 쳐서 다리를 가리도록 한다.

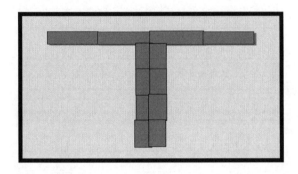

5) I-Shape(I형 배열)

연회행사에 참석할 수 있는 예상 고객의 수에 따라 테이블을 배열하며, 60cm×30cm, 72cm×30cm 테이블을 2개 붙여서 배치하는데, 의자와 의자의 간격은 60cm의 공간을 유지하도록 하며, 특히 고객의 다리가 테이블 다리에 걸리지 않게 유의한다.

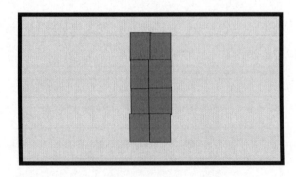

6) Hollow Square Shape(공백 사각형 배열)

일반적으로 공백 사각형 배열방법은 U형 테이블 모형과 비슷하게 배열하나, 테이블 사각이 밀폐되기 때문에 좌석은 외부 쪽에만 배열하여야 한다. 이 테이블 배치는 토론모임이나 기기 사용이 없는 회의 또는 상석에 행사의 주인공을 착석시키는 약혼식과 같은 행사에서 주로 쓰인다.

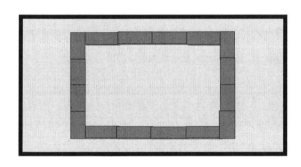

7. 이벤트의 결산

이벤트 행사를 마감하는 단계이다. 이 장에는 행사의 마감, 빌링(billing), 후불 처리, 서류의 결산과 결과보고, 출연료 정산 등이 있다.

1) 매출 발생과 계산

행사가 끝나면 이에 대한 매출을 발생시킨다. 매출의 처리는 세부항목별로 이해하기 쉽게 처리하도록 한다. 계산은 수납과 연회캐셔(Banquet Cashier)가 담당한다. 이때는 대규모의 현찰이 거래될 수 있으니 안전하고 복잡하지 않은 조용한 사무실에서 계산을 받는 것이 좋다. 계산을 받을 때에는 정확하게 할 수 있도록 신중하여야 한다.

2) 후불 처리

후불 처리란 행사 진행 마감 후, 티켓 판매 중 나중에 지급되도록 발생된 내역을 정리해서 총무과로 이월시키는 작업이다.

후불 판매액을 총무과로 이월시키기 전에 후불 발생자의 확인 서명을 받아야한다. 후에 계산을 받을 때 후불 발생자와 마찰이 생길 수 있으므로 행사가 끝나면이를 서로가 정확히 확인하고 사인을 받아 두어야 나중에 이러한 오해나 마찰을방지할 수 있다.

3) 결과보고서 작성

결과보고서를 작성함으로써 이벤트 행사는 비로소 마감하게 된다. 결과보고서는 시행계획서와 비교·대조하면서 작성한다.

① 결과보고서

이벤트 행사계획표와 같은 형식으로 작성한다. 다만, 이벤트 행사계획표와다른 점은 예상이 아니고 실제적인 결과치라는 점이다.

② 초청장 발생 리스트

초청장 발생에 대한 리스트로서 그 내용을 정확하게 기록한다.

③ 결과 분석

행사의 결과를 이벤트 행사 담당자 나름대로 또한 고객의 반응 등을 종합·분석하여 보고서를 제출한다. 이벤트 행사의 문제점, 향후의 보완점, 행사진행 전반에 관한 분석자료를 모집한 것으로 차기의 행사 진행에 도움이될 귀중한 자료가 된다.

④ 홍보 및 광고 관련 기사 내용

행사 진행 중에 각종 매스컴 등에 실렸던 홍보기사나 광고 등을 스크랩해두었다가 결과보고서에 첨부한다.

⑤ 세부 결산내역

세부 결산내역서는 계획 당시의 예상수입과 행사 후의 결산 수입을 상호비교·검토할 수 있도록 작성해야 한다.

4) 출연료 정산

출연료는 이벤트 행사 전 계약서의 내용에 의거 정산하면 된다. 다만, 출연료 정산 시 문제가 되는 것은 세금(부가가치세, 원천징수세) 부과에 관한 것이다. 따라서 계약 시 이 부분까지 고려해야만 정산 시 말썽의 소지가 없다. 세금을 출연자 측에서 부담하는 방법과 호텔 측에서 부담하는 방법이 있다. 세금계산서 발행의 경우에는 세금계산서를 발부받아서 처리하도록 한다.

공윤주(2023), 관광법규, 백산출판사.

김대호(2016), 4차 산업혁명, 커뮤니케이션북스.

김성혁(2016), 관광산업의 이해, 백산출판사.

김성혁 · 오재경(2015), 개정판 MICE산업론, 백산출판사.

김성혁 · 황수영(2023), 서비스마케팅, 백산출판사.

문화체육관광부(2023), 2022년 기준 관광동향에 관한 연차보고서.

문화체육관광부(2019), 제4차 국제회의산업육성계획.

박춘엽 · 박병연 · 오점술(2018), 4차 산업혁명의 핵심전략, 책연.

서구원(2015), 소셜미디어와 SNS 마케팅, 커뮤니케이션북스.

안경모(2004), 컨벤션경영론: 기획, 운영, 백산출판사.

정광민(2017), 인센티브 관광 유치에 따른 경제효과 분석 방안 연구, 한국문화관광연구.

정광민(2020), 국제회의산업 정책 추진 실태와 과제, 한국문화관광연구원.

조진호 · 박영숙(2024), 최신 관광법규론, 백산출판사.

조창환 · 이희준(2019), 디지털 마케팅4.0, 제2판, 청송미디어.

한국경제신문 특별취재팀(2022), 한경무크 트래블 이노베이션, 한국경제신문.

한국관광공사(2019), 2018 MICE 산업통계 조사 · 연구 보고서.

한국MICE협회, 계간 'The MICE Plus', 49~51호.

황수영 · 김성혁(2022), 최신 관광마케팅론, 백산출판사.

▌저자소개

김성혁
• 일본 경응의숙(게이오) 상학박사
• 한국관광학회 부회장 및 편집위원장 역임
• 대한관광학회 부회장, 한국MICE관광학회 부회장 역임
• 관광통역안내사 자격시험위원
• 호텔관리사 자격시험위원
• 문화체육관광부 관광자문위원
• 한국관광공사, 서울시 관광자문위원 등
• 세종대학교 호텔관광경영학과 명예교수

〈저서〉
• 서비스마케팅, 백산출판사, 2023
• 관광경영관리론, 백산출판사, 2022
• 최신 관광마케팅론, 백산출판사, 2022
• 호텔마케팅론, 백산출판사, 2017
• 호텔관광경영론, 백산출판사, 2016 등
  기타 저서 30여 편, 논문 다수

황수영
• 세종대학교 호텔관광경영학 박사
• 호주 Griffith University, International Tourism and Hospitality Mgt 석사
• 한국호텔외식관광경영학회 부회장, 대한관광경영학회 이사 역임
• 안양대학교 관광경영학과 교수

〈저서〉
• 서비스마케팅, 백산출판사, 2023
• 관광경영관리론, 백산출판사, 2022
• 최신 관광마케팅론, 백산출판사, 2022
• 호텔마케팅론, 백산출판사, 2017
• 외식마케팅론, 백산출판사, 2013
• 델파이기법을 이용한 관광산업의 eCRM 활동척도개발 외 논문 다수

최신 MICE산업론

2024년 7월 25일 초판 1쇄 인쇄
2024년 7월 31일 초판 1쇄 발행

지은이 김성혁 · 황수영
펴낸이 진욱상
펴낸곳 (주)백산출판사
교 정 성인숙
본문디자인 오행복
표지디자인 오정은

등 록 2017년 5월 29일 제406-2017-000058호
주 소 경기도 파주시 회동길 370(백산빌딩 3층)
전 화 02-914-1621(代)
팩 스 031-955-9911
이메일 edit@ibaeksan.kr
홈페이지 www.ibaeksan.kr

ISBN 979-11-6567-903-3 93980
값 22,000원